KB272054

질문하는 십대를 위한 과학 탐구

질문하는 십대를 위한
과학 탐구

목차

3장. 우리 몸에 관한 질문&탐구

4장. 자연의 신비를 질문&탐구

들어가며

궁금해서 질문했다가, 실험까지 해보려 합니다

● 세상을 바꾸는 질문

"사과는 왜 아래로 떨어질까?"

뉴턴의 이 짧은 물음 하나가 세상의 질서를 새로 썼습니다.

그런데, 이렇게도 생각해 볼 수 있습니다.

'그 질문은 뉴턴만 할 수 있었을까?'

아마 그렇지 않을 겁니다.

우리 모두, 언젠가 하늘을 올려다보며 그런 생각을 해 봤을 테니까요.

질문은 특별한 사람의 전유물이 아닙니다.

세상을 좀 더 잘 이해하고 싶다는 마음,

조금이라도 더 좋아지고 싶다는 바람,

그 마음이 바로 탐구의 시작입니다.

"이건 왜 이럴까?"

"꼭 이렇게 해야 할까?"

"다르게 하면 어떨까?"

이런 말들은 단순한 호기심이 아니라,

인간이 세상과 소통하려는 진심 어린 시도입니다.

AI가 모든 답을 대신 찾아 주는 시대에,

가장 중요한 건 '무엇을 물을지 아는 힘'입니다.

기계는 정답을 말해 줄 수 있지만,

궁금해하는 마음까지는 대신해 줄 수 없으니까요.

이 책의 작가들은 과학 교사로서 탐구를 참 좋아합니다.

정답을 맞히는 게 아니라, 모르는 걸 끝까지 물고 늘어지는 그 과정이 좋습니다.

조금은 엉뚱해도, 조금은 느려도 괜찮습니다.

그 순간의 집중과 설렘이, 세상을 새롭게 보게 만들거든요.

과학자들은 질문으로 인류의 경계를 넓혔습니다.

꼭 우리가 그들의 발자국을 따라가면서

질문으로 세상을 바꾸지 않아도 괜찮습니다.

그 질문 덕분에 오늘 내가 조금 더 생각했다면,

그건 이미 충분히 아름다운 변화입니다.

이 책은 그런 마음에서 시작했습니다.

지식을 쌓기보다, 질문을 품고, 탐구하는 방법을 배워 보기 위해서요.

과학은 거창한 발견의 이야기가 아니라,

생각하는 방법과 과정입니다.

이제 그 방법으로 세상을 바라볼 차례입니다.

여러분의 궁금증 하나가 세상의 또 다른 문을 열지도 모릅니다.

그 문을 함께 두드려 보지 않으시겠어요?

살다 보면 문득 궁금한 순간이 있습니다.
"왜 하필 오늘따라 하늘이 이렇게 노랗지?"
"비 오는 날에는 왜 냄새가 다르게 느껴질까?"
그런데 대부분, 그 궁금증은 금세 사라집니다.
바쁘다는 이유로, 별거 아니라는 이유로 그냥 흘려보내죠.

하지만 탐구는 바로 거기서 시작됩니다.
'잠깐 멈추는 마음'이 있을 때, 질문은 사라지지 않습니다.
우리가 아이였을 때는 그게 자연스러웠습니다.
돌멩이 하나, 개미 한 마리에도 눈이 반짝였죠.
그런데 자라면서 우리는 효율적인 사람이 되느라
궁금해하는 일을 덜 하게 됐습니다.

질문을 지나치지 않는다는 건,
세상을 다시 낯설게 보는 연습입니다.
매일 보는 것을 '처음처럼' 바라보는 일이지요.
눈앞의 풍경을 당연하게 보지 않고,
한번쯤 고개를 갸웃해 보는 것.
그게 과학의 시작이자, 생각의 여유입니다.

과학자들이 특별한 이유는 지식이 많아서가 아닙니다.
그들은 "이건 좀 이상한데?"라는 생각을 놓치지 않았을 뿐입니다.

파스퇴르는 썩은 고기를 보고,
다윈은 핀치새의 부리를 보고,
그저 한 번 더 "왜 그럴까?"를 붙잡았습니다.
그 '한 번 더'가 세상을 바꾼 겁니다.

질문을 지나치지 않으려면 방법이 필요하지 않습니다.
필요한 건, 마음의 속도를 늦추는 일입니다.
모든 게 너무 빨리 변하는 세상에서
한 발만 느리게 걸어도, 훨씬 많은 게 보입니다.

우리는 이 책을 통해 그 연습을 함께 하려고 합니다.
정답보다 궁금증을 더 오래 붙잡고,
지식을 찾기보다 관찰과 생각을 더 오래 하는 법.
공부의 기술이 아니라, 지혜롭게 살아가는 방법입니다.

언젠가 문득 "이건 왜 이럴까?", "이게 정말일까?" 하고 멈춰 선다면,
그때 이미 탐구는 시작된 겁니다.
과학은 실험실에서만 이루어지는 게 아닙니다.
우리의 일상 속에서도, 언제든 자라날 수 있습니다.

질문을 탐구로 바꾸는 방법

질문은 시작이고, 탐구는 과정입니다. 하지만 모든 질문이 탐구로

이어지는 건 아닙니다. 탐구로 발전하려면 '좋은 질문'을 '실험 가능한 질문'으 로 다듬는 과정이 필요합니다. 이 책의 1장부터 4장까지는 질문을 탐구로 연결하는 과정이 담겨 있습니다.

앞으로 소개하는 방식을 익혀 여러분의 궁금증을 직접 탐구로 바꿔 보세요. 질문을 던지고, 탐구를 설계하고, 결론을 통해 배우는 과정이 처음엔 낯설지만 금세 손에 익을 겁니다.

■ 1단계: 질문을 수정하라!

탐구로 이어지기 좋은 질문 3가지를 살펴보겠습니다.

① 비교형 질문: 키워드는 "보다"입니다. 비교형 질문은 두 조건을 나란히 놓고 차이를 살펴보는 형태입니다. 무엇이 더 빠른지, 더 큰지, 더 잘되는지를 직접 눈으로 비교할 수 있지요.

② 관계형 질문: 키워드는 "얼마나"입니다. 관계형 질문은 한 요인이 다른 요인에 어떤 영향을 미치는지를 살펴봅니다. 즉, 변화의 '패턴'이나 '방향'을 찾아내는 질문이지요.

③ 응용형 질문: 키워드는 "어떻게"입니다. 응용형 질문은 과학 개념을 실제 생활의 문제에 적용하는 형태이지요. 창의적 사고가 필요한 유형입니다.

이 3가지 틀 안에 들어오는 질문이라면, 그건 이미 훌륭한 탐구의 씨앗입니다. 이제 이 질문들을 바탕으로, 여러분의 궁금증을 바로 탐구로 이어가 보도록 하겠습니다.

■ **2단계: 변인을 찾아라!**

좋은 질문을 골랐다면, 이제 그 안에서 무엇을 바꾸고, 무엇을 볼지를 정해야 합니다. 그게 바로 '변인'을 찾는 일입니다. 변인은 탐구의 뼈대입니다. 변인을 명확히 알아야 결과의 의미도 분명해집니다.

'변인'은 쉽게 말해 비교할 수 있는 조건들입니다. 과학 실험에는 3가지 변인이 있습니다.

구분	요약	탐구에서 역할
조작 변인	바꾸는 것	내가 일부러 조절하는 조건
종속 변인	관찰하는 것	조작하는 것에 따라 변화하는 결과
통제 변인	그대로 두는 것	공정한 실험을 위해 일정하게 유지해야 할 조건

조작 변인은 "무엇을 바꿀까?"

종속 변인은 "무엇이 달라질까?"

통제 변인은 "그 밖의 조건은 모두 같게 하자."

이렇게 구분하면 쉽습니다.

조작 변인을 하나만 바꾸고, 나머지는 그대로 두면 결과의 차이를 '그 1가지 이유'로 설명할 수 있습니다. 예를 들어, 두 화분의 식물이 다르게 자랐다고 해봅시다. 한쪽은 햇빛을 많이 받고, 다른 한쪽은 물을 덜 줬다면 어느 이유 때문인지 알 수 없겠지요? 이럴 땐 한 번에 1가지 조건만 바꿔야 합니다. 이게 바로 탐구의 기본! 변인을 설정하는 것입니다.

변인을 찾는 방법을 생각해 볼까요?

① 질문을 다시 읽어 봅시다.

질문 속에는 이미 변인이 숨어 있기 마련이지요.

예를 들어 "옷의 색에 따라 더운 정도는 얼마나 달라질까?"라는 질문에는

→ 조작 변인: 옷의 색

→ 종속 변인: 더운 정도

이렇게 조작 변인과 종속 변인이 숨어있고,

"축구공을 강하게 차려면 어떻게 해야 할까?" 라는 질문에는

→ 종속 변인: (차인 후) 축구공의 빠르기

라는 종속 변인이 숨어 있는 것입니다.

② '무엇을 바꾸고, 무엇을 볼지' 생각해 봅시다.

간단하게, 단순하게, 쉽게 생각합시다.

"무엇을 바꿔 볼까?"→조작 변인

"무엇이 달라질까?"→종속 변인

이렇게요.

질문에서 변인이 바로 드러나지 않는다면 새롭게 떠올리며 만들어 주면 그만입니다.

"축구공을 강하게 차려면 어떻게 해야 할까?" 라는 질문에서 우리는

→ "무엇이 달라질까?"를 생각하여, '(차인 후) 축구공의 빠르기'를 종속 변인으로 찾아냈지요.

그런데, 이 질문에서는 우리가 "무엇을 바꿀까?"하는 '조작 변인'이 보이지 않습니다.

곰곰이 생각해 봅시다. 과연 축구공을 강하게 찰 때 필요한 것이 무엇일까요? 잘 모르겠으면 AI에게 물어보아도 됩니다. 단, 질문 전

체와 우리가 찾은 종속 변인을 함께 알려 주는 게 중요합니다. 그렇게 해야 AI가 우리의 '탐구 과정'을 이해하고 제대로 도와줄 수 있으니까요.

→ "축구공을 강하게 차려면 어떻게 해야 할까?"라는 질문에서 '(차인 후) 축구공의 빠르기'를 종속 변인으로 했을 때, 조작 변인이 될 수 있는 것 20개 알려 줘.

AI는 발의 빠르기, 다리의 근력, 발목의 고정 정도, 디딤발과 공의 거리, 디딤발의 각도, 축구화의 재질, 온도, 습도, 기압 등을 제시해 줍니다. 여기서 우리가 1가지를 골라 '조작 변인'으로 삼을 수 있겠지요.

예를 들어 '디딤발의 각도'를 선택했다면, 이제 '디딤발의 각도를 바꾸었을 때, 축구공의 빠르기가 얼마나 달라지는가'를 탐구하면 됩니다.

이렇게 조작 변인과 종속 변인을 짝지어 보면, 막연했던 질문이 구체적인 실험으로 바뀝니다. 생각이 행동으로, 질문이 탐구로 옮겨지는 바로 그 순간입니다.

③ 실험을 공정하게 만들 조건을 생각합시다.

실험이 제대로 되려면, 나머지 조건은 그대로 두어야 합니다. 그게 바로 통제 변인입니다.

- 공의 무게를 다르게 하면
- 디딤발의 위치를 다르게 하면
- 온도, 습도, 기압이 달라지면

바로 이런 요소들이 우리가 알고 싶은 결과, '조작 변인'에 영향을 주기 때문에 모두 일정하게 해야 하는 것이지요. AI가 제시한 조작 변인 후보 중 일부는 통제 변인으로도 사용할 수 있습니다. 예를 들어, '디딤발의 각도'를 조작 변인으로 정했다면, '신발의 재질'은 통제 변인이 되고, 반대로 '신발의 재질'을 바꾸는 실험이라면, '디딤발의 각도'를 일정하게 두어야 하지요.

통제 변인은 실험의 신뢰도를 보장하는 약속과 같습니다. 조건이 뒤섞이면, 결과가 왜 달라졌는지를 알 수 없습니다.

이 단계에서 명확한 기준을 세워 두면, 이후의 실험은 훨씬 깔끔하고 의미 있게 진행됩니다. 질문이 출발점이라면, 변인은 그 길을 안내하는 탐구의 지도입니다. 이제 지도를 손에 넣었으니, 다음은 그 길을 따라 직접 걸어 볼 차례입니다.

■ 3단계: 가설을 만들어라!

질문이 준비되고, 변인도 정해졌다면 이제는 그 생각을 한 문장으로 정리할 차례입니다. 그 문장이 바로 가설입니다. 가설은 결과적인 '예상 문장'입니다. 쉽게 말하면, "이렇게 하면, 아마 이런 일이 일어날 거야." 하고 미리 짐작하는 것이죠. 정답을 미리 아는 게 아니라, 생각의 방향을 세우는 일입니다. 형식은 아주 간단합니다.

X를 a하면, Y는 b할 것이다.

가설이란, "이럴 수도 있겠다." 하는 생각의 출발입니다. 맞을 수도 틀릴 수도 있지만, 그 둘 다 과학에서는 성공입니다. 틀린 가설도 다음 탐구의 방향을 알려 주니까요.

구분	요약	설명
X	조작 변인	실험에서 내가 바꾸는 조건
a	바꾸는 방법	X를 어떻게 바꾸어 줄지
Y	종속 변인	그 결과로 변하는 현상
b	예상 결과	Y가 어떻게 바뀔 것인지

이 4가지 요소를 넣으면, 가설은 명확하고 실험 가능한 문장이 됩니다.

예를 들어 볼까요?

질문	가설	조작 변인(X)	종속 변인(Y)
옷의 색에 따라 더운 정도는 얼마나 달라질까?	명도가 낮을수록 옷의 표면 온도가 더 높아질 것이다.	옷의 명도	옷의 표면 온도
축구공을 강하게 차려면 어떻게 해야 할까?	디딤발의 각도가 45°일 때, 축구공의 빠르기도 커질 것이다.	디딤발의 각도	축구공의 빠르기
스마트폰의 '야간 모드'는 일반 모드보다 수면의 질 향상에 도움이 될까?	스마트폰의 '야간 모드' 설정이 수면의 실에 도움을 줄 것이다.	야간 모드 설정 여부	수면의 질
칭찬은 식물의 성장에 얼마나 영향을 줄까?	칭찬을 많이 들을수록 보리 싹은 더 잘 자랄 것이다.	칭찬 횟수	보리 싹 성장 정도

가설을 세운다는 건, 결과를 미리 예상해 보며 탐구의 길을 간단하게 만드는 과정입니다. 이제 그 길을 따라, 직접 확인해 볼 차례입니다.

■ 4단계: 실험을 설계하라!

이제 질문도 준비됐고, 변인과 가설도 모두 만들어졌습니다. 이제 남은 건 행동을 시작하기 전에 생각을 구체화하는 일, 바로 실험 설계입니다.

실험을 정확하게 하려면 비교 기준이 필요합니다. 그 비교의 기준이 바로 대조군입니다.

기호	의미	탐구에서 활용 방법
실험군	조건을 바꾼 쪽	결과 분석
대조군	조건을 바꾸지 않은 쪽	비교 기준

대조군은 '비교 기준'입니다. 실험군의 결과가 정말 '조건 변화 때문인지'를 알아보기 위해 꼭 필요하지요. 만약 대조군이 없다면, '다른 이유 때문인지'를 알 수 없게 됩니다.

실험군이 있다면, 대부분의 경우 대조군도 있어야 합니다. 둘은 언제나 짝처럼 함께 다녀야 믿을 수 있는 실험이 됩니다.

이제 질문을 탐구로 바꿀 수 있게 되었으니, 이 책을 어떻게 읽을지 알아보겠습니다!

●이 책을 읽는 방법

이 책은 '읽는 책'이면서 동시에 '탐구하는 책'입니다.

단순히 지식을 전달하기보다, 생각하는 과정을 따라가며 직접 탐구를 경험하도록 설계되어 있습니다. 그래서 각 장은 유사한 구조를 가지고 있으며, 한 장을 다 읽으면 '하나의 탐구'를 완성한 셈이 됩니다. 다음 내용을 생각하면서 따라 읽으면 가장 효과적일 것입니다.

● 일상에서 마주하는 궁금증

■ 일화

모든 탐구는 일상에서 시작됩니다. 먼저, 평범한 하루 속에서 볼 수 있는 한 장면을 보여드립니다. 사진과 일러스트가 함께 들어가 있지요. 독자라면 누구나 "나도 이런 적 있었는데?" 하고 공감할 겁니다.

■ 여기서 질문!

이제 질문이 시작됩니다. 단순한 호기심이 아니라, 생각의 전환점이죠. 당연하다고 믿던 생각이 흔들리는 순간, 그 틈에서 질문이 태어납니다. 이때는 그냥 넘기지 마세요.

"나도 같은 상황이라면 무슨 질문을 했을까?"

잠깐 멈추고, 어딘가에 적어 보세요. 그 한 줄이 바로 여러분의 탐구가 시작되는 지점입니다.

● 과학 개념 설명

■ 기본 개념

어려운 용어 대신 익숙한 예시로 개념을 설명합니다. '그게 이런 뜻이었구나.' 하고 자연스레 고개가 끄덕여질 겁니다. 그리고, '내가 이걸 설명해야 한다면?'이라는 입장에서 한 문단씩 요약해 보세요. 진짜 이해는 읽을 때가 아니라, 설명할 때 이루어진답니다.

■ 심화 해설

그래프나 수식, 데이터가 살짝 등장합니다. 과학자의 시선으로 한 걸음 더 들어가는 부분이지요. 꼭 이해하지 않아도 괜찮습니다. 중요한 건, "이런 식으로 생각을 확장할 수 있구나."를 느끼는 겁니다. 읽다가 궁금한 문장은 한곳에 모아 적어 보세요. 그게 다음 탐구로 이어질지도 모릅니다.

●탐구 설계

이제 '생각'을 '행동'으로 옮깁니다. 이 부분은 탐구의 설계도이자, 실험의 시나리오입니다.

- 탐구의 필요성과 목적: 왜 이 탐구를 해야 하는지, 그 이유를 찾는 단계입니다. 단순한 호기심이 아니라, 그 궁금증이 세상과 어떻게 연결되는지 생각해 보세요.
- 가설 설정: '아마 이런 결과가 나올 거야' 하고 미리 예측하는 과정입니다. 정답을 맞히려는 게 아니라, 그럴싸한 생각의 방향을 세워 보는 일이지요.
- 변인 설정: 무엇을 바꾸고, 무엇을 그대로 둘지를 정하는 단계

입니다. 변인만 봐도 실험 전체를 알 수 있습니다.

　- 실험 준비물: 탐구를 실행하기 위해 필요한 도구와 재료를 확인하는 단계입니다. 사소한 것 하나도 빠짐 없이 적어 두고 준비해야 탐구에 차질이 생기지 않을 겁니다.

　- 실험 과정: 계획한 대로 행동으로 옮기는 단계입니다. 순서를 지키되, 관찰과 기록을 잊지 마세요. 안전 수칙을 반드시 지켜 주세요!

　이 순서는 과학자의 탐구 과정과 같습니다. 하지만 어렵게 생각하지 마세요. 컵라면을 먹을 때, 물 온도와 분량을 조절하는 것도 '탐구 설계'입니다. 이건 특별한 사람이 하는 일이 아니라, 누구라도 세상을 조금 더 현명하게 살고 싶은 사람이 하는 일입니다.

　이 형식들을 탐구활동의 기본 틀로 활용하되, 모든 절차를 외우려 하지 말고, '탐구의 구조'를 익히는 데 집중하세요.

●실험 결과

■ 결과 기록

　실험이 끝나면, 반드시 기록이 남아야 합니다. 시간이 지나면 기억은 희미해지지만, 기록은 탐구의 근거로 남습니다. 따라서, 정확하게 기록하기 위해 노력해야 하고, 이 책에서는 표와 그래프로 결과를 정리하죠.

　단, 이 책에서 소개하는 실험 결과 기록을 그대로 믿어서는 안 됩니다. 여러분만의 탐구를 설계하고, 실제로 실험을 수행해 보고, 있는 그대로 기록하세요.

■ 결과 해석

결과 자체보다 '패턴'을 읽어 내는 것이 중요합니다. 숫자보다 '의미'를 생각해 보세요. 그래프를 눈으로 따라가며 "이건 왜 이렇게 달라졌을까?" 하고 스스로에게 묻는 순간, 여러분은 이미 과학자의 언어로 사고하고 있는 것입니다.

● 일반화

■ 탐구의 결론

결론은 한 문장으로 명료하게 써 보세요. "무엇을 알게 되었는가?"를 정확히 말할 수 있어야 합니다. 짧지만, 그 안에는 실험의 모든 관찰과 생각이 담겨 있습니다.

■ 예상 오차

예상 오차를 적는 건 '실패 기록'이 아닙니다. 생각과 실제가 달랐던 이유를 적어 두면, 다음 탐구가 훨씬 단단해집니다. 오차는 실수를 기록하는 게 아니라, 다음 탐구의 실마리를 남기는 일입니다.

■ 탐구의 가치

마지막으로, 이 탐구가 세상에 어떤 의미를 가질 수 있을지 생각해 보세요. 그 발견이 비록 작아도, 누군가의 생활을 조금 바꿀 수 있다면 충분히 의미 있습니다. 그게 바로 과학이 일상과 연결되는 순간입니다.

●아이디어 뱅크

■ 톡톡 튀는 상상

실제로는 불가능하지만, 과학적 원리를 바탕으로 상상해 봅니다. 현실의 틀을 살짝 벗어나 보는 생각은 무한히 자유로워지고 멀리 뻗어 나가게 됩니다. 그 상상이 언젠가 새로운 탐구의 불씨가 될지도 모릅니다.

■ 확장된 탐구 질문

새롭게 시도할 수 있는 탐구 질문 10개가 나옵니다. 행동으로 이어질 수 있는 질문들만 모았지요. 학생에게는 다음 탐구의 씨앗이 되고, 선생님에게는 수업의 재료가 되며, 부모님에게는 아이와 함께 대화할 주제가 될 것입니다.

이 책을 덮는 순간, 여러분의 머릿속에 한 문장만 남아 있다면 좋겠습니다.

나는 오늘, 세상을 조금 다르게 보았다.

이 한 문장이 바로 이 책이 바라는 유일한 목표입니다.

1장
일상 생활에서 질문&탐구

1. 빨래를 잘 마르게 하려면 어떻게 해야 할까?

2. 땀으로 인해 누렇게 변한 흰옷을 깨끗하게 하려면 어떻게
   해야 할까?

3. 옷의 색에 따라 더운 정도는 얼마나 달라질까?

4. 멀티탭을 안전하게 쓰려면 어떻게 해야 할까?

5. 항아리 냉장고의 냉각 효과를 어떻게 높일 수 있을까?

1. 빨래를 잘 마르게 하려면 어떻게 해야 할까?

출처: AI 생성

■ 장마철이었습니다. 매일 비가 오고 습한 날이 이어졌죠. 어쩔 수 없이 집 안에서 빨래를 말려야 했습니다.

"오늘은 꼭 이 셔츠 입어야 하는데……."

등교 준비를 하며 널어 둔 셔츠를 만져 보니, 축축한 기운이 그대로 남아 있었습니다. 결국 드라이기로 급하게 말리느라 옷이 구겨지기만 했고, 제대로 마르진 않았습니다.

다음 날은 방법을 달리해 보기로 했습니다. 빨래를 널고 선풍기를 틀어 놓고, 보일러를 켜 두었습니다. 몇 시간 뒤 만져 보니 확실히 어제보다 훨씬 덜 눅눅했습니다.

"오! 보일러와 선풍기만 틀어도 이렇게 다르네?"

그날부터 실내 빨래를 빠르게 말리고 싶을 때는 선풍기를 틀고 보일러를 켰습니다.

● 일상에서 마주치는 궁금증

■ 여기서 질문!

'보일러를 틀면 공기가 따뜻해지니까 빨래가 더 빨리 마르겠지.'

이건 꽤 흔한 생각입니다. 빨래를 따뜻한 곳에 놔두었더니 금방 마르는 경험, 다들 해 보았을 테니까요.

그래서 한여름 장마철에도 자연스럽게 보일러를 켜게 됩니다.

그런데 이상한 일이 일어났습니다. 보일러만 켰을 때보다, 선풍기만 틀었을 때가 더 잘 마른 것 같은 기분이 들었던 날이 있었던 거죠. 심지어 보일러를 틀면 방이 더 훈훈해지면서 눅눅한 느낌이 오래 가는 것 같기도 했습니다.

"어? 따뜻한 게 도움이 되는 거 아니었나?"

생각과는 다른 현상을 마주하자 머릿속이 살짝 복잡해졌습니다. 그제야 깨달았습니다. 빨래가 마르는 건 단순히 '온도' 때문만은 아닐 수도 있다는 걸요. 그래서 궁금해졌습니다.

"빨래를 잘 마르게 하려면 어떻게 해야 할까?"

● 과학 개념 설명

■ 기본 개념: 증발이란?

물질이 액체 상태에서 기체 상태로 바뀌는 현상을 증발이라고 합니다. 땀이 식어 사라지는 것도 웅덩이에 고여 있던 물이 사라지는 것도 모두 물이 사라지는 것이 아니라 액체인 물이 기체인 수증기로 변해 날아가 버린 것이지요.

■ 기본 개념: 증발의 성질은?

증발은 액체의 표면에서 일어납니다. 그리고 온도가 높을수록, 바람이 잘 불수록, 습도가 낮을수록 증발이 잘 일어나는 것으로 알려져 있습니다. 빨래가 마른다는 것은 옷에 머물러 있던 물이 공기 중으로 증발해 날아가는 과정입니다. 빨리 마르게 하려면 물이 더 쉽게, 더 빨리 기체로 바뀌도록 도와줘야 합니다.

■ 기본 개념: 습도란?

공기 중에 포함된 수증기의 양을 '습도'라고 합니다. 습도가 낮을수록 공기는 더 많은 수분을 받아들일 수 있어서 빨래가 더 잘 마릅니다. 비가 오는 날처럼 습도가 높은 날에는 공기가 이미 수분으로 가득 차 있어서 빨래의 물이 증발하기 어렵습니다. 그래서 건조한 날보다 훨씬 오래 걸리지요.

■ 기본 개념: 표면적이란?

표면적은 물체 겉면의 넓이를 뜻합니다. 어떤 물질이 공기와 맞닿는 면이 넓을수록 그 물질이 공기 중으로 무언가를 내보내거나 받아들이기 쉬워집니다. 예를 들어, 같은 양의 물이라도 좁은 컵에 담긴 물보다 접시에 넓게 퍼진 물이 더 빨리 마릅니다. 접시는 표면적이 더 넓기 때문에 물이 더 많은 부분에서 공기와 닿게 되고, 그만큼 증발도 활발해지는 것이지요.

바람과 같은 공기의 이동이 증발에 미치는 영향은 다양한 이론과 경험으로부터 많이 개발되었습니다. 대부분은 다음과 같이 돌턴에 의해 제시된 식의 형태를 따릅니다.

$$E = C(e_0 + e_a)(a + bW)$$

E : 증발한 물의 양 (mm/day)

e_0 : 수표면의 포화수증기압 (mb)

e_a : 수면으로부터 임의 높이에서의 실제 수증기압 (mb)

W : 수면으로부터 임의 높이에서의 풍속(m/s)

a, b, C : 상수

여기서 포화수증기압(e_0)은 오직 온도에만 영향을 받는 값입니다. 공기가 얼마나 많은 수증기를 포함할 수 있는지를 보여 주는 값이지요. 돌턴은 다음 식을 사용하면 $-30℃$에서 $35℃$ 사이의 온도 범위에서 포화수증기압을 1% 이내의 오차로 계산할 수 있다는 사실을 보여 주었습니다.

$$e_0(T) = 6.112 \exp\left(17.67\,\frac{T}{T + 243.5}\right)$$

T : 온도 (K)

$e_0(T)$: 온도가 T일 때 포화수증기압

즉 온도가 높아지면 공기가 최대한 포함할 수 있는 수증기량(e_0)이 증가하면서 증발량(E)이 많아지고, 바람이 강하게 불면 풍속(W)이 증가하면서 증발량(E)이 많아지는 것이지요.

●탐구 설계

■ 탐구의 필요성 및 목적

빨래를 실내에서 말려야 하는 상황은 생각보다 흔합니다. 특히 겨울철이나 장마철에는 햇볕도 바람도 없기 때문에, 건조기가 없는 사람들은 보일러를 틀거나 선풍기를 이용해 빨래 말리는 시간을 단축하려 합니다. 직관적으로 보면 보일러로 따뜻한 공기를 만드는 것이 바람을 불어 주는 것보다 더 큰 영향을 줄 것 같습니다. 그런데, 이 생각은 정말 사실일까요? 아니면 그냥 생활 속 경험에서 비롯된 '느낌'일까요?

습도가 높은 장마철, 실내에서 빨래를 말려야 하는 경우, 각 조건이 어떻게 작용하는지 파악하면 더 효과적으로 빨래를 말릴 수 있습니다. 즉, 실생활에서 유용한 건조 방법을 과학적으로 판단하고, 에너지 효율적인 실내 건조 방법을 제안할 수 있는 기초 자료를 확보하는 것이 이번 실험의 목적입니다.

■ 가설 설정

만약 선풍기를 틀어 준다면, 보일러를 틀어 줄 때보다 빨래에서 증발하는 물의 양이 더 많을 것이다.

■ 변인 설정

변인 종류	내용
조작 변인 (바꿔 주어야 하는 것)	보일러를 끄고, 선풍기를 1단, 2단, 3단으로 틀어 주기 선풍기를 끄고, 보일러를 1℃, 2℃, 3℃ 높여 주기
종속 변인 (결과로 나오는 것)	증발한 물의 양 (마르기 전 빨래의 무게와 마르고 난 후 빨래의 무게의 차이)
통제 변인 (같게 해 주어야 하는 것)	습도, 실험 시작 전 온도, 선풍기까지의 거리, 햇빛의 유무, 실내 공간의 크기, 빨래의 종류와 크기, 빨래의 색상, 빨래 를 적시는 수분량, 빨래를 말리는 위치 등
대조군 (아무 변화도 주지 않고 기준이 되는 것)	보일러와 선풍기를 모두 끈 상태

■ 실험 준비물

- 보일러가 설치된 실내 공간 (온도 조절 가능해야 함)

- 동일한 종류와 크기의 빨래 (예: 면 티셔츠 또는 작은 수건)

- 건조대, 빨래집게 등 (빨래를 동일한 위치에 동일한 자세로 고정)

- 전자저울 (최소 0.1g 단위까지 측정 가능한 정밀 저울)

- 분무기

- 선풍기 1대 (풍속 1단~3단 조절 가능)

- 온도계, 습도계, 풍량계

- 시산 측정 도구

■ 실험 과정

1. 동일한 종류와 크기, 같은 색상의 빨래를 준비한다.

2. 실험 전 빨래의 무게를 측정하여 기록한다.

3. 분무기로 일정한 양의 물(예: 100mL)을 일정한 거리(예: 30cm)에
서 고르게 분사하여 적신다.

4. 실내 온도와 습도, 젖은 빨래의 무게를 측정하여 기록한다.

5. 선풍기를 일정한 거리(예: 1m)와 각도에서 1단으로 켜 놓고 풍량을 측정한다.

6. 일정한 시간(예: 2시간) 동안 말린다.

7. 실험 후 실내 온도와 습도, 마른 빨래의 무게를 측정하여 기록한다.

8. 선풍기를 2단, 3단으로 조작하여 3~7 과정을 반복한다.

9. 선풍기는 끄고, 보일러를 1℃, 2℃, 3℃ 높이면서 3~7 과정을 반복한다.

10. 각각의 조건에서 마르기 전과 후의 무게 차이(증발한 수분량)를 계산한다.

11. 선풍기와 보일러를 모두 작동시키지 않은 대조군으로 3~7 과정을 반복한다.

안전 수칙

① 실험 공간 내 전선, 전기 코드 등이 걸려 넘어지지 않도록 정리해요.
② 전기 기기(선풍기, 보일러 등) 근처에서 물이 흐르지 않도록 주의해요.

● 실험 결과

■ 결과 기록

구분	선풍기 1단	선풍기 2단	선풍기 3단	보일러 1℃	보일러 2℃	보일러 3℃	대조군
풍속	5.1m/s	7.2m/s	10.8m/s	0.0m/s	0.0m/s	0.0m/s	0.0m/s
실험 전 온도	21.0℃	21.0℃	21.0℃	21.0℃	21.0℃	21.0℃	21.0℃
실험 전 습도	75.0%	75.0%	75.0%	75.0%	75.0%	75.0%	75.0%
실험 전 빨래의 무게	125.0g	125.0g	125.0g	125.0g	125.0g	125.0g	125.0g
젖은 빨래의 무게	225.0g	225.0g	225.0g	225.0g	225.0g	225.0g	225.0g
실험 후 빨래의 무게	214.5g	212.2g	209.1g	214.7g	208.3g	201.0g	217.6g
실험 후 온도	21.0℃	21.0℃	21.0℃	22.0℃	23.0℃	24.0℃	21.0℃
실험 후 습도	75.1%	75.1%	75.2%	71.1%	67.1%	63.4%	75.0%
증발한 물의 양 (젖은 빨래의 무게 − 실험 후 빨래의 무게)	10.5g	12.8g	15.9g	10.3g	16.7g	24.0g	7.4g

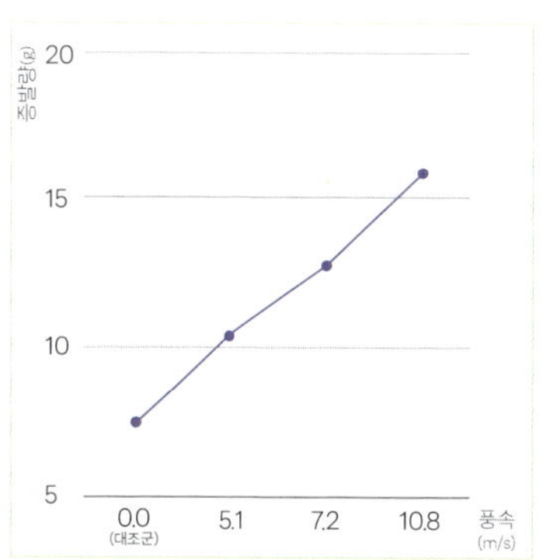

풍속 변화에 따른 증발량 그래프 – 온도 21.0℃

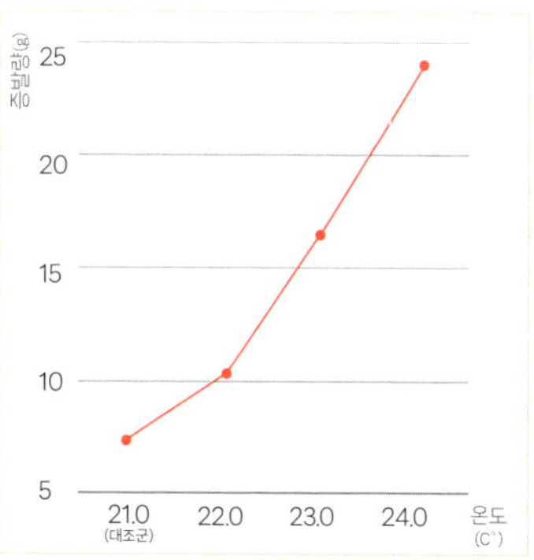

온도 변화에 따른 증발량 그래프 – 풍속 0.0m/s

■ 결과 해석

실험 결과, 보일러 3℃ 조건(24.0g)에서 가장 많은 물이 증발하였고, 그다음으로는 보일러 2℃(16.7g), 선풍기 3단(15.9g), 선풍기 2단(12.8g), 선풍기 1단(10.5g), 보일러 1℃(10.3g) 순이었습니다. 대조군인 아무 장치도 작동하지 않은 조건에서는 가장 적은 양인 7.4g만 증발했습니다.

이 결과를 통해 다음과 같은 사실을 확인할 수 있습니다.

1. 보일러 온도를 높일수록 증발량이 확연히 증가하며, 특히 3℃ 상승 조건에서는 모든 선풍기 조건보다 더 많은 물이 증발했습니다.

2. 또한, 보일러 1℃ 조건은 선풍기 1단과 증발량이 비슷하였으며, 보일러 2℃가 선풍기 3단 보다는 약간 더 많이 증발한 결과를 보였습니다.

3. 공기의 흐름(선풍기 작동) 또한 증발에 유의미한 영향을 주며, 풍속이 증가할수록 증발량도 증가하는 경향을 보였습니다.

4. 다만 습도 변화는 보일러 조건에서만 뚜렷하게 나타났고, 선풍기 조건에서는 거의 일정하게 유지되어, 바람은 습도를 낮추기보다 공기 순환을 도와준 것으로 보입니다.

● 일반화

■ 탐구의 결론

이번 탐구는 "만약 선풍기를 틀어 준다면 보일러를 틀어 줄 때보다 빨래에서 증발하는 물의 양이 더 많을 것이다."라는 가설을 검증하기 위해, 실내에서 각각 선풍기 풍속과 보일러 온도를 다르게 설정하여 빨래의 증발량을 비교한 실험입니다. 따라서, 이 실험의 결론은 다음과 같습니다.

선풍기와 보일러 모두 빨래를 더 잘 마르게 하지만, 온도가 많이 높아질수록 보일러의 효과가 더 커진다. 다만, 적은 에너지로도 공기 흐름을 제공하는 선풍기 역시 효과적인 실내 건조 수단이며, 보일러를 조금만 사용하는 것보다 더 효율적일 수 있다.

즉, 높은 온도 차가 가능하다면 보일러가 효과적이지만, 에너지 효율과 간편함을 고려한다면 선풍기를 활용한 건조도 충분히 실용적이라는 것이 이번 탐구의 핵심 결론입니다.

■ 예상 오차

보일러를 켜면 곧장 온도가 올라갈 것 같지만 실제로는 그렇지 않습니다. 방이 따뜻해지는 데엔 시간이 걸리죠. 이때 처음 실험을 시작했을 때의 초기 온도가 너무 높거나 낮았다면, 보일러 효과가 충분히 발휘되기 전에 실험이 끝날 수도 있습니다. 그러면 '보일러가 별로네'라는 결론이 나올지도 모르지요.

또 하나, 습도는 온도와 날씨에 따라 매우 심하게 바뀝니다. 눈에 보이진 않아서, 그 변화를 느끼기는 더욱 어렵습니다. 온도를 1℃씩 높일 때 습도가 4% 넘게 줄어드는 것처럼 말입니다. 습도가 조금만 달라져도 증발 속도는 금방 바뀐답니다. 빨래를 널고, 기다리고, 시간이 지나서 다음날이 되어 날씨가 흐려지거나 화창해지면 습도가 굉장히 많이 변하지요. 그렇기 때문에 이번 실험은 간단해 보이지만 실제로는 꽤 어려운 실험입니다.

그리고 바람도 생각보다 까다로운 변수입니다. 선풍기를 같은 세기로 틀었다고 해도, 빨래가 걸린 위치에 따라 바람이 잘 안 닿을 수도 있습니다. 어느 옷은 바람 정면, 어느 옷은 살짝 옆으로. 이런 차이도 변수로 작용할 수 있겠지요.

무게를 재는 것도 변수가 큽니다. 저울에 무게를 재러 가는 그 짧은 시간 동안에도 물은 계속 날아가고 있으니까요. 조금만 늦게 재면, 무게가 차이 날 수 있습니다.

따라서, 실험은 한 번만 하면 안 됩니다. 두 번, 세 번, 같은 조건에서 반복해 보고, 평균을 내는 수고가 꼭 필요합니다. 그래야 우리가 믿을 수 있는 결과를 얻을 수 있으니까요. 하지만 이번 실험은 빨래를 한 번 말리는 데 2시간이 걸리는 실험이니, 짧은 시간 안에 정확한 결과를 내기는 어렵겠지요?

■ 탐구의 가치

이 탐구는 과학을 배울 때 흔히 놓치기 쉬운 중요한 점을 다시 보여 줍니다. '아는 것'과 '이해하는 것'은 다르고, '이해한 것'을 '검증하는 일'이 바로 과학이라는 것이지요. 우리는 무심코 이런 말을 할 수 있습니다.

"선풍기가 낫다."

"보일러가 더 잘 말린다."

생활 속에서 직접 느낀 경험들이니까요. 그런데 그게 정확히 언제,

어떤 조건에서 그렇게 되는지는 따져 보지 않습니다. 이 실험은 바로 그런 일상 속 감각을 과학적 판단으로 바꿔 주는 과정이었습니다.

과학적으로 보면, 빨래가 마르는 건 단순한 현상이 아닙니다. 증발에 관한 복잡하고 미묘한 과학 원리들이 얽힌 변화이지요. 그리고 이 변화는 에너지 절약과 시간 절약 같은 매우 현실적인 문제들과 직결됩니다.

이 탐구는 단지 '빨래를 잘 말리는 법'을 알려 주는 걸로 끝나지 않습니다. 하나의 현상을 놓고 가설을 세우고, 실험을 설계하고, 데이터를 측정하고, 결과를 해석하는 일련의 과학적 사고 과정을 훈련하게 합니다.

이런 과정을 반복하는 능력은 앞으로 어떤 문제를 만나도, '진짜 그런지 실험해 봐야지' 하고 스스로 길을 찾게 만들어 주는 힘이 됩니다. 결국, 이런 작고 사소해 보이는 탐구들이 생활을 바꾸고, 세상을 바꾸는 과학의 시작점이 되는 것입니다.

● 아이디어 뱅크

■ 톡톡 튀는 상상

상상해 봅시다. 방 안에 가습기를 켜면, 잔잔한 수면 위에서 갑자기 안개가 피어오릅니다. 아무런 바람도 없었는데 말이죠. 그 정체는 바로 초음파 진동. 보이지 않는 진동이 물을 미세하게 흔들어 수증기 방울로 만들어 내보내는 것입니다. 물은 가만히 있으면 천천히 증발하지만, 강제로 흔들면 더 빨리 공기 중으로 퍼질 수 있습니다.

그렇다면 이런 생각이 들지 않을까요?

"빨래에도 초음파를 쏘면, 물이 더 빨리 날아가게 할 수 있지 않을까?"

셔츠, 수건, 청바지가 모두 젖은 채로, 그 안에 있는 물 분자는 가만히 있습니다. 하지만 만약 빨래 전체에 초음파 진동을 고르게 전달할 수 있다면? 섬유에 붙은 물들이 '흔들흔들' 진동하면서 공중으로 튀어 나올 수 있지 않을까요?

■ 확장된 탐구 질문

1. 선풍기, 보일러, 건조기 각각의 전기 요금을 계산해 보면 빨래 말리는 데 드는 비용 차이는 얼마나 될까?

2. 빨래 널기 전 옷을 털어 주는 것이 마르는 데 효과가 있을까?

3. 온도와 바람이 일정할 때 습도는 빨래 건조에 얼마나 영향을 미칠까?

4. 빨래 사이 간격을 다르게 두면 증발 속도에 얼마나 차이가 생길까?

5. 실내에서 빨래를 말릴 때, 전등을 켜 두면 마르는 데 도움이 될까?

6. 실내 습도를 조절하는 식물(예: 산세베리아, 아이비 등)을 둘 경우 빨래 건조에 영향을 줄까?

7. 빨래의 위치(높이, 벽 근처, 창문 근처 등)에 따라 마르는 속도는 얼마나 달라질까?

8. 빨래를 바닥에 깔아 두는 것과 높이 걸어 두는 것 중 어떤 방식이 더 효과적일까?

9. 공기 청정기를 작동하면 빨래가 더 빨리 마를까?

10. 같은 양의 빨래를 말릴 때, 면과 합성 섬유 중 어느 쪽이 더 빨리 마를까?

2. 땀으로 인해 누렇게 변한 흰옷을 깨끗하게 하려면 어떻게 해야 할까?

출처: AI 생성

■ 학교에 입고 간 흰색 교복. 입을 때마다 처음 교복을 받았던 날이 떠오릅니다.

어색했지만, 깔끔하고 단정한 느낌이 꽤 마음에 들었습니다. 자주 입는 옷이라 세탁도 부지런히 해 왔습니다.

흰색의 멋진 교복을 입은 모습을 거울로 한 번 더 보고 학교에 갑니다. 더운 여름이라 땀은 많이 났지만, 금방 마르겠지 싶어 별 신경 쓰지 않았습니다.

그런데 쉬는 시간, 친구 한 명이 조용히 말합니다.

"야, 너 셔츠 겨드랑이 쪽…… 조금 누렇게 된 거 보여."

순간 당황해서 팔을 내렸습니다.

수업이 끝난 뒤 화장실로 가서 거울로 확인해 봤습니다. 겨드랑이 부분이 희미하게, 하지만 분명히 누렇게 변해 있었습니다. 처음엔 단순히 '땀 자국이겠지' 싶었는데 그날 저녁 셔츠를 벗어 놓고 다시 보니, 그냥 자국이 아니라 아예 누런 색이 섬유에 배어 있는 것 같았습니다.

세제를 조금 더 넣어 빨아 봤지만, 세탁 후에도 얼룩은 그대로였습니다. 오히려 점점 더 진해지는 느낌도 들었습니다.

● 일상에서 마주치는 궁금증

■ 여기서 질문!

분명 매번 세탁했는데도 얼룩이 점점 더 진해졌습니다. 땀은 당연히 생기는 건데, 왜 흰옷은 그 흔적이 이렇게 선명하게 남을까요?

더 세게 빨면 될 줄 알았고, 세제를 더 넣으면 될 줄 알았는데 결과는 늘 같았습니다.

그래서 궁금해졌습니다.

'누런 자국은 어떤 성분으로 이루어져 있으며, 왜 깨끗하게 세탁해도 쉽게 지워지지 않는 걸까?'

'다시 원래처럼 하얗게 만들 수 있는 방법은 없는 걸까?'

누렇게 변한 흰옷을 깨끗하게 하려면 어떻게 해야 할까요?

● 과학 개념 설명

■ 기본 개념: 사람의 땀이란?

사람의 땀은 대부분이 물이지만, 그 안에는 단백질, 지방, 염분, 요소 같은 다양한 성분이 섞여 있습니다.

■ 기본 개념: 황변 현상이란?

땀 속에 들어 있는 단백질과 지방 성분은 옷감에 남은 뒤, 시간이 지나면서 공기 중의 산소(O_2)와 반응합니다. 이 반응을 산화라고 부릅니다. 산화가 일어나면 단백질과 지방 분자가 화학적으로 변형되면서, 갈색 또는 노란색 색소 물질이 만들어집니다. 쉽게 말해, 원래는 투명하거나 색이 없던 땀 성분이 산소와 결합하면서 '색을 띠는 물질'로 바뀌는 것입니다.

특히 햇빛(자외선)이나 열이 더해지면 이 산화 반응은 더 빠르게 진행됩니다. 그래서 땀 얼룩은 시간이 지날수록 점점 더 진해지고, 잘 지워지지 않는 '황변(黃變) 현상'으로 굳어지게 되는 거죠.

■ 심화 해설: 산소계 표백제(과탄산소다)

산소계 표백제의 주요 성분인 과탄산소다(또는 과탄산나트륨이라고 함, $Na_2CO_3 \cdot 1.5H_2O_2$)은 물과 만나면 산소가 발생합니다. 산소가 색소(얼룩의 유기물질)를 산화시켜 분해시키며, 얼룩을 제거하면서도 섬유를 손상시키지 않고 환경에도 비교적 안전하다는 장점이 있습니다.

$$Na_2CO_3 \cdot 1.5H_2O_2 + H_2O \rightarrow Na_2CO_3 + H_2O_2$$
$$H_2O_2 \rightarrow H_2O + [O]$$

■ 심화 해설: 효소 세제

효소 세제에는 프로테아제(Protease)와 리파아제(Lipase)라는 성분이 포함되어 있어 단백질과 지방을 각각 분해하는 데 효과적입니다. 세탁 전에 옷을 물에 담가 효소를 활성화시키면 얼룩 제거 효과를 더욱 높일 수 있습니다. 하지만 이미 산화되어 변색된 누런 얼룩에는 효소 세제의 효과가 적을 수 있습니다.

■ 심화 해설 : 염소계 표백제(차아염소산나트륨, NaClO)

일반적으로 락스라고 알려져 있으며, 매우 강한 산화제로, 빠르게 얼룩을 제거하는 데 효과적입니다. 하지만 이로 인해 섬유가 손상될 위험이 크며, 특히 합성 섬유나 기능성 원단에는 적합하지 않습니다. 면 100%의 옷에는 사용할 수 있으나, 반복 사용 시 옷감이 약해지거나 오히려 누렇게 변색될 수 있습니다. 이는 표백 후 남은 산화 염소 성분이 섬유에 잔류하면서 발생하는 현상입니다.

따라서 누런 얼룩을 효과적으로 제거하기 위해서는 섬유 손상을 최소화하면서도, 얼룩의 종류와 섬유의 특성을 고려하여 적절한 세제를 선택해야 하는 것이죠.

●탐구 설계

■ 탐구의 필요성 및 목적

땀이 많이 나는 계절이 되면 흰옷은 금세 누렇게 변색되기 쉽습니다. 깨끗하게 세탁해도 쉽게 지워지지 않고, 점점 색이 진해지기도 합니다.

그래서 인터넷에는 흰옷을 깨끗하게 만드는 여러 가지 방법들이 소개되어 있습니다. 과탄산소다에 담그기, 베이킹소다와 식초 섞기, 락스에 담그기, 효소 세제 사용하기 등 다양한 방법이 있습니다. 각 방법마다 '효과가 확실하다'는 후기도 많습니다.

하지만 정말 그럴까요? 실제로 어떤 방법이 실제로 가장 효과적인지, 과학적으로 검증된 것은 많지 않습니다. 게다가 사용한 세제나 표백제가 옷감에 손상을 주는 경우도 있어서 신중한 선택이 필요합니다.

땀으로 인해 누렇게 변한 흰옷을, 가장 효과적으로 세탁할 수 있는 방법은 무엇일까?

땀 얼룩의 특성과 성분을 이해하고 다양한 세탁 방법의 효과를 비교하여 안전하면서도 가장 효과적인 세탁법을 찾아가는 것이 이번 실험의 목적입니다.

■ 가설 설정

과탄산소다에 담그는 방법이 가장 효과적으로 얼룩을 제거할 것이다.

■ 변인 설정

변인 종류	내용
조작 변인 (바꿔 주어야 하는 것)	얼룩 제거 방법 (과탄산소다, 베이킹소다+식초, 산소계 표백제(염소))
종속 변인 (결과로 나오는 것)	얼룩 제거 효과 (색 변화 정도)
통제 변인 (같게 해 주어야 하는 것)	땀 얼룩의 종류와 양, 옷감 종류(면 흰 티셔츠), 담그는 시간, 물 온도, 실험 후 세탁 방법, 건조 방식
대조군 (아무 변화도 주지 않은 기준이 되는 것)	일반 세제

■ 실험 준비물

- 땀 얼룩이 있는 흰 면 티셔츠 4장(또는 동일한 천 조각)

- 과탄산소다, 베이킹소다, 식초, 락스, 일반 세제

- 투명 플라스틱 통(4개)

- 60℃ 정도의 따뜻한 물

- 고무장갑

- 집게 및 계량 스푼

- 색상 변화 비교용 카메라 또는 색상 측정 도구

■ 실험 과정

1. 얼룩이 동일하게 묻은 천 조각 또는 흰 티셔츠를 준비한다.

2. 각 조각마다 같은 양의 땀 성분을 묻히고 충분히 건조시킨다.

3. 각 조각을 아래 4가지 방법으로 처리할 수 있도록 플라스틱 통에 분류한다.

 -A조: 과탄산소다 1스푼 + 따뜻한 물 1L → 30분 담금

 -B조: 베이킹소다 1스푼 + 식초 3스푼 + 따뜻한 물 1L → 30분 담금

 -C조: 염소계 표백제 1스푼 + 따뜻한 물 1L → 30분 담금

 -D조: 일반 세제만 사용 + 따뜻한 물 1L → 30분 담금

4. 30분 후, 각 조각을 같은 방식으로 헹구고 동일한 세탁기 코스로 세탁한다.

5. 그늘지고 통풍이 잘되는 곳에서 동일하게 말린다.

6. 색상 변화를 눈으로 관찰하고, 스마트폰 카메라로 찍어 색상 측정 도구로 수치화한다.

안전 수칙

① 실험 전 고무장갑을 착용해요.

② 환기가 잘되는 곳에서 진행해요.

③ 과탄산소다와 표백제(염소)를 섞으면 유독 가스가 발생하니 절대 섞지 않도록 주의해요.

④ 식초와 베이킹소다 혼합 시 거품이 발생하니 주의해요.

⑤ 어린이 참여 시 보호자 감독하에 실험을 진행해요.

● 실험 결과

■ 결과 기록

처리 방법		얼룩 제거 전 색	얼룩 제거 후 색	얼룩이 제거된 정도	시각적 평가 순위	비고
A	과탄산소다	567	601	34	매우 깨끗함	
B	베이킹소다 + 식초	603	618	15	깨끗힘	식초를 넣은 후 기체 반응
C	락스	580	591	11	깨끗함	면이 손상됨
D	일반 세제 (대조군)	590	596	6	비슷함	

색은 RGB 값을 합쳐 계산함

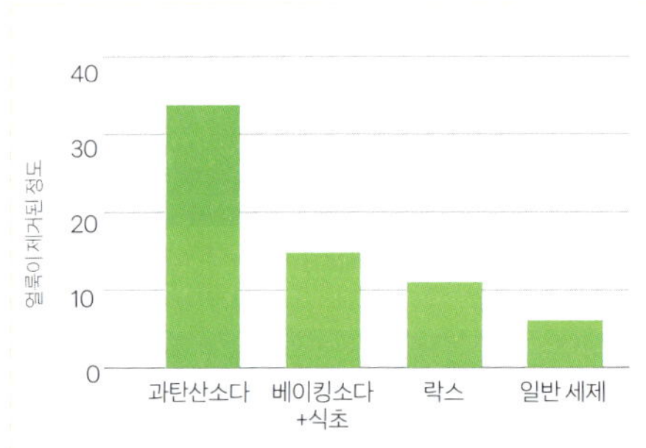

얼룩 제거 방법에 따른 얼룩이 제거된 정도

■ 결과 해석

실험 결과, 과탄산소다 처리군(A)의 색깔은 실험 전 100에서 실험 후 10으로 크게 개선되었으며, 육안으로 보았을 때 얼룩이 거의 사라진 것을 확인할 수 있었습니다. 이는 가장 높은 제거율(약 90%)을 기록한 수치입니다. 산소계 표백제를 사용한 조는 약 55%의 제거율을 보여 비교적 우수한 성능을 보였지만, 과탄산소다보다는 반응성이 낮았습니다. 베이킹소다와 식초를 섞은 조는 약 42% 제거율로 중간 수준이었고, 일반 세제만 사용한 조는 27% 제거율로 가장 낮은 효과를 보였습니다.

● 일반화

■ 탐구의 결론

이번 탐구는 "땀 때문에 누렇게 변한 흰옷은 과탄산소다에 담그는 것이 가장 효과적으로 얼룩을 제거할 수 있을 것이다."라는 가설을 검증하기 위해, 동일한 땀 얼룩이 있는 흰옷 조각을 과탄산소다, 산소계 표백제, 베이킹소다+식초, 일반 세제로 각각 처리한 뒤 얼룩 제거 효과를 비교한 실험입니다. 이 결과를 통해 다음과 같은 사실을 확인할 수 있습니다.

땀 얼룩은 단순한 먼지가 아니라, 단백질과 지방이 산화되어 생긴 복합 얼룩이기 때문에, 산화 작용이 강한 과탄산소다가 가장 효과적으로 이를 분해하고 제거할 수 있다.

따라서, 땀 얼룩으로 누렇게 변한 흰옷을 세탁할 때는 단순 세탁이 아니라 얼룩의 화학적 성질을 고려한 접근이 필요하며, 과탄산소다를 활용한 세탁법이 효과적이라는 것이 이번 탐구의 핵심 결론입니다.

■ 예상 오차

흰옷에 생긴 땀 얼룩은 얼핏 보기엔 비슷해 보이지만, 사실은 조금씩 다릅니다. 누군가는 한 번 입은 옷이고, 또 어떤 옷은 여름 내내 몇 번이고 입었다가 생긴 얼룩일 수도 있습니다. 얼룩의 성분과 농도가 다르면, 아무리 같은 세제를 써도 반응이 다르게 나타날 수 있습니다.

세탁에 사용한 물의 온도 역시 일정하게 유지하기 어렵습니다. 온도계를 사용하지 않고 '따뜻한 물'이라고만 했을 경우, 실제 온도는 사람이 느끼는 감각이나 실내 환경에 따라 5℃ 이상 차이 날 수 있습니다.

과탄산소다처럼 온도 변화에 민감한 물질을 사용할 땐, 이 작은 차이가 제거 효과에 큰 영향을 줄 수 있습니다. 또한 과탄산소다나 식초, 베이킹소다 같은 물질은 혼합 직후의 반응이 가장 활발하기 때문에, 정확히 같은 시간에 넣지 않으면 반응 정도가 달라질 수 있습니다. 예를 들어 식초와 베이킹소다를 섞은 후 조금 늦게 천을 넣었다면, 반응이 이미 끝났을 수도 있습니다.

색상 변화를 관찰하는 것도 주관적인 요소가 작용할 수 있습니다. '누런 얼룩이 남아 있다'는 판단은 사람마다 다르게 느껴질 수 있고, 스마트폰 카메라로 측정할 경우 주변 조명의 밝기나 그림자 유무에 따라 색상이 달라 보일 수 있습니다.

그리고 무엇보다 황변의 원인 자체가 단일하지 않다는 점도 변수입니다. 땀 속 단백질이 산화된 경우, 섬유에 남은 유분이 산화된 경우, 혹은 자외선에 오래 노출된 경우처럼 다양한 황변 원인들이 있는데, 이런 차이는 세제의 작용 방식에도 영향을 줄 수 있습니다.

따라서 이런 실험은 다양한 조건에서 여러 번 비교 반복해야 더 효과적인 방법을 찾을 수 있습니다. 여러분이 과학자가 된다면 이런 과정들을 여러 번, 심지어 수천수만 번 해야 할 수도 있습니다. 새로운 지식을 알아 가고 쌓는 과정이 신나지 않을까요? 그렇게 생각한다면 여러분은 벌써 과학자랍니다.

■ 탐구의 가치

이 탐구는 우리가 늘 당연하게 여겨 왔던 '흰옷은 오래 입으면 누렇게 변한다'는 생각을 다시 바라보게 합니다. "세탁했는데도 왜 누렇지?"

이런 경험은 단순한 실수나 옷의 수명 때문이 아니라, 실제로 옷에 남은 성분과 그에 따른 화학 반응의 결과일 수 있습니다.

땀 얼룩은 단순히 더러워서 생긴 것이 아닙니다. 땀 속에 포함된 단백질과 지방이 산화되면서 색소 반응이 일어나기 때문에, 일반 세제로는 잘 지워지지 않고 시간이 지날수록 더 선명해지기도 합니다.

이번 탐구는 단순한 세탁법 비교를 넘어서, 우리가 일상에서 믿고 따르던 생활 속 방법들을 과학적으로 검증해 보는 과정입니다. 인터넷을 보면 각자 자신이 쓴 방법이 가장 효과적이라고 주장하지만, 그 모든 정보를 우리가 직접 검증하기란 현실적으로 어렵습니다.

그렇다면 우리는 어디까지 믿고, 어디까지 의심하며 실험해 보아야 할까요?

좋은 실험이란, 하지 않은 것과 한 것을 비교하고, 다양한 방법을 시도하며 그 차이를 확인하는 과정에서 시작됩니다. 정보를 받아들일 때도 항상 비판적인 시각을 잃지 않는 태도, 그것이 바로 우리가 과학을 통해 배워야 할 중요한 자세입니다.

●아이디어 뱅크

■ 톡톡 튀는 상상

이런 상상은 어떨까요? 스스로 황변을 감지하고 예방하는 '알림옷감'이 있다면요. 옷에 내장된 마이크로센서가 단백질 분해 반응이나 산화 수준을 감지해, 스마트폰으로 경고를 보내는 겁니다. "이 셔츠는 오늘 안에 과탄산소다에 담가야 해요!"

얼룩을 자동으로 되돌리는 섬유는 어떨까요? 햇빛을 받으면 색소 구조가 원래 상태로 복구되거나, 일정 온도에서 자가산화 억제제를 분비하는 섬유. 입고 있는 동안 얼룩이 생겨도, 햇살 아래 자연스럽게 다시 하얘지는 옷. '세탁하지 않아도 깨끗한 흰옷'이 탄생할 수 있겠죠.

혹은, 세탁 바구니에 센서가 달려 있다면요? 옷을 넣기만 해도 이 바구니가 얼룩의 종류와 심각도를 스캔하고, "이건 베이킹소다로도 안 돼요. 과탄산소다 모드로 전환합니다."라고 알려 주는 스마트 바구니. 세탁기도 이에 맞춰 세제 농도와 온도를 자동으로 조절합니다.

기술은 점점 더 똑똑해지고 있습니다. 그렇다면 '세탁'도 더 똑똑해질 수 있지 않을까요?

단순히 얼룩을 지우는 걸 넘어서, '얼룩이 생기기 전'을 관리하고, '얼룩에 맞는 방법'을 선택해 주는 세탁.

우리가 지금은 손으로 일일이 판단하는 이 일을, 미래에는 섬유가, 바구니가, 세탁기가 스스로 해 줄지도 모릅니다.

■ 확장된 탐구 질문

1. 땀 얼룩을 오래 두면 색이 얼마나 짙어질까?

2. 자외선을 쬐는 시간에 따라 황변의 정도는 어떻게 달라질까?

3. 섬유의 종류(면, 폴리에스터 등)에 따라 얼룩 제거 효과는 어떻게 달라질까?

4. 세제의 pH(산성/염기성)에 따라 얼룩 제거 효과는 어떻게 달라질까?

5. 얼룩이 생긴 즉시 세탁할 때와 며칠 뒤 세탁할 때의 차이는?

6. 온도에 따라 과탄산소다의 얼룩 제거 효과는 어떻게 달라질까?

7. 과탄산소다에 담그는 시간에 따라 얼룩 제거 효과는 얼마나 차

이 날까?

8. 과탄산소다에 물을 섞는 비율에 따라 얼룩 제거 효과는 얼마나 다를까?

9. 피, 짬뽕 국물 등 다른 얼룩은 어떤 물질이 잘 지울까?

10. 얼룩이 생기기 전에 미리 처리(예: 섬유유연제 코팅)를 해 두면 얼룩 방지 효과가 있을까?

3. 옷의 색에 따라
    더운 정도는 얼마나 달라질까?

출처: AI 생성

■ 찜통 같은 7월의 한낮, 도심 속 공원 한복판에 네 사람이 모였습니다. 모두 다른 색의 옷을 입고 있었죠. 하얀색, 검은색, 빨간색, 초록색 반팔 티셔츠. 그늘 하나 없는 산책로를 10분쯤 걷자, 이마며 목덜미에 땀이 줄줄 흘러내리기 시작했습니다.

가장 먼저 흰옷을 입은 친구가 말했습니다.

"역시 여름엔 흰색이지. 덜 더운 것 같아."

검은색 옷을 입은 친구는 고개를 끄덕이며 맞장구칩니다.

"응… 진짜 너무 덥다. 검은색은 빛을 다 흡수한다고 하잖아. 그래서 여름에 입으면 더운 거겠지?"

그때 빨간색 옷을 입은 친구가 입을 엽니다.

"그럼 빨간색은 어때? 초록색도 다를까?"

초록색 옷을 입은 친구는 땀을 닦으며 말합니다.

"검은색이랑 흰색이 차이가 있는 것은 알겠어. 다른 색들은 어떨까?"

모두 고개를 돌려 서로의 옷을 유심히 살펴봅니다. 색만 다를 뿐인데 체감 온도가 진짜 달라질까? 그리고 색깔마다 햇빛을 흡수하는 정도가 다르다면, 몸에 전달되는 열도 색깔마다 다를까? 이런 생각 끝에 누군가 말합니다.

"그럼 빨주노초파남보 전부 다 똑같은 재질로 준비해서 햇볕에 놓아 보자. 실험해 보면 어떤 색이 제일 빨리 뜨거워지는지 알 수 있을 거야."

● 일상에서 마주치는 궁금증

■ 여기서 질문!

흰색은 빛을 거의 반사하고, 검은색은 빛을 거의 흡수한다는 것은 학교에서 배웠습니다. 실제로도 둘은 입어 보면 확실히 다릅니다. 그런데 빨간색, 주황색, 노란색, 초록색, 파란색, 남색, 보라색처럼 우리가 자주 입는 옷 색깔들은 어떨까요? 이 색깔들도 각각 흡수하는 빛의 양이 다를까요?

한 친구는 초록색 옷을 입었습니다. 검정과 흰색은 극단적인 예니까 확실히 체감되는데, 다른 색은 어느 정도 차이가 날까요? 빨간색은 좀 어두운 편이니까 꽤 흡수할까요? 초록색, 파란색, 보라색은 어떨까요? 혹시 색깔이 진할수록 더 더운 걸까요?

핵심적인 질문을 해 보겠습니다. 색깔마다 빛을 흡수하는 정도는 다를까요? 실제로 입었을 때 체온에도 영향을 줄까요? 빨간색, 주황색, 노란색, 초록색, 파란색, 남색, 보라색 순서대로 나열된 이 색깔들, 눈에는 무지개처럼 고르게 보이지만, 태양 빛을 받아들이는 방식은 균일하지 않을 수도 있습니다. 그 차이를 비교해 볼까요?

● 과학 개념 설명

■ 기본 개념: 명도

명도(Luminance, L^*)는 "얼마나 밝게 보이느냐?"를 수치로 나타낸 값입니다. 하양은 명도가 100에 가깝고, 검정은 0에 가깝습니다. 밝은색은 더 많은 빛을 반사하기 때문에, 햇빛 아래에서는 표면이 덜 뜨거워지는 경향이 있습니다. 명도를 측정하는 방법은 여러 가지인데, 우리가 이번 실험에서 사용한 CIELAB L* 값은 사람 눈이 밝기를 인식하는 방식(특히 초록색 파장에 민감함)을 반영합니다. 예를 들어, 같은 '100% 채도'의 빨강과 초록이라도, 초록은 L* 값이 더 높게 나옵니다. 이는 눈이 초록 파장을 더 밝게 느끼기 때문입니다.

■ 기본 개념: 채도

채도(Saturation, Chroma, C*)는 색의 '선명함' 또는 '순도'를 나타냅니다. 회색이 섞이지 않은 순색은 채도가 높고, 회색이 많이 섞이면 채도가 낮습니다. 채도가 높을수록 특정 파장의 빛을 강하게 반사하고, 그 외 파장은 강하게 흡수하는 성질이 있습니다. 반대로 채도가 낮으면 파장별 반사율이 비슷해져서 열 흡수 차이가 줄어듭니다.

■ 기본 개념: 색상각

색상각(Hue)은 색이 어떤 파장 영역에 속하는지를 나타내는 값입니다. 단위는 각도(°)이며, 빨강은 0°, 노랑은 약 60°, 초록은 120°, 파랑은 240°, 보라는 300° 부근입니다. 색상각은 태양 스펙트럼에서 어떤 빛을 주로 반사하거나 흡수하는지를 알려 주는 지표가 됩니다.

■ 기본 개념: 태양광과 열 흡수

태양광은 자외선(UV), 가시광선, 적외선(IR) 등으로 이루어져 있습니다. 명도와 채도, 색상각 모두 가시광선 영역에서의 반사·흡수와 관련이 있지만, 온도 변화에는 적외선 흡수율이 높은 역할을 합니다.

적외선은 눈에는 보이지 않지만 열에 직접적으로 작용하기 때문에, 같은 색이라도 적외선 반사율이 낮으면 더 뜨거워집니다.

■ 심화 해설

빛이 물체에 닿을 때, 물체는 그 빛을 반사(reflection), 흡수(absorption), 투과(transmission) 3가지 방식으로 처리합니다. 불투명한 물체(예: 색종이)는 대부분 투과가 없으므로, [입사한 빛 에너지 = 반사된 에너지 + 흡수된 에너지]로 표현할 수 있습니다.

빛이 흡수되어 열로 전환되면, 물의 온도를 올리게 되는데, 그때 물이 흡수한 열에너지는

$Q = mc\Delta T$ 로 구할 수 있습니다.

여기서,

Q : 흡수된 열에너지 (J)

m : 물의 질량 (kg)

c : 비열 (물은 4,186J/(kg · ˚C)

ΔT : 온도 변화량 (˚C)

→ 색깔에 따라 흡수된 에너지(Q)가 달라지면, 질량(m)과 비열(c)이 같을 때 물의 온도 상승 폭(ΔT)이 달라지게 됩니다.

●탐구 설계

■ 탐구의 필요성 및 목적

흰색, 검은색 옷은 무엇이 시원하고 따뜻한지 잘 알고 있습니다. 하지만 다른 색깔 옷에 대해서는 생각해 보지 못했어요. 그래서 직접 다양한 색의 옷은 열 흡수율이 어떻게 다른지 실험으로 알아보려고 합니다. 옷과 체온으로 하기 힘들어 색종이와 물로 실험하려고 합니다. 색깔이 다른 색종이로 감싼 용기에 같은 양의 물을 넣고 햇볕에 노출했을 때, 색깔에 따라 물의 온도 상승이 다르게 나타날 수 있습니다. 이 실험은 색깔별 흡수율 차이를 정량적으로 확인하고, 그 결과를 명도, 채도, 색의 반사 파장 기준으로 분석하여 열 흡수 경향성을 알아보겠습니다.

■ 가설 설정

1. 명도가 낮을수록 물의 온도가 더 많이 높아질 것이다.

2. 채도가 높을수록 물의 온도가 덜 높아질 것이다.

3. 색종이의 반사하는 파장이 길수록 물의 온도가 더 많이 높아질 것이다.

■ 변인 설정

구분	내용
조작 변인 (바꿔 주어야 하는 것)	색종이의 색깔 (빨, 주, 노, 초, 파, 보)
종속 변인 (결과로 나오는 것)	물의 온도 변화(℃)

통제 변인 (같게 해 주어야 하는 것)	물의 양(100mL), 약통 크기(100mL), 색종이 재질, 햇빛 세기, 노출 시간, 실외 온도, 측정 위치 등

색깔별 상대 비교라 대조군이 없어도 되지만, 만약 대조군을 설정한다면 다음과 같아요.

대조군 (아무 변화도 주지 않고 기준이 되는 것)	흰 종이로 감싼 약병 (색깔에 따른 온도 변화이므로, 모든 색을 반사하는 흰 종이로 감싼 물을 대조군으로 한다.)

■ 실험 준비물

- 동일한 크기와 재질의 색종이 6장 (빨강, 주황, 노랑, 초록, 파랑, 보라)
- 100mL 투명 약통 6개
- 수돗물
- 디지털 온도계
- 시계
- 햇빛이 잘 드는 장소
- 스마트폰
- 색상 분석 앱

■ 실험 과정

[1단계: 색종이 준비 및 색상 분석]

1. 각 색종이의 색상 정보를 디지털로 분석한다.

2. 스마트폰으로 색종이를 정면에서 자연광 아래 촬영한다.

3. 사진을 온라인 색상 추출 사이트에 업로드하여 각 색종이의 명도(%), 채도(%), 반사 파장(색상 Hue) 값을 표로 정리한다.

색상명	L* (명도, CIELAB)	C* (채도, CIELAB)	Hue(°)
네온 레드	54.223	90.431	351
탠저린	71.825	83.132	36
햇살 노랑	91.677	91.741	58
창백한 연초록	84.590	62.849	103
다저 블루	50.496	67.584	210
블러플	35.183	84.922	264

- 명도(L*) 순(어두운→밝은): 보라색 〈 파란색 〈 빨간색 〈 주황색 〈 초록색 〈 노란색

- 채도(C*) 순(낮은→높은): 초록색 〈 파란색 〈 주황색 〈 보라색 〈 빨간색 〈 노란색

- Hue(°) 순(각도 낮은→높은): 빨간색 〈 주황색 〈 노란색 〈 초록색 〈 파란색 〈 보라색

[2단계: 색깔에 따른 온도 변화 측정 실험]

1. 약통 6개에 각각 100mL의 물을 동일하게 채운다.

2. 각 약통을 색종이로 전체 외벽을 감싸고, 색종이가 들뜨지 않도록 고정한다.

3. 모는 약통을 같은 시간에 동일한 장소에 일렬로 배치한다.

4. 타이머를 1시간 맞추고 햇빛 아래 노출시킨다.

5. 1시간 후, 각 약통 속 물의 온도를 측정하고 기록한다.

6. 실험을 총 5회 반복하여 평균값을 구한다.

물이 든 약병을 색종이로 싼 모습

햇빛에 1시간 동안 놓아둔 모습

안전 수칙

① 야외 실험 시 물을 마시면서 탈수를 예방해요.

② 디지털 온도계의 뾰족한 부분에 찔리지 않도록 유의해요.

③ 온도계는 뜨거운 곳에 오래 두지 않아요.

● 실험 결과

■ 결과 기록

색깔	실험 1(℃)	실험 2(℃)	실험 3(℃)	실험 4(℃)	실험 5(℃)	평균 온도(℃)
빨간색(네온 레드)	38.5	32.7	42.0	41.8	41.5	39.30
주황색(탠저린)	38.4	32.6	41.8	41.4	41.4	39.12
노란색(햇살 노랑)	38.1	32.1	40.9	39.8	40.6	38.30
초록색(창백한 연초록)	38.5	32.5	42.7	41.6	42.0	39.46
파란색(다저 블루)	38.8	32.8	43.9	42.5	43.1	40.22
보라색(블러플)	38.0	32.5	42.8	41.2	42.5	39.40

색깔별 평균 온도 / 태양 복사 스펙트럼 구성(자외선, 가시광선, 적외선 비율)

출처: SunWind Solar 블로그, Solar Radiation Spectrum(태양 복사 스펙트럼) (접속일: 2025.08.27.)]

■ 결과 해석

1. 명도가 낮을수록 물의 온도가 더 많이 높아질 것이다.

명도(L^*)가 낮으면 빛 반사율이 낮아 다른 빛의 흡수율이 높아서 온도가 더 많이 상승하리라 예측하였습니다. 색종이의 6가지 색상을 명도 순으로 나열해 보면 보라색 〈 파란색 〈 빨간색 〈 주황색 〈 초록색 〈 노란색 순입니다. 하지만 명도가 가장 높은 노란색의 온도가 가장 낮다는 것 이외에는 예상과 맞지 않음을 확인하였습니다.

2. 채도가 높을수록 물의 온도가 덜 높아질 것이다.

채도가 높으면 특정 파장을 강하게 반사하기 때문에 비교적 온도가 낮을 것으로 예측하였습니다. 색종이의 6가지 색상을 채도 순으로 나열해 보면 초록색 〈 파란색 〈 주황색 〈 보라색 〈 빨간색 〈 노란색 순입니다. 역시 채도가 높은 노란색을 제외하고는 예상과 맞지 않음을 확인하였습니다.

3. 색종이의 반사하는 파장이 길수록 물의 온도가 더 많이 높아질 것이다.

파장이 긴 빛은 에너지가 작고, 파장이 짧은 빛은 에너지가 크다는 것을 알고 있습니다. 그렇다면 상대적으로 파장이 긴 빛을 반사하고, 파장이 짧은 빛을 흡수하면 온도가 더 많이 올라가지 않을까요? 그래서 빛의 색깔별 파장을 보고 반사 파장이 긴 색일수록 온도가 더 많이 상승할 것으로 예측했습니다. 하지만 Hue 값이 큰 파랑·보라(210°, 264°)는 실제로 온도가 상대적으로 높게 나타났고, 노랑(58°)은 가장 낮았습니다. 이는 '긴 파장일수록 더 뜨거워진다'는 단순 가설과는 반대의 결과입니다. 따라서 이 역시 예상과는 맞지 않았습니다.

가설	예상	실험 결과	판단
명도가 낮을수록 온도가 높다	어두운 색일수록 온도 상승	노랑(L^*↑) 가장 낮은 온도, 보라(L^*↓) 높은 온도. 초록은 명도 높음에도 온도 높음	가설과 일치하지 않음
채도가 높을수록 온도가 높다	채도↑ → 특정 파장 강하게 반사 → 온도↓	채도 높은 노랑(온도↓)이 가장 온도가 낮음, 하지만 빨간색과 보라색은 채도가 주황보다 높음에도 온도가 높음	가설과 일치하지 않음
반사 파장이 길수록 (적색 계열) 온도가 더 높다	적색·주황 계열이 더 뜨거움, 청·보라 계열이 시원함	파랑·보라가 오히려 높은 온도, 노랑이 가장 낮음	가설과 일치하지 않음

●일반화

■ 탐구의 결론

이번 실험에서는 색깔에 따른 온도 차이가 분명히 나타났지만, 예상과 다르게 가장 높은 평균 온도는 파란색(다저 블루, 40.22°C), 가장 낮은 온도는 노란색(햇살 노랑, 38.30°C)에서 나타났습니다. 명도가 낮을수록 온도가 많이 올라가고, 채도가 높을수록 온도가 작게 올라갈 것이라고 가정했지만, 실제 결과는 다음과 같았습니다.

색의 명도·채도뿐 아니라 색의 반사 파장에 따른 일관된 특성이 없다.

즉, 이번 실험은 명도 · 채도만으로 온도 예측이 어렵고, 반사하는 색의 파장과도 관련이 없었습니다. 이것은 태양 스펙트럼의 다른 영역이 영향을 미친 것이 아닐까요? 그래서 태양 복사 스펙트럼을 조사해 보았습니다.

출처: SunWind Solar 블로그, Solar Radiation Spectrum(태양 복사 스펙트럼)

태양은 우주 공간으로 약 $1,360W/m^2$의 강력한 에너지를 내보내지만, 지구 대기를 통과하는 과정에서 약 $100W/m^2$로 줄어든 채 지표면에 도달합니다. 태양 에너지는 우리 눈에 보이는 가시광선(42%) 외에도 자외선(5%)과 적외선(53%) 등 다양한 파장의 빛으로 구성되어 있습니다. 그래프의 안쪽 색칠된 영역이 바깥쪽 회색 영역보다 작은 이유는 빛이 대기를 뚫고 오는 동안 수증기와 대기 가스에 의해 에너지가 일부 차단되거나 흡수되기 때문입니다. 특히 중간에 움푹 파인 부분들은 대기 중의 수증기와 이산화탄소가 특정 파장의 빛을 흡수하면서 생긴 흔적입니다.

조사 결과 실제 태양 에너지는 모든 색에 걸쳐 균일하지 않습니다. 에너지의 대부분은 스펙트럼의 중앙, 즉 초록-노랑 영역에 집중되어 있습니다. 따라서 초록색과 노란색을 흡수하는 색이 더 뜨거워질 가능성이 있습니다. 그리고 색종이들의 적외선 영역의 흡수율을 조사한 결과 많은 차이가 있음을 알아냈습니다. 아마 이런 것들이 종합적으로 이런 결과를 나타내지 않았나 생각됩니다.

■ 예상 오차

실험 환경의 변동: 실험 날씨(구름 양, 태양 고도, 바람 세기 등)가 일정하지 않으면 색깔별 흡수량 차이가 실제보다 작거나 크게 나타날 수 있습니다. 햇빛이 구름에 가려졌다가 다시 비추는 순간 온도 변화가 생길 수 있기 때문입니다.

색종이 재질의 차이: 같은 색이라도 표면의 질감·광택·재질·두께

가 다르면 빛의 반사·흡수율이 달라집니다. 무광과 유광 표면은 같은 색상이라도 열 흡수 특성이 크게 다를 수 있습니다.

측정 장비의 민감도 한계: 온도계의 반응 속도나 측정 오차(±0.1~0.5℃)가 평균 계산 시 누적될 수 있습니다.

색상 정의의 부정확성: 실제 사용한 색종이의 색상값(Hue, 명도, 채도)이 사전에 측정한 디지털 값과 정확히 일치하지 않을 수 있습니다. 스마트폰·모니터에서 보는 색상 정보와 실제 색종이의 반사율은 다를 수 있습니다.

■ 탐구의 가치

이번 탐구는 색종이의 색상에 따른 물의 온도 변화 실험을 통해, 색이 빛과 열에너지 흡수에 미치는 영향을 과학적으로 검증하였다는 것에 큰 의의가 있습니다.

색상은 심미적 요소를 넘어 생활 환경의 쾌적성과 에너지 효율성에도 직접적인 영향을 줍니다. 색상에 관한 연구가 다양하고 정확하세 이루어진다면 여름철 의류 선택, 건물 외벽 도색, 차량 색상 결정 등 다양한 분야에서 색상 선택 시 과학에 기반한 의사결정을 할 수 있는 기초 자료로 활용될 수 있고, 생활 환경 개선까지도 기대해 볼 수 있습니다.

■ 톡톡 튀는 상상

여름에 흰색 옷만 입는 도시를 상상해 봅시다. 모든 건물 외벽도 하얗게 칠하고, 도로도 밝은 회색으로 바꾸면 어떨까요? 아마도 하늘에서 내려다봤을 때 눈부신 '거대한 거울 도시'가 될 겁니다. 태양빛이 반사되어 여름이 덜 덥고, 전기 요금이 줄어들겠죠. 하지만 반사된 빛이 위성이나 비행기 조종사에게 방해가 되진 않을까요? 그리고 겨울철엔 추워져서 난방비가 엄청나게 올라갈 것 같아요.

패션 브랜드에서 '온도 반응 옷감'을 만들었다고 상상해 봅니다. 햇빛이 강하면 스스로 색이 밝아지고, 그늘로 가면 다시 원래 색으로 돌아오는 옷감입니다. 여름에는 흰색, 겨울에는 짙은 색으로 변해 체온 조절이 자동으로 되겠죠. 그럼 사계절 내내 한 벌의 옷만으로도 쾌적하게 보낼 수 있을 것 같아요.

바닷가 모래사장이 여름 한낮에도 뜨겁지 않다면 어떨까요? 모래 알갱이의 색을 인위적으로 바꾸어 밝게 만들거나, 태양광을 반사하는 얇은 코팅을 씌우면 가능할지도 모릅니다. 맨발로 뛰어다니는 아이들이 발바닥 화상을 입을 일도 없을 겁니다.

자동차 색상에 따라 여름철 연비가 달라지는 세상을 상상해 봅니다. 흰색 자동차는 덜 더워서 에어컨을 덜 쓰고, 짙은 검정색 자동차는 더운 공기를 이용해 스스로 뜨거운 물을 데워 엔진 예열을 돕는 기술이 들어있을 수도 있습니다.

■ 확장된 탐구 질문

1. 같은 색이라도 채도에 따라 온도 변화가 달라질까?

2. 색종이 대신 천이나 플라스틱으로 같은 실험을 하면 결과가 달라질까?

3. 표면이 매끈한 색종이와 거친 색종이의 흡수율 차이는 어떨까?

4. 형광 색종이는 햇빛을 얼마나 흡수하고 얼마나 반사할까?

5. 색종이 대신 은박지처럼 반사율이 아주 높은 재료를 쓰면 온도 변화가 어떻게 될까?

6. 색종이의 두께를 두 겹, 세 겹으로 겹쳐서 감쌀 때 온도 차이가 생길까?

7. 물 대신 다른 액체(예: 우유, 식용유)를 넣으면 온도 변화 양상이 달라질까?

8. 색종이 대신 투명 셀로판지를 쓰면 흡수율 측정이 가능할까?

9. 온도 변화가 큰 색을 조합해서 '위장용 색 조합 옷'을 만든다면 어떤 색이 조합될까?

10. 빛의 세기를 조절하며(흐린 날, 맑은 날 등) 같은 실험을 하면 색깔별 경향이 달라질까?

4. 멀티탭을 안전하게 쓰려면 어떻게 해야 할까?

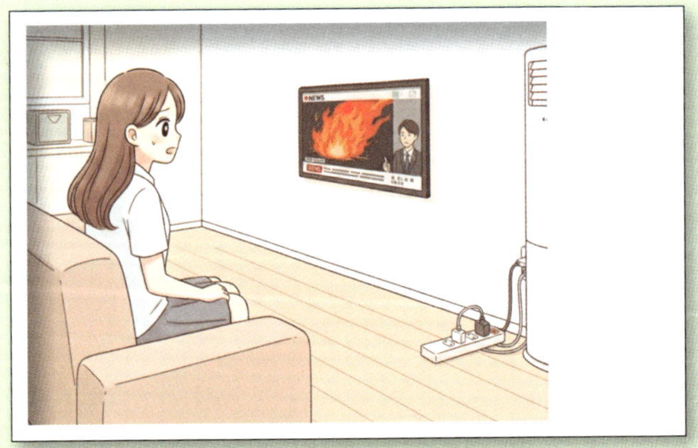

출처: AI 생성

■ 여름철이면 어김없이 집집마다 에어컨을 켜는 시간이 늘어납니다. 저도 방학 때는 집에서 공부를 오래 하는데, 조금만 덥다 싶으면 습관처럼 리모컨을 눌러 시원한 바람을 만듭니다.

그런데 작년 여름, 뉴스를 보다가 깜짝 놀랄 만한 장면을 접했습니다.

"멀티탭에 에어컨을 꽂아 사용하다가 화재 발생!"

리포터의 목소리와 함께 화면에는 까맣게 탄 거실이 비쳤습니다. 불길은 이미 진화되었지만, 집안 곳곳이 시커먼 재로 변해 있었습니다. 원인은 다름 아닌 멀티탭. 그 속에서 불꽃이 시작되어 순식간에 불이 번졌다는 것이었습니다.

순간, 제 시선은 자연스럽게 우리 집 거실로 향했습니다. 소파 옆 멀티탭에는 에어컨 전원 코드가 당당하게 꽂혀 있었던 겁니다.

"설마 우리 집도 위험한 건가?"

지금까지 아무 문제 없이 사용해 왔기에 전혀 의심하지 않았는데,

화면 속 검게 그을린 집을 보니 마음이 불안해졌습니다.

'멀티탭은 여러 기기를 연결할 수 있는 편리한 도구인데, 왜 에어컨은 위험할까? 전기밥솥이나 전자레인지는 괜찮을까? 혹시 집집마다 이렇게 꽂아 쓰고 있는 건데, 다들 위험에 노출된 건 아닐까?'

순간 머릿속에 수많은 생각이 스쳐 지나갔습니다.

●일상에서 마주치는 궁금증

■ 여기서 질문!

여름에는 조금만 더워져도 습관처럼 멀티탭에 꽂아 둔 에어컨을 켜곤 했습니다. 편리하니 당연히 괜찮을 거라 생각했지만, 뉴스에서 멀티탭 과열로 화재가 난 장면을 본 순간 마음이 흔들렸습니다. 멀티탭은 여러 기기를 쓰라고 만든 것인데 왜 에어컨은 위험한 걸까요? 우리 집도 안전하지 않은 걸까요? 에어컨을 멀티탭에 연결하면 어떤 과학적 원리 때문에 화재가 발생하는 걸까요?

●과학 개념 설명

■ 기본 개념: 전압이란?

전압은 전기를 밀어주는 힘입니다. 마치 높은 곳에서 낮은 곳으로 물이 흐르듯, 전압 차이가 있어야 전류가 흐릅니다. 한국의 가정용 콘센트는 보통 220V의 전압을 제공합니다.

■ 기본 개념: 전류란?

전류는 실제로 흐르는 전기의 양입니다. 단위는 암페어(A)로, 1초 동안 도선을 지나가는 전하의 양을 뜻합니다. 전류는 옴의 법칙에 따라 전압을 저항으로 나눈 값으로 결정됩니다. 그래서 같은 전압에서도 저항이 작을수록 전류는 더 많이 흐릅니다. 예를 들어 가정에서 220V 전압의 전기를 사용할 때, 저항이 큰 스마트폰 충전기는 1~2A

정도의 작은 전류만 흐르고, 저항이 작은 에어컨은 수 A에서 10A 이상의 전류가 흐릅니다.

■ 기본 개념: 저항이란?

저항은 전류의 흐름을 방해하는 성질입니다. 단위는 옴(Ω)이며, 전선이 얇거나 접촉이 불완전하면 저항이 커집니다. 저항이 커지면 같은 전류가 흐를 때 더 많은 열이 발생합니다.

■ 기본 개념: 소비 전력이란?

소비 전력은 기기가 실제로 사용하는 전기의 양입니다. 전력은 전압과 전류의 곱으로 계산되며, 단위는 와트(W)입니다.

$$전력(W) = 전압(V) \times 전류(A)$$

예를 들어, 220V 전압에서 5A 전류가 흐르면 그 기기의 소비 전력은 1,100W가 됩니다. 전기 히터나 에어컨처럼 큰 전류를 사용하는 기기는 소비 전력이 크기 때문에 멀티탭에 큰 부담을 줍니다.

■ 기본 개념: 정격 전력이란?

정격 전력은 전기 기기나 멀티탭이 안전하게 견딜 수 있는 최대치입니다. 이는 제조사가 안전성을 보장하는 기준값으로, 이 값을 초과하면 과열이나 화재가 발생할 위험이 커집니다. 예를 들어 정격 전류 16A, 정격 전력 3,500W라고 표시된 멀티탭은 이 범위까지는 안전하지만, 여러 기기를 동시에 꽂아 합산 전력이 이를 넘으면 위험합니다.

이렇게 전압, 전류, 저항, 소비 전력, 정격 전력은 각각 따로 떨어져 있는 개념이 아니라 서로 긴밀히 연결되어 있습니다. 특히, 멀티탭 사용에서 중요한 점은 기기의 소비 전력이 멀티탭의 정격 전력을 넘지 않도록 주의하는 것입니다. 이것이 생활 속 전기 안전을 지키는 핵심입니다.

■ 심화 해설

전기가 흐를 때 전선 내부에는 보이지 않는 저항(R)이 있습니다. 전류(I)가 흐르면 이 저항 때문에 에너지가 열(E)로 바뀌는데, 이때 발생하는 열의 양은 다음과 같은 식으로 설명됩니다.

$$Q = I^2 \times R \times t$$

(Q: 발생한 열량, I: 전류(A), R: 저항(Ω), t: 흐른 시간(s))

열은 전류의 제곱(I^2)에 비례합니다. 즉, 같은 전선이라도 전류가 2배로 흐르면 열은 4배가 되고, 3배로 흐르면 9배가 됩니다. 이 때문에 에어컨처럼 전류를 많이 쓰는 기기를 멀티탭에 꽂으면, 짧은 시간에도 전선이 빠르게 뜨거워지고 발열이 심해집니다. 그래서 과부하는 단순히 "많이 쓰니까 위험하다."가 아니라, "전류가 많아질수록 폭발적으로 열이 증가한다."는 점에서 더 큰 위험이 됩니다.

멀티탭은 기본적으로 병렬 연결 구조를 가지고 있습니다. 따라서 여러 기기를 동시에 꽂으면 각 기기는 같은 전압을 공급받지만, 전류는 합쳐져 전체 전류가 크게 늘어납니다. 이렇게 흐르는 전류가 커질

수록 앞에서 본 식 $Q = I^2 \times R \times t$에 따라 발열은 폭발적으로 증가합니다. 결국, 멀티탭은 편리하지만 전류가 많이 흐르면 짧은 시간에도 쉽게 뜨거워지고, 과부하와 화재로 이어질 수 있습니다.

● 탐구 설계

■ 탐구의 필요성 및 목적

멀티탭은 일상생활에서 흔히 쓰이는 전기 제품입니다. 그러나 무심코 여러 기기를 연결하다 보면 화재 위험에 노출될 수 있습니다. 실제로 '멀티탭 과열'은 주택 화재 원인 중 큰 비중을 차지합니다.

특히, 여름철 에어컨처럼 전력 소모가 큰 가전제품은 멀티탭 사용 시 큰 위험이 될 수 있습니다. 하지만 실제 실험 환경에서 에어컨을 직접 연결해 실험하기는 어렵기 때문에, 이번 실험에서는 에어컨과 비슷하게 높은 전력을 소비하는 전기 히터를 대신 사용했습니다.

따라서, 전기 사용량이 어떻게 멀티탭의 발열로 이어지는지를 직접 실험으로 확인하고, 안전한 사용법을 과학적으로 제시하는 것이 이번 탐구의 목적입니다.

■ 가설 설정

멀티탭에 연결된 기기의 총 소비 전력이 커질수록 플러그와 전선의 온도가 더 크게 상승할 것이다.

■ 변인 설정

변인 종류	내용
조작 변인 (바꿔 주어야 하는 것)	연결하는 전기 기기의 수와 전력량
종속 변인 (결과로 나오는 것)	멀티탭 표면 온도(℃) (정해 둔 3지점(플러그부 · 스위치부 · 케이블 초입) 평균)
통제 변인 (같게 해 주어야 하는 것)	멀티탭 종류, 실험 장소의 온도 및 습도, 전선 길이, 측정 시간, 측정 위치
대조군 (아무 변화도 주지 않고 기준이 되는 것)	0W(아무 기기도 연결하지 않음)

■ 실험 준비물

- 멀티탭 1개
- 전력 측정기(소비 전력 확인용)
- 적외선 온도계(또는 온도 센서)
- 다양한 전기 기기(전기 포트, 선풍기, 드라이기 등 다양한 전력 소모 기기)
- 스톱워치 및 기록지
- 실험 환경 온 · 습도 기록용 온도계/습도계

■ 실험 과정

1. 멀티탭에 기기를 하나씩 연결하며 소비 전력을 측정한다.

2. 각 조건에서 10분간 사용 후 멀티탭 플러그와 전선의 온도를 측정하여 기록한다.

3. 기기 수와 전력이 늘어날수록 온도가 어떻게 변하는지 표와 그래프로 정리한다.

안전 수칙

● 실험 결과

■ 결과 기록

기기 연결 조건	총 소비 전력(W)	플러그 온도(℃)	전선 온도(℃)
충전기 1개	10	25	25
+전기 스탠드	60	27	26
+선풍기	160	31	29
+전기 히터	1160	55	50

소비 전력에 따른 멀티탭의 온도 변화

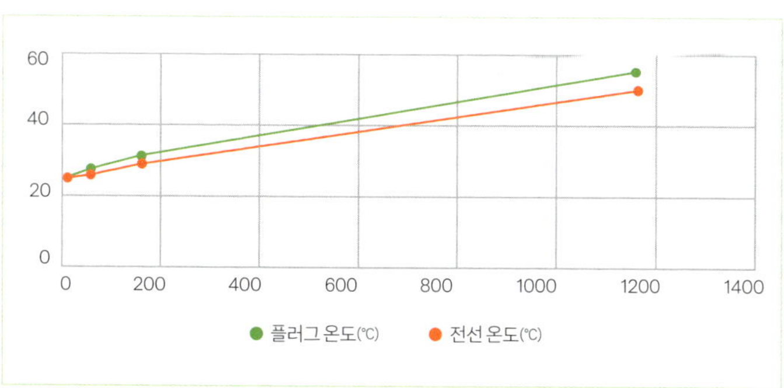

소비 전력에 따른 멀티탭의 온도 변화

■ 결과 해석

표를 살펴보겠습니다. 처음에 작은 충전기 하나만 꽂았을 때는 플러그와 전선이 방 온도와 비슷한 25℃로 안전했습니다. 전기스탠드를 더하니 겨우 1~2℃ 올라갔을 뿐, 크게 걱정할 정도는 아니었습니다. 하지만 선풍기까지 더하자 온도가 30℃를 넘었습니다. 마지막으로 전기 히터를 꽂자 상황은 확연히 달라졌습니다. 플러그는 55℃, 전선은 50℃까지 치솟았습니다. 손으로 만지면 뜨겁다고 느낄 만큼, 이미 위험 신호를 보내고 있는 셈입니다.

그래프에서는 전력이 조금 늘어날 때는 온도가 완만히 오르다가, 히터를 더한 순간 기울기가 급격히 커졌습니다. 즉, 작은 변화일 땐 버티지만, 큰 기기를 꽂는 순간 위험해진다는 걸 보여 주었습니다.

● 일반화

■ 탐구의 결론

이번 탐구를 통해 얻은 결론은 다음과 같습니다.

소비 전력이 커질수록 멀티탭 온도가 상승하며, 허용 용량 근처에서는 온도가 급격히 상승하는 경향이 나타난다.

멀티탭에 여러 전기 기기를 동시에 연결하면 전력량이 증가하고, 그에 따라 플러그와 전선이 과열되는 것을 알 수 있죠.

특히, 고출력 기기를 함께 쓰면 짧은 시간 안에 화재 위험이 커집니다. 따라서 멀티탭은 허용 용량 이내로 사용해야 하며, 오래된 멀티탭은 교체하는 것이 안전합니다.

또한, 에어컨처럼 많은 전력을 사용하는 전자 기기는 멀티탭보다는 벽면에 바로 연결하는 것이 안전한 방법입니다. 전선이 짧아 멀티탭을 연결해야 한다면, 에어컨 연결 멀티탭은 1구짜리를 사용하는 것처럼 멀티탭에 다른 전자 기기를 연결하지 않는 것이 좋습니다.

■ 예상 오차

1. 실험 장소의 기본 온도와 환기 상태가 다를 수 있습니다.

2. 전선이 감겨 있으면 발열이 더 심해지므로, 측정 시 차이가 발생할 수 있습니다.

3. 각 기기의 소비 전력이 작동 상황에 따라 순간적으로 변동될 수 있습니다.

■ 탐구의 가치

멀티탭 하나에 전자 기기를 주렁주렁 연결해 쓰는 모습, 우리 주변에서 흔히 볼 수 있습니다. 그런데 왜 위험할까요? "그냥 많이 꽂으면 안 된다."라고 말하는 것으로는 부족합니다. 이 탐구는 그 '왜'를 해석하지 않고 '어떻게' 연결되었는지를 드러냅니다. 전류가 흐르면 열이 나고, 열이 나면 재료는 변형되거나 손상됩니다. 결국 멀티탭이 견딜 수 있는 전력량을 넘기면 발열로 인해 화재로 이어질 수 있다는 걸 수치와 현상으로 확인하는 것이죠. 단순한 경험이 과학적 법칙과 만나는 지점입니다.

탐구 과정에서 스스로 전류와 전압, 전력의 개념을 조작해 보면서, 눈에 보이지 않는 전기의 흐름과 발열을 머릿속에 떠올릴 수 있게 됩니다. 눈앞의 멀티탭을 내가 아는 과학 현상으로 바꿔보는 경험이 생깁니다. 이건 교과서에 나오는 설명보다 더 확실한 이해죠.

또한 우리는 전기 안전에 대한 경각심을 키웁니다. 가정에서 발생하는 화재 중 상당수가 '과부하'에서 비롯된다는 사실은 우리 모두의 안전과 연결됩니다. 멀티탭을 안전하게 사용하는 법을 과학적으로 이해하면, 경고 문구를 '주의하라는 명령'이 아니라 '행동해야 할 이유'로 받아들이게 됩니다. 실천의 동기가 생기는 것이죠. 과학 지식이 단지 머릿속에만 머무는 것이 아니라, 삶을 지키는 도구로 전환됩니다. 이 탐구는 그런 전환의 순간을 경험하게 합니다.

●아이디어 뱅크

■ 톡톡 튀는 상상

상상해 봅시다. 책상 밑에 놓인 멀티탭이 어느 날 색이 변했습니다. "지금 온도가 너무 높아요. 곧 불이 붙을 거예요." 평소에는 초록색 불빛을 내던 멀티탭이, 갑자기 붉게 변합니다. 겉모습만 봐도 뜨거워졌다는 걸 알 수 있다면 어떨까요? 손대지 않아도 상태를 알 수 있는 시각적인 경고등, 열을 색으로 바꾸는 물질을 입힌 멀티탭이라면 말입니다.

또 상상해 볼까요? 멀티탭에 무언가를 많이 꽂는 순간, 스마트폰 앱으로 "지금 전력량이 너무 높아요!"라는 알림이 날아옵니다. 집에

없어도 전기 상태를 실시간으로 확인할 수 있다면, 불안할 일이 훨씬 줄어들겠죠.

혹시 이런 건 어떨까요? 멀티탭을 처음 사용할 때 작은 버튼을 누르면, 내부의 타이머가 작동해 사용 기한을 '스스로 기록'합니다. 몇 년이 지나면 "이제 교체할 시기예요."라는 알림이 오는 거죠. 멀티탭도 유통 기한이 있다는 걸 자동으로 알려 주는 시스템입니다.

이런 상상도 해 볼 수 있습니다. 사용자의 필요에 따라 콘센트 수를 직접 조립할 수 있는 모듈형 멀티탭은 어떨까요? 오늘은 노트북, 내일은 선풍기와 공기청정기까지. 매일 달라지는 생활에 맞춰 멀티탭도 '변신'할 수 있다면 훨씬 편리해지겠죠.

멀티탭 하나에도 수많은 가능성이 숨어 있습니다. 상상은 과학의 출발선입니다. 지금은 말도 안 되는 것처럼 보여도, 언젠가는 이 모든 기능이 '당연한 일상'이 될지도 모릅니다.

■ 확장된 탐구 질문

1. 전선 굵기가 다른 멀티탭은 발열 차이가 어떻게 날까?

2. 접지 기능 유무에 따라 안전성 차이가 있을까?

3. 여름철과 겨울철 멀티탭 발열은 어떻게 다를까?

4. 멀티탭 안에 먼지가 쌓이면 어떤 사고가 일어날 수 있을까?

5. 코팅이 벗겨진 전선은 전류가 흐를 때 어떤 위험을 만들까?

6. 멀티탭에 멀티탭을 연결하여 사용하면 발열이 얼마나 심해질까?

7. 정격 전류가 같은 멀티탭이라도 브랜드마다 발열 차이가 있을까?

8. 멀티탭의 허용 전류는 사용 환경의 온도 변화에 따라 어떻게 달라질까?

5. 항아리 냉장고의
냉각 효과를 어떻게 높일 수 있을까?

출처: AI 생성

■ "전기가 전혀 없어도 음식을 시원하게 보관할 수 있는 방법이 있을까요?"

돈이 많이 들지 않고, 전기가 없거나 물이 부족한 지역에서도 누구나 쉽게 쓸 수 있도록 하는 '적정 기술' 수업 시간에 선생님이 질문을 던졌습니다.

처음엔 다들 고개를 갸웃했죠. 그런데 선생님이 사진 한 장을 보여 줍니다. 흙벽돌처럼 생긴 구조물 안에 2개의 항아리가 놓여 있고, 그 사이에 젖은 흙이 담겨 있었습니다.

"인도 같은 무더운 지역에서는 전기 없는 마을이 많아요. 그곳에서 쓰이는 항아리 냉장고는 물의 증발을 이용해 안쪽을 시원하게 만들어 음식이 상하지 않도록 도와줍니다."

"선생님, 그게 진짜 시원해져요? 냉장고도 아니고 그냥 항아리인데……."

"실제로 우유나 채소를 며칠간 보관할 수 있을 만큼 온도가 내려
간답니다. 전기 없이도요."
"와…… 그럼 온도가 얼마나 내려가는 거예요?"
"좋은 질문이에요. 그건 실제로 온도를 비교해 봐야겠죠?"
그래서 직접 항아리 냉장고를 만들어 실험을 해 보기로 했습니다.
학생들은 실험에 대해 머릿속으로 상상을 하는 듯 조용하다가, 이
내 한마디씩 질문을 던지기 시작했습니다.
"바깥이 엄청 더우면 안쪽도 결국 뜨거워지는 거 아니에요?"
"물이 다 마르면 어떻게 돼요?"
"크기가 다르면 효과도 다를까요?"
질문은 꼬리를 물고 이어졌고, 수업은 자연스럽게 실험 설계와 탐
구 활동으로 넘어가게 되었습니다. 그리고 누군가 크게 말합니다.
"선생님, 그럼 이 항아리 냉장고가 진짜로 효과가 있는지 빨리 실
험해 봐요!"

🟡 일상에서 마주치는 궁금증

🟥 여기서 질문!

"물이 증발하는 것과 항아리 속이 시원해지는 것은 무슨 관계가 있을까?"

"인도처럼 바깥이 엄청 더우면 안쪽도 결국 뜨거워지는 거 아닐까?, 우리나라는 인도만큼 덥지 않은데, 그래도 효과가 있을까?"

"항아리 크기에 따라 시원한 정도도 달라지지 않을까? 크면 물도 더 많이 들어갈 테니까."

계속해서 항아리 냉장고에 대해 의문스러운 것들이 생각납니다. 더 이상 참을 수 없습니다!

"그래 직접 실험해 보자! 항아리 냉장고가 어떻게 생겼는지 찾아보고, 비슷하게 만들어서, 진짜 항아리 냉장고 속이 시원해지는지 확인해 보는 거야."

🟡 과학 개념 설명

🟥 기본 개념

항아리 냉장고가 시원해지는 이유는 크게 3가지 과학 개념으로 설명할 수 있습니다. 증발열, 열전도율, 그리고 단열입니다. 이 3가지가 서로 맞물리면서 전기 없이도 음식 보관이 가능한 환경을 만들어 주는 거죠.

■ 기본 개념: 증발열이란?

액체가 기체가 될 때 입자의 운동이 활발해지기 위해 열에너지를 흡수하게 되는데 이 열을 기화열이라고 합니다. 그중에서 가열하지 않아도 액체의 표면에서 기화가 일어나는 현상을 증발이라고 하고, 이때 흡수하는 열이 증발열입니다. 여름에 땀이 나고 바람이 불면 시원해지는 이유도 땀이 증발하면서 내 몸에서 열을 가져가기 때문이죠.

같은 원리로, 항아리 냉장고는 두 개의 항아리 사이에 있는 물이 천천히 마르면서 기화열을 흡수하여 그 안쪽 항아리의 열을 빼앗아 갑니다. 이렇게 해서 항아리 내부가 바깥보다 더 시원해지는 거예요.

■ 기본 개념: 열전도란?

뜨거운 국에 젓가락을 꽂아두면 시간이 지나 젓가락 반대쪽 끝도 뜨거워집니다. 왜 그럴까요? 그것은 국의 열이 금속을 타고 빠르게 이동했기 때문이에요. 반면 나무젓가락은 끝이 잘 안 뜨거워집니다. 그것은 열이 잘 전달되지 않아서죠.

열전도율이란 단위 시간 동안, 단위 면적을 통해 단위 두께만큼의 물질을 통과하는 열의 양을 말합니다. 항아리는 보통 점토(흙)로 만들어져 있고, 섬토는 열전도율이 낮아서 밖의 더운 열이 안으로 천천히 들어오게 해서, 항아리 내부의 온도가 시원하게 오래 유지될 수 있도록 도와줍니다.

■ 기본 개념: 단열이란?

단열은 말 그대로 '열의 이동을 막는다'는 뜻이에요. 우리가 겨울에 패딩을 입는 것도 몸의 열이 밖으로 빠져나가지 않게 하려는 거

고, 창문에 뽁뽁이(단열재)를 붙이는 것도 바깥 추위가 안으로 못 들어
오게 하려는 겁니다.

항아리 냉장고는 흙으로 만들어진 벽과 그사이의 흙과 물 덕분에
열이 쉽게 들어오지 못하고, 내부 온도가 오랫동안 유지됩니다.

■ 심화 해설: 증발열

증발열(Heat of Vaporization): 상온이 25℃일 때 물 1g이 기체로 증발
할 때 필요한 에너지는 2,260J이에요.

$$상온(25℃) 기준 \rightarrow 약 2{,}260\,J/g$$

예를 들어 항아리 냉장고에서 하루 동안 물이 500g 증발한다면?

$$Q = m \times L$$

(Q:증발하면서 흡수한 열량(J), m: 증발한 물의 양(g), L: 증발열(2,260J/g))

$$Q = 500g \times 2{,}260J/g = 1{,}130{,}000J$$

1,130,000J의 열량이면 1,130kJ이니까 아주 큰 열량이라 볼 수 있죠.

■ **심화 해설: 푸리에의 법칙**

푸리에의 법칙(Fourier's Law)은 열이 전도될 때의 기본 법칙으로, 수식은 다음과 같습니다.

$$Q = -kA\frac{dT}{dx}$$

이 식은 한쪽에서 다른 쪽으로 열이 흐를 때, 단위 시간당 전달되는 열의 양(Q)이 물질의 성질과 온도 구배에 따라 달라진다는 것을 의미해요.

각 기호의 의미는 다음과 같아요.

기호	의미	단위	설명
Q	단위 시간당 전달되는 열량 (열유속)	W(와트)	1초당 이동하는 열의 양
k	열전도율(thermal conductivity)	$W/m \cdot K$	물질 고유의 열 전달 능력
A	열이 통과하는 면적	m^2	열이 흐르는 면의 크기
dT/dx	온도 구배 (온도차/두께)	K/m	거리 단위당 온도 변화율

●탐구 설계

■ **탐구의 필요성 및 목적**

전기가 없는 상황에서도 음식을 시원하게 보관할 수 있는 방법으로 '항아리 냉장고'가 소개되고 있습니다. 항아리 냉장고는 물의 증발열을 활용하는 방식으로 냉각 효과를 낸다고 하는데, 이것의 성능은 크기, 표면적, 통기성, 모래의 습도, 주변 습도 및 바람의 세기 등에 영향을 받을 수 있습니다.

먼저 항아리 냉장고의 크기가 냉각 효과에 영향을 미칠까요? 주변 습도에 따라 영향을 받을까요? 바람이 불면 더 효과가 좋을까요? 하루 동안 일정한 온도가 계속 유지될까요?

혹시 더 넓은 표면적에서 증발이 일어나고, 더 많은 물을 담아둘 수 있는 큰 항아리가 냉각에 더 유리하지는 않을까요?

이러한 궁금증을 하나하나 직접 실험으로 알아 가는 것이 이번 실험의 목적입니다.

■ 가설 설정

1. 항아리 냉장고의 크기가 클수록 냉각 효과가 더 클 것이다.

2. 주위에서 바람이 불면 냉각 효과가 더 클 것이다.

3. 주변 습도가 낮을수록 냉각 효과가 더 클 것이다.

■ 변인 설정

변인 종류	내용
조작 변인 (바꿔 주어야 하는 것)	가설 1. 항아리 냉장고의 크기 (작은 항아리, 큰 항아리) 가설 2. 바람의 유무 가설 3. 습도
종속 변인 (결과로 나오는 것)	열평형 상태에서의 항아리 내부 온도
통제 변인 (같게 해 주어야 하는 것)	주변 온도, 실험 시간, 실험 장소, 천의 종류, 선풍기 거리와 풍속, 화분 재질, 모래 종류 등
대조군 (아무 변화도 주지 않은 기준이 되는 것)	주변 온도 (모든 물질은 주변 온도와 열평형을 이루므로 주변 온도를 대조군으로 한다.)

■ 실험 준비물

- 작은 항아리 냉장고 (화분 크기: 내부 $10 \times 6.5 \times 8.6$cm, 외부 $12 \times 8.5 \times 10$cm)

- 큰 항아리 냉장고 (화분 크기: 내부 $10 \times 6.5 \times 8.6$cm, 외부 $14.5 \times 9.3 \times 12.5$cm)

- 모래 (같은 종류, 충분한 양)

- 젖은 천의 종류 (항아리 입구 덮개)

- 선풍기 1대(1m 거리 고정)

- 온도계(디지털 온도계 또는 MBL센서), 습도계

- 시간 측정 도구

■ 실험 과정

1. 작은 항아리 냉장고와 큰 항아리 냉장고 각각을 조립한다. (큰 항아리(토분)의 바닥 구멍을 두꺼운 종이로 막고 아래에 모래를 채운다. 그리고 가운데에 작은 항아리를 배치하고, 큰 항아리와 작은 항아리 사이를 마른 모래로 채운다.)

2. 실험 장소의 주변 온도와 습도를 측정하고 기록한다.

3. 각각의 항아리 냉장고에 모래 전체가 충분히 젖도록 물을 붓는다. (큰 항아리 표면이 시원해지는 데 시간이 걸리므로 3시간 정도를 기다린다.)

4. 항아리 위에 젖은 천을 씌운다.

5. 두 항아리 내부의 온도를 측정하고 기록한다. 평형이 될 때까지 기다린 후 평형이 되었을 때 값을 기록한다.

6. 두 항아리에 동일한 거리(1m)에서 선풍기를 틀어 바람을 공급한다.

7. 바람을 공급하면서 항아리 내부 온도 변화를 일정 시간 간격(예: 1분)으로 측정한다.

8. 내부 온도 변화가 멈추고 일정하게 유지되는 지점에서, 최종 온도를 기록한다.

9. 실험을 여러 번 반복한다.

안전 수칙

① 항아리가 깨지지 않도록 주의해요.

② 선풍기 선을 꽂을 때 젖은 손으로 만지지 않아요.

●실험 결과

■ 결과 기록

횟수	습도	주변 온도 ($℃$)	큰 항아리				작은 항아리			
			항아리 속	차이	바람 불 때	차이	항아리 속	차이	바람 불 때	차이
1	67%	25	22.7	2.3	22.2	2.8	22.8	2.2	22.7	2.3
2	48%	27.7	24.2	3.5	24.4	3.3	23.8	3.9	23.4	4.3
3	58%	28.1	25.7	2.4	25.1	3	25.8	2.3	25.5	2.6
4	52%	26.8	23.6	3.2	22.9	3.9	23.9	2.9	23.6	3.2
5	51%	27.5	24.1	3.4	23.7	3.8	24.2	3.3	23.9	3.6

6	91%	25.8	23.8	2	23.5	2.3	24	1.8	23.8	2
7	57%	30.8	28.2	2.6	27.7	3.1	28.4	2.4	27.9	2.9
8	75%	28.2	25.3	2.9	25.2	3	25.7	2.5	25.6	2.6
평균				2.8		3.2		2.7		2.9

(온도 단위: ℃)

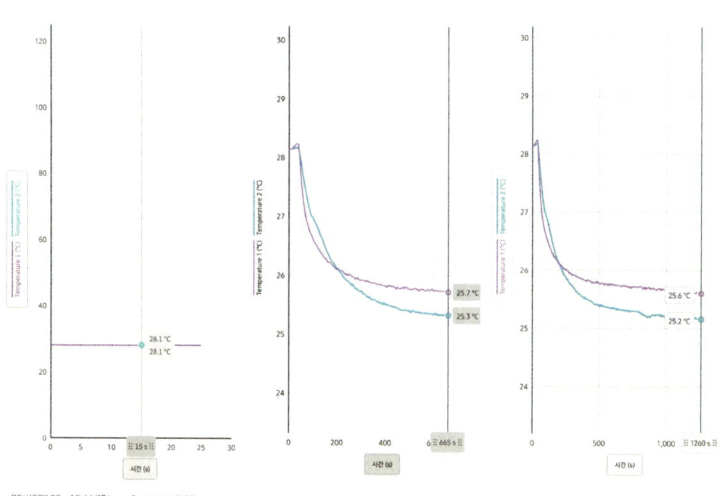

시작 온도   처음 평형 온도   바람 불 때 평형 온도

-보라색: 작은 항아리

-파란색: 큰 항아리

시간	주변온도	항아리 속 온도
am 08:00	28.6	25.2
am 09:00	29.0	25.4
am 10:00	29.6	25.4
am 11:00	30.6	25.7
pm 12:00	31.2	26.0
pm 1:00	31.9	26.2
pm 2:00	32.5	26.9

pm 3:00	32.3	27.0
pm 4:00	32.2	27.1
pm 5:00	31.9	27.1
pm 6:00	31.7	27.1
pm 7:00	31.6	27.2
pm 8:00	31.4	27.2
pm 9:00	31.3	27.3
pm 10:00	30.9	27.3
pm 11:00	30.4	27.3

하루 동안 온도 변화 측정(온도 단위: ℃)

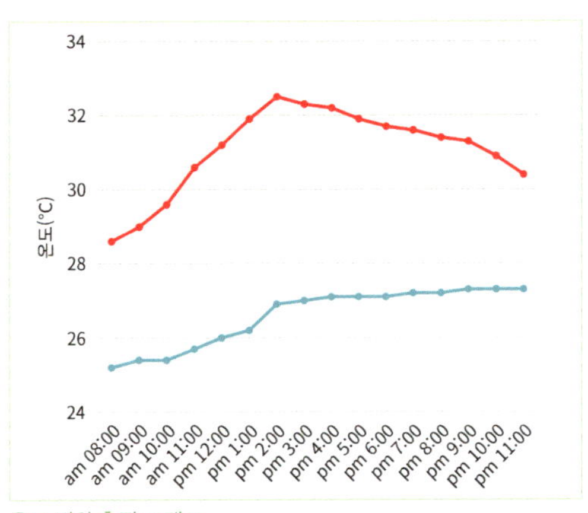

온도 변화 측정 그래프

■ 결과 해석

1. 항아리 크기에 따른 냉각 효과

큰 항아리가 작은 항아리보다 평균 0.1℃ 더 시원해짐

→ 표면적이 넓고, 물이 더 많이 증발하기 때문이라 생각됨

2. 바람 유무에 따른 효과

바람을 불어 줬을 때 냉각 효과가 더 커짐

큰 항아리: 평균 +0.4℃

작은 항아리: 평균 +0.2℃

→ 바람이 증발을 촉진하는 것으로 보임

3. 습도에 따른 변화

습도가 낮을수록 냉각 효과가 뚜렷함

예: 습도 48% → 최대 3.9℃

습도 91% → 2.1℃ 수준으로 감소

→ 건조할수록 효과적임

4. 하루 중 온도 변화 측정

- 항아리 내부 온도는 하루 중 내내 25~27.3℃ 사이에서 유지됨

- 주변 온도는 최대 32.5℃, 항아리 속과 최대 5.6℃ 차이 발생

- 가장 더운 오후 2시에도 내부 온도는 26.9℃로 안정적

- 오후 4시 이후에는 거의 일정한 온도 유지

● 일반화

■ 탐구의 결론

실험을 통해 우리는 다음과 같은 결론을 얻었습니다.

내부 항아리 크기가 동일할 때 외부 항아리가 더 클수록 내부 온도가 더 낮아진다.

표면적이 넓고 물을 더 많이 머금을 수 있는 구조가 증발을 더 활

발하게 만든 것이죠.

바람을 불어 주는 조건에서는 두 항아리 모두 냉각 효과가 더 커진다.

공기의 흐름이 물의 증발 속도를 높이고, 그만큼 더 많은 열이 항아리 내부에서 빠져나갔기 때문입니다. 무엇보다 중요한 것은 습도였습니다.

같은 구조와 조건에서도 습도가 낮을수록 냉각 효과는 훨씬 커졌고, 습도가 높아지면 증발이 줄면서 냉각 효과도 함께 줄어든다.

이렇게 항아리 냉장고가 단순한 전통 도구가 아니라, 자연의 원리를 활용한 매우 과학적인 냉각 장치라는 사실을 확인할 수 있었습니다. 즉, 자연 냉각은 주변 환경에 민감하게 반응하는 시스템이라는 것을 알 수 있죠.

이 탐구를 통해 우리는, 복잡한 기술이 없어도, 자연의 원리를 이해하고 응용하면 삶을 바꾸는 도구를 만들 수 있다는 것을 배웠습니다.

항아리 냉장고는 단순한 흙 그릇이 아니라, 과학이 일상과 만날 때 얼마나 유용한 방식으로 작동할 수 있는지를 보여 주는 사례입니다.

■ 예상 오차

물론, 이번 탐구에는 몇 가지 오차 가능성도 함께 존재합니다. 실험 결과는 뚜렷한 경향을 보여 주었지만, 모든 조건을 완벽히 통제하기는 어려웠습니다.

먼저, 실험 시간대입니다. 아침이나 밤에는 같은 양의 수증기량이 포함되었더라도 상대 습도는 다릅니다. 같은 양의 수증기량으로 상대 습도를 계산하면 밤에는 습도가 높지만 한낮에는 습도가 낮습니다. 같은 날 실험을 해도 시간에 따라 초기 온도와 습도가 많이 달라 결과에 차이가 났습니다. 그리고 측정하는 동안도 습도가 계속해서 바뀌고 있어서 오차가 생겼을 것입니다.

그리고 항아리 자체의 구조적 차이를 완전히 통일하기 어려웠습니다. 크기는 항아리 규격이 있어 작은 항아리는 같게 하고 큰 항아리 크기만 달리했을 때 잘 통제가 된 것 같지만, 표면에 미세한 균열이나 점토의 밀도 차이가 열전달에 영향을 미쳤을 수 있습니다. 겉보기에는 같은 모양이지만, 실제 흙의 재질이나 두께는 제조 과정에 따라 다를 수 있습니다.

또한, 모래의 수분 흡수 상태도 변인으로 작용했을 가능성이 있습니다. 충분히 석신다고 했지만 모래 속 물의 양이나 젖은 정도를 확인할 방법이 없었습니다.

바람의 세기와 방향 역시 완벽히 일정하게 유지되었다고 말하기는 어렵습니다. 두 항아리에 동일한 위치에서 선풍기를 틀었지만, 실제로는 바람의 각도나 세기가 미세하게 달라졌을 수 있습니다.

마지막으로, 온도계의 위치도 오차 요인이 될 수 있었습니다. 항아리 내부의 온도를 측정할 때, 온도계가 정확히 같은 위치에 있지 않아서 결괏값에 편차가 생겼을 수 있습니다.

■ 탐구의 가치

이번 항아리 냉장고 탐구는 단순히 물체의 온도를 낮추는 실험이 아니었습니다. 우리는 이 과정을 통해, 눈에 보이지 않던 자연의 작동 원리를 몸소 확인했고, 기술이 부족한 상황에서도 과학의 힘으로 삶을 바꾸는 가능성을 경험할 수 있었습니다.

항아리 냉장고의 냉각 원리는 증발열, 열전도율, 열평형이라는 기초적인 열역학 개념에 바탕을 두고 있습니다. 하지만 이 개념들은 교과서 속 수식이 아니라, 흙과 물, 바람이 오가는 일상 속에서도 충분히 관찰 가능한 현상이었습니다.

그 원리를 직접 실험하고 정량적으로 확인해 보면서, '시원하다'는 감각이 어떻게 수치로 드러나는지를 체험할 수 있었습니다.

항아리 냉장고는 전기가 부족한 지역이나 재난 상황에서도 음식을 보관할 수 있는 적정 기술의 상징적인 사례입니다. 복잡한 기계 없이, 흙과 물, 자연의 순환만으로 생활을 지탱할 수 있다는 것은 기술의 방향성에 대한 새로운 제안이기도 합니다.

기후위기와 에너지 불균형이 심화되는 시대에, 이런 단순한 장치는 단순함 그 자체로 지속 가능한 삶의 힌트를 줍니다. 우리가 꼭 최신 기술만을 좇는 것이 아닌, 지속 가능한 기술, 즉 덜 가지고도 잘 사는 법에 대한 과학적 상상력을 가져야 한다는 메시지를 던집니다.

●아이디어 뱅크

■ 톡톡 튀는 상상

항아리 냉장고가 얼마나 시원해졌는지 눈으로 확인해 볼 수 있는 방법이 없을까요? 머그컵 중에 뜨거운 물을 부으면 색이 바뀌는 것이 있었는데, 항아리를 만들 때 이때 사용하는 염료를 이용하면 시원한 정도를 알 수 있지 않을까요?

그리고 모래가 젖은 정도를 파악해서 자동으로 물을 주는 장치가 있으면 얼마나 편리할까요? 모래가 마르지 않게 계속 물을 보충해 주고, 천이 마르지 않게 계속 적셔 주려면 하루종일 보고 있어야 할 텐데 이런 자동 장치가 생긴다면 너무나 편할 것 같아요.

그리고 크게 생각해서 항아리는 흙으로 만든 것이잖아요. 흙을 항아리라고 생각하고 땅에 구멍을 뚫어서 냉장고를 만들면 어떨까요? 굉장히 큰 항아리니까 엄청나게 시원한 냉장고가 될 것 같아요.

■ 확장된 탐구 질문

1. 항아리 냉장고에 색이 변하는 스티커를 붙이면, 실제로 온도 변화와 잘 맞아떨어질까?

2. 젖은 천의 재질(면, 리넨, 합성 섬유, 가죽 등)에 따라 증발 속도와 냉각 효과는 달라질까?

3. 항아리의 색깔에 따라 냉각 효과는 달라질까?

4. 항아리 냉장고의 큰 항아리와 작은 항아리의 크기 차이에 대한 영향은 어느 정도일까?

5. 물 대신 소금물이나 알코올을 사용할 경우, 냉각 효과는 어떻게

달라질까?

6. 그늘과 햇빛 중 어디에서 냉각 효과가 더 클까?

7. 항아리 내부에 넣은 물건의 종류나 밀도가 내부 온도 유지 시간에 영향을 미칠까?

8. 하루 중 시간대(아침, 한낮, 밤)에 따라 냉각 효과에 차이가 있을까?

9. 항아리 위를 젖은 천 대신 식물로 덮으면, 증산 작용이 냉각 효과에 영향을 줄까?

10. 여러 개의 항아리 냉장고를 가까이 두면, 서로의 증발로 인해 온도 변화에 상호 작용이 생길까?

2장
음식에 대한 질문&탐구

1. 냉장 보관을 한 우유는 유통 기한이 지나서도
   잘 상하지 않는 것일까?
2. 충치가 있으면 양치한 직후 오렌지의 쓴맛이
   더 잘 느껴지는 것일까?
3. 뚜껑과 온도는 탄산음료 보관에 얼마나 영향을 줄까?
4. 삶은 달걀은 날달걀보다 경사면에서 더 천천히
   굴러 내려올까?
5. 과일은 고기를 어떻게 부드럽게 해 줄까?
6. 초콜릿 포장지 종류는 보관에 얼마나 영향을 줄까?

1. 냉장 보관을 한 우유는 유통 기한이 지나서도 잘 상하지 않는 것일까?

출처: AI 생성

"어? 이게 여기 있었네?"

냉장고 깊숙이 놓여 있던 우유를 꺼냅니다. 한 주 정도 전에 우유를 사 두었던 것이 떠오릅니다. 아까운 마음에 가방에 넣고 학교로 가져옵니다. 교실에서 조심스럽게 우유팩을 꺼내던 그 순간— 작은 글씨로 인쇄된 날짜가 눈에 들어옵니다.

"유통 기한…… 어제까지였네?"

학생은 주변을 둘러보며 혼잣말합니다.

"계속 냉장고에 있었으니까 하루 정도는 괜찮겠지?"

그 말을 들은 친구들, 일제히 반응합니다.

"진짜 마실 거야? 상한 거 아냐?"

"헉, 그러다 배 아프면 어떡해!"

우유 한 팩 앞에 교실이 술렁입니다. 진짜 상한 걸까요? 아니면 괜찮은 걸까요?

●일상에서 마주치는 궁금증

■ 여기서 질문!

유통 기한이 지난 우유가 꼭 상했다고 할 수 있을까요? 우유가 상했다고 어떻게 판단할 수 있을까요?

주말 아침, 냉장고를 열다가 우유 한 팩을 발견했습니다. 학교에서 며칠 전에 받아 와서 넣어 둔 건데, 그만 잊고 있었던 거죠. 라벨을 보니 유통 기한은 어제까지.

"어…… 하루 지났네. 마셔도 되나?"

냄새를 맡아 봐도 특별히 이상한 것 같진 않고, 겉보기엔 멀쩡합니다. 그런데 마시자니 좀 꺼림칙합니다.

친구는 말합니다.

"괜찮아, 냉장고에 있었잖아."

또 다른 친구는 말하죠.

"유통 기한 지나면 무조건 버려야 돼."

누구 말이 맞을까요? 정말 날짜가 하루만 지나도 우유는 상한 걸까요? 아니면 상태를 보고 판단해야 하는 걸까요? 혼란이 생겼습니다.

우유가 상했다는 건 대체 어떤 기준으로 말할 수 있는 걸까요? 그래서 궁금해졌습니다.

"유통 기한이 지난 우유는 정말 상한 걸까?"

■ 기본 개념: 미생물이란?

미생물은 눈에 보이지 않을 정도로 작은 생물입니다. 세균, 곰팡이, 효모 등이 있고, 공기나 음식, 심지어 우리 몸속에도 존재합니다. 이 미생물들은 살아 있는 생명체로, 온도, 습도와 같은 주변 환경이 적절하면 빠르게 자라고 증식합니다. 이때, 음식물 속 영양분을 이용하여 다양한 생명 현상을 일으킵니다. 우유 속에도 젖산균이나 부패균 같은 미생물이 있을 수 있는데, 이들이 활발히 증식을 시작하면 우유의 상태가 변하기 시작합니다.

■ 기본 개념: 발효란?

발효는 어떤 미생물이 산소 없이 음식 속 물질을 분해하여 생명 활동에 필요한 에너지를 얻는 과정을 의미합니다. 이때 젖산, 알코올 등과 같은 새로운 물질이 생성됩니다. 예를 들어, 유산균은 우유의 젖당(유당)을 분해해 젖산이라는 산성 물질을 만들고, 이 과정에서 우유는 걸쭉해지며 요거트가 됩니다. 발효는 미생물의 작용이지만, 식품 가공이나 저장에 유리한 방향으로 일어날 때 사용되는 말입니다. 즉, 우유가 상한 것이 아니라, 인간에게 유용한 목적을 가진 변화입니다.

■ 기본 개념: 부패란?

부패는 미생물이 음식 속 성분을 분해하는 과정에서 산도 변화, 냄새 발생, 덩어리 형성 등 인간에게 해로운 상태로 음식이 변하는 현상입니다. 부패균이 활동을 시작하면 우유 속 젖당(유당)이 젖산으로 바뀌고, pH는 원래의 6.7에서 4.6 이하로 낮아집니다. 이때 우유 단백질(카세인)이 응고되고, 걸쭉한 덩어리와 신맛, 비린내가 생기며 우유가 '상한' 상태가 됩니다. 즉, 우유가 상했다는 것은 그 안에 있던 미생물이 증식하여 산도를 낮추고 단백질 구조를 변형시키며, 사람이 섭취하기에 부적절한 상태로 만든 것을 의미합니다.

■ 심화 해설

우유가 상했는지 판단하기 위해 산도(pH)와 미생물 수(CFU/mL)라는 2가지 주요한 정량적 기준을 따져볼 수 있습니다.

$$\mathrm{pH} = -\log_{10}[H^+]$$

산도(pH)는 수소 이온 농도 $[H^+]$를 로그(log)를 이용해 표현한 값입니다.

pH〈7인 경우 산성, pH=7인 경우 중성, pH〉7인 경우 염기성(알칼리성)입니다. 정상적인 우유의 pH는 약 6.6 ~ 6.8으로 거의 중성에 가까운 약한 산성입니다. pH가 4.6 이하가 되면 카제인 단백질이 응고되어 덩어리(응고물)가 눈에 띄기 시작합니다. 미생물 수(CFU/mL)는 미생물 1개가 자라서 만든 집락(colony) 단위'를 뜻합니다. 즉, 1mL 안에 몇 개의 집락을 만들 수 있는 미생물이 있는가를 나타내는 단위입니다.

살균된 우유의 경우, 일반 세균 수는 $10^2 \sim 10^3$ CFU/mL 이하여야 합니다. 대부분의 식품 위생 기준에서 10^4 CFU/mL 이상이 되면 부패가 진행되었거나, 위험 상태로 간주합니다.

●탐구 설계

■ 탐구의 필요성 및 목적

일상에서 우리는 '냄새가 괜찮으니 먹어도 괜찮겠다.', '색이 변했으니 이건 상했겠다.'와 같이 단순한 오감에 의존한 판단을 자주 합니다. 하지만 실제로는 수치화된 기준을 더 정확하고 논리적인 판단을 가능하게 합니다. 예를 들어, 식품 산업에서는 pH 수치, 세균 수, 온도 데이터 등을 기준으로 식품의 안전성과 유통 상태를 평가합니다. 이는 사람의 감각만으로는 놓치기 쉬운 문제들을 정량화된 수치로 파악하기 위함입니다.

이번 실험은 유통 기한이 지난 우유가 실제로 상했는가를 확인하기 위해 산도(pH) 변화와 미생물 수(CFU/mL) 변화를 측정합니다. 이를 통해 단순한 오감에 의존하는 냄새, 응고물 같은 정성적 기준이 아니라, 측정 가능한 정량적 기준에 따른 과학적 탐구 방법을 경험하는 것이 이번 탐구의 핵심 목적입니다.

■ 가설 설정

유통 기한이 하루나 이틀 지난 우유라도 냉장 보관했다면 pH가 크게 변하지 않고, 미생물 집락 수 또한 기준치 이하일 것이다.

■ 변인 설정

변인 종류	내용
조작 변인 (바꿔 주어야 하는 것)	보관 조건(냉장, 실온), 유통 기한 경과 일수
종속 변인 (결과로 나오는 것)	pH 값, 미생물 수(CFU/mL)
통제 변인 (같게 해 주어야 하는 것)	우유 종류, 배양 시간, 평판 크기, 시료량
대조군 (아무 변화도 주지 않은 기준이 되는 것)	유통 기한이 지나지 않은 냉장 보관된 우유

■ 실험 준비물

- 같은 유통 기한의 우유 7팩

- 냉장고, 실온 공간

- pH 시험지

- 멸균된 LB 평판 배지 (또는 일반 영양 배지) 7장

- 멸균 스포이트 or 스틱

- 투명 컵

- 마커, 자, 관찰 일지

- 마스크, 장갑, 소독용 에탄올

■ 실험 과정

1. 같은 유통 기한의 우유 7팩(대조군 포함)을 준비한다.

2. 4팩(대조군 포함)은 냉장 보관(4℃), 3팩은 실온 보관(약 20℃)하며 각각 라벨을 붙여 구분한다.

3. 유통 기한 다음 날부터 매일 냉장 1팩, 실온 1팩씩 꺼내어 실험

에 사용한다. (유통 기한 하루 전날 대조군으로 냉장 1팩을 실험에 사용한다.)

4. 우유를 깨끗한 투명 컵에 따르고, pH 시험지로 산도를 측정한 뒤 기록한다.

5. 멸균된 평판 배지 위에 우유를 0.1mL씩 떨어뜨려 도말하고, 멸균된 스패츌러나 면봉으로 배지 전면에 고르게 펴 바른다.

6. 평판 배지를 실온에서 뚜껑을 살짝 덮은 상태로 1~2일간 배양한다.

7. 배양 후 집락 수가 300개 이하인 경우 직접 세어 기록한다. (집락 수가 300개를 초과한 경우, 자를 이용해 $1cm^2$ 범위 안의 평균 집락 수를 센 후에 이를 전체 면적(예: $65cm^2$)에 곱하여 전체 집락 수를 추정한다.)

8. 사용한 시료량이 0.1mL였음을 고려하여, 전체 집락 수 × 10을 계산하여 CFU/mL 값을 추정한다.

9. 시큼한 냄새, 덩어리(응고물) 생성 유무 등의 정성적 정보도 함께 관찰하여 기록한다.

10. 대조군 및 냉장 보관군과 실온 보관군의 pH 값과 CFU/mL을 비교 분석한다.

안전 수칙

① 실험용 우유는 절대 먹지 않아요.
② 마스크와 장갑을 반드시 착용해요.
③ 부패한 우유는 실험이 끝난 후 폐기해요.
④ 미생물 배양 배지는 5% 락스물에 1시간 이상 담가 멸균 후 폐기해요.

■ 결과 기록

대조군			pH	미생물 수 (CFU/mL)	응고물 생성 (−: 없음, +: 있음)	시큼한 냄새 (−: 없음, +: 있음)
구분	보관 조건	유통 기한 경과 일수				
Cg	냉장	−1일	6.8	850	−	−

실험군			pH	미생물 수 (CFU/mL)	응고물 생성 (−: 없음, +: 있음)	시큼한 냄새 (−: 없음, +: 있음)
구분	보관 조건	유통 기한 경과 일수				
A	냉장	+1일	6.8	900	−	−
B		+2일	6.7	1,800	−	−
C		+3일	6.6	4,200	+	+
a	실온	+1일	5.7	6,500	+	+
b		+2일	5.1	13,000	++	++
c		+3일	4.5	25,000	+++	+++

* 정도에 차이가 있는 경우 +의 개수로 정도를 비교함

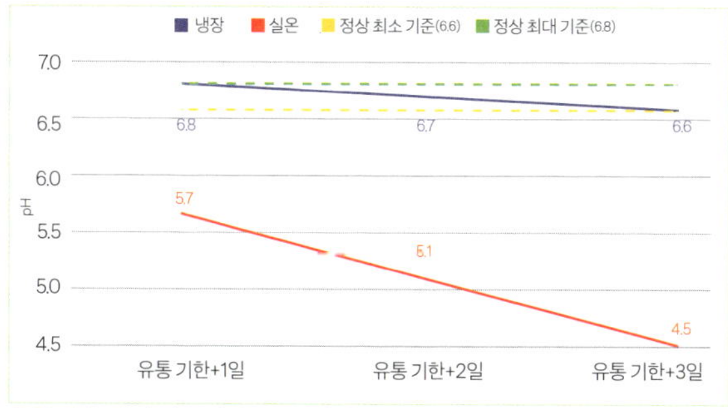

유통 기한 경과 일수에 따른 pH 변화 그래프

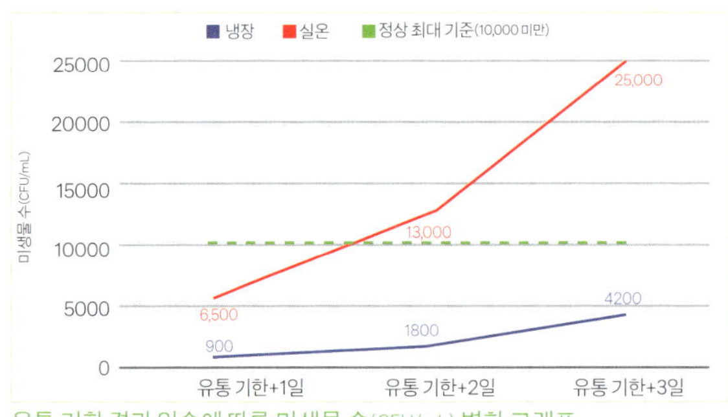

유통 기한 경과 일수에 따른 미생물 수(CFU/mL) 변화 그래프

■ 결과 해석

실험군	해당 여부 (-: 없음, +: 있음)		부패 (판단 근거)	비고
	pH 6.6 ~ 6.8 사이	10⁴ CFU /mL 이하		
A	+	+	×	
B	+	+	×	
C	+	+	×	응고물, 시큼한 냄새가 있어 부패 진행 가능성이 있음
a	−	+	○ (pH)	
b	−	−	○ (pH, 미생물 수)	
c	−	−	○ (pH, 미생물 수)	

pH 변화 및 미생물 수(CFU/mL) 변화에 따른 부패 판단

● 일반화

■ 탐구의 결론

이번 탐구는 "유통 기한이 하루 정도 지난 우유라도 냉장 상태라면 상하지 않았을 것이다."라는 가설을 검증하기 위해, 같은 유통 기

한의 우유를 각각 냉장과 실온에 보관한 뒤, 유통 기한 경과 일수에 따라 우유의 산도(pH)와 미생물 수(CFU/mL)를 비교한 실험입니다. 실험 결과, 실온 보관 3일 차 우유(c)의 pH는 4.5로, 정상 우유의 pH 범위(6.6~6.8)를 훨씬 벗어났으며, 미생물 수 역시 25,000CFU/mL로, 부패 기준인 10,000 CFU/mL를 2배 이상 초과했습니다.

반면, 냉장 보관 3일차 우유(C)는 pH가 6.6, CFU/mL는 4,200으로 상대적으로 안정적인 수치를 유지했습니다. 또한, 냉장 보관한 우유는 유통 기한이 1~2일 지나도 pH 변화 정도가 완만하고, 미생물 수가 기준치를 넘지 않아 '상하지 않았다'고 판단할 수 있었습니다. 정성적 판단(덩어리, 냄새 변화 등)도 pH와 CFU/mL 수치 변화와 함께 나타나며, 정량적 지표와 높은 상관성을 보였습니다. 이 결과를 통해 다음과 같은 사실을 확인할 수 있습니다.

실온에 보관한 우유는 유통 기한이 하루만 지나도 산도가 급격히 낮아지고, 미생물 수가 빠르게 증가해 부패가 진행된다. 그러나 냉장 보관한 우유는 유통 기한이 1~2일 지나도 상하지 않았다.

따라서, 우유가 상했는지를 판단할 때는 유통 기한이라는 날짜만 보는 것이 아니라, 보관 온도와 실제 상태를 수치로 확인하는 것이 더 정확하다는 점을 알 수 있습니다.

즉, 유통 기한은 참고 기준일 뿐이며, 우유가 정말 상했는지는 '상태(pH, 미생물 수)'로 판단해야 한다는 것이 이번 탐구의 핵심 결론입니다.

■ 예상 오차

우유는 작은 변화에도 민감한 식품입니다. 냉장고 안이라고 해도 온도가 완벽하게 일정하지는 않습니다. 문을 여닫는 횟수, 냉장고 안의 위치에 따라도 온도가 달라질 수 있죠.

실험을 할 때 냉장 보관 우유의 위치가 달랐다면, 실제보다 부패가 더 빠르게 진행되었거나 덜 되었을 수도 있습니다.

배양된 평판에서 집락 수를 셀 때도 작은 점들이 겹치거나 퍼져 있는 경우, 실제보다 적게 세거나 많게 세는 오차가 생길 수 있습니다.

우유의 표면에 떠 있는 덩어리나 냄새는 사람에 따라 '있다'와 '없다'의 기준이 애매할 수 있습니다. 마찬가지로 '약간 신 냄새 같다', '덩어리가 있는 것 같기도 하다'와 같이 주관적인 표현이 개입되면 해석이 달라질 수 있죠.

그래서 이런 실험은 가능하다면 같은 조건에서 2~3회 반복하고, 평균값을 내는 것이 정확한 결론을 얻는 방법입니다. 단 한 번의 결과만으로 '부패 유무'를 결정하면, 성급한 일반화의 오류를 범할 수 있습니다.

■ 탐구의 가치

이 탐구는 우리가 평소 아무렇지 않게 받아들이던 '유통 기한'이라는 개념을 다시 생각해 보게 합니다.

"유통 기한 지났으니 버려야 해."라는 말, 정말 과학적으로 맞는 말일까요? 아니면 그냥 사회적인 약속일까요?

우유는 대표적인 냉장 유제품입니다. 하지만 우유가 상하는 과정은 그냥 '시간이 지나서'가 아니라, 그 안에서 미생물이 증식하고, 산도가 변하고, 단백질이 응고되는 생화학적 변화 때문입니다.

이번 탐구는 단순한 과학 지식의 전달을 넘어서, 생활 속 판단 기준을 과학적으로 찾아보는 경험입니다. 스스로 변인을 설정하고 수치의 의미를 분석하고 해석하며, 정량적 과학 탐구 과정을 훈련하게 합니다. 이는 단순히 암기하는 과학이 아니라, 삶의 문제를 과학적으로 판단하는 힘을 기르는 활동입니다.

● 아이디어 뱅크

■ 톡톡 튀는 상상

우유에 넣는 빨대가 색이 변한다면 어떨까요? 우유가 상하지 않았을 때는 초록색, 상했을 때는 노란색으로 변하는 거죠.

혹은 우유팩 바깥면에 작은 센서가 있어서, 안에 있는 우유의 pH가 일정 수준 이하로 떨어지면 표시등이 켜지는 겁니다. 이런 스마트 우유팩이 있다면, 날짜가 아니라 '실제로 지금 상했는지'를 직접 확인할 수 있겠죠. 이 기술은 '음식물 쓰레기 감축'이라는 사회적 문제 해결에도 노움이 될 수 있습니다.

■ 확장된 탐구 질문

1. 달걀은 어떻게 부패 여부를 판단할 수 있을까?

2. 초콜릿처럼 실온 보관하는 식품은 부패 기준이 어떻게 다를까?

3. 같은 우유라도 개봉한 우유와 밀봉된 우유는 부패 속도가 얼마나 다를까?

4. 멸균 우유와 일반 우유의 부패 속도 차이는 어떻게 될까?

5. 우유가 상하면서 생기는 냄새는 어떤 물질이며, 부패와 어떤 관련성이 있을까?

6. 우유의 부패 속도는 플라스틱 병과 종이팩 중 어느 쪽에서 더 빠를까?

7. 온도를 2℃씩만 다르게 설정했을 때, 우유의 pH는 얼마나 차이가 날까?

8. 유산균 음료와 우유는 부패 조건이 어떻게 다를까?

9. 유통 기한 지난 우유로 요거트를 만들면 안전할까?

10. 우유가 부패하기 전에, pH를 낮추는 방법과 방부제를 첨가하는 방법 중 어떤 조건이 미생물 증식을 더 효과적으로 억제할 수 있을까?

2. 충치가 있으면 양치한 직후
오렌지의 쓴맛이 더 잘 느껴지는 것일까?

출처: AI 생성

■ 아침 등굣길, 방금 집에서 서둘러 양치를 하고 나온 터라 입안이 아직도 싸한 느낌이 남아 있었죠. 가지고 나온 오렌지 주스를 한 모금 마십니다.

"꿀꺽."

곧 얼굴을 찌푸리며 말합니다.

"윽! 너무 써…… 이거 충치 때문인가?"

그 모습에 한 친구는 이렇게 말했습니다.

"충치가 있으면 맛이 더 쓰게 느껴지나?"

또 다른 친구는 이렇게 덧붙였습니다.

"난 충치 치료 끝냈는데도 양치하고 나서 오렌지 주스 마시면 쓰더라."

입안의 쓴맛은 단순히 치약 때문일까요, 아니면 충치가 있어 쓴맛이 더 강하게 느껴지는 걸까요?

● 일상에서 마주치는 궁금증

■ 여기서 질문!

충치의 유무가 양치 직후 오렌지의 맛을 느끼는 데 영향을 미칠까요? 치약으로 인한 구강 환경 변화는 맛을 느끼는 데에 어떤 영향을 줄까요?

그래서 궁금해졌습니다. "양치한 후에 오렌지를 먹으면 쓴맛이 나는 이유는 충치 때문인 걸까?"

● 과학 개념 설명

■ 기본 개념: 충치란?

충치(치아우식)는 치아의 썩은 부위를 말합니다. 충치균이 치아 법랑질에 쌓이고 치아에 구멍을 내는 산을 분비하며, 이렇게 발생한 구멍을 충치라고 합니다. 충치가 커지며 법랑질을 뚫고 치아 안쪽 상아질까지 침범하면서 이가 시리거나 아픈 치통이 발생합니다.

■ 기본 개념: 쓴맛이란?

쓴맛은 미각의 한 종류로, 주로 독성 물질을 구별하기 위해 진화한 감각입니다. 혀에는 쓴맛을 감지하는 특수한 수용체가 있어 특정 화학 물질과 만나면 신호를 뇌로 전달합니다. 카페인의 쓴맛, 한약의 독특한 맛 등이 대표적인 예입니다. 보통 사람들은 단맛보다 쓴맛에 더 민감하게 반응하는데, 이는 해로운 물질을 피하려는 본능과 관련이 있습니다. 하지만 쓴맛이 꼭 해롭다는 뜻은 아니며, 커피나 녹차처럼 일부 쓴맛은 오히려 기호와 건강의 요소가 되기도 합니다.

■ 기본 개념: 계면 활성제란?

치약에는 세정 작용을 돕기 위해 계면 활성제가 포함됩니다. 계면 활성제는 물과 기름 같이 서로 다른 성질의 물질을 잘 섞이도록 해주며, 거품을 만들어 음식물 찌꺼기와 치아 표면의 이물질을 제거하는 역할을 합니다. 흔히 라우릴황산나트륨(SLS) 같은 성분이 사용되는데, 이는 치약의 세정 효과를 높이는 데 도움을 줍니다. 계면 활성제는 치약의 기본적인 세척 기능을 담당하는 중요한 요소입니다.

■ 심화 해설

쓴맛의 정도를 판단하기 위해 쓴맛의 강도와 쓴맛의 지속 시간이라는 2가지 측면을 구별하여 리커트형 평정 척도와 사분위 범위를 이용해 정량화할 수 있습니다.

■ 심화 해설: 리커트 평정 척도란?

리커트 평정 척도(Likert-type rating scale)는 태도·느낌 같은 주관적 판단을 일정한 단계(서열)로 나누어 수치화하는 방법입니다. 이번 탐구에서는 쓴맛의 강도를 정량화하는 방법으로 사용하여 0점(전혀 없음), 1점(아주 약함), 2점(약함), 3점(보통), 4점(강함), 5점(매우 강함)의 6단계로 통일합니다.

■ 심화 해설: 사분위 범위란?

사분위 범위(IQR)는 여러 개의 수치를 크기순으로 나열했을 때, 가장 가운데에 있는 절반의 값들이 어느 구간에 모여 있는지를 나타내는 통계 지표입니다. 전체 데이터를 네 부분으로 나눈 뒤, 아래쪽 25% 지점의 값(Q1)과 위쪽 25% 지점의 값(Q3) 사이의 거리를 계산합니다. 즉, IQR = Q3 - Q1입니다.

예를 들어, 시험 점수가 20, 40, 50, 55, 60, 65, 70, 75, 90, 100이라면, Q1은 50(아래쪽 25%가 끝나는 지점), Q3은 75(위쪽 25%가 시작되는 지점)으로 IQR = 75 - 50 = 25가 됩니다. 이렇게 구하면 매우 높은 점수(100점)나 매우 낮은 점수(20점) 때문에 전체 분석이 흔들리지 않습니다. 이번 탐구에서는 쓴맛의 지속 시간을 통계적 수치로 나타내는 방법으로 사용합니다. 어떤 참가자가 느낀 쓴맛을 극단적으로 오래 지속되거나, 아주 짧게 지속되었다고 해도 IQR은 그 영향에 크게 좌우되지 않습니다. 따라서 단순히 평균을 내는 것보다 더 안정적으로 참가자 집단의 전형적인 반응 분포를 보여 줄 수 있습니다.

●탐구 설계

■ 탐구의 필요성 및 목적

양치 후 오렌지를 먹었을 때 느껴지는 쓴맛은 단순한 기분 탓일까요? 아니면 충치나 구강 상태가 영향을 주는 걸까요? 이 탐구는 치약에 들어 있는 계면 활성제 성분이 오렌지의 맛에 어떤 영향을 주는지 알아보고, 여기에 충치 유무가 얼마나 관련이 있는지를 확인하는 데 목적이 있습니다. 익숙한 과일인 오렌지를 통해 쓴맛이라는 미각과 구강 상태 사이의 상관관계를 탐색해 보고자 합니다.

■ 가설 설정

양치 후 오렌지를 먹었을 때, 충치가 있는 사람은 충치가 없는 사람에 비해 쓴맛을 더 강하게 느끼고, 쓴맛을 느끼는 지속 시간도 더 길 것이다.

■ 변인 설정

변인 종류	내용
조작 변인 (바꿔 주어야 하는 것)	참가자의 충치 유무 (치과 진단을 통한 분류: 충치 있음 / 충치 없음)
종속 변인 (결과로 측정하려는 것)	오렌지를 먹었을 때 쓴맛 강도(리커트형 평정 척도 0~5점)와 쓴맛 지속 시간(초 단위, IQR로 분석)
통제 변인 (같게 해 주어야 하는 것)	치약의 종류와 양, 양치 시간, 오렌지의 품종과 크기, 오렌지 조각의 질량, 양치 후 대기 시간, 실험 전 식사 여부 등
대조군 (아무 변화도 주지 않고 기준이 되는 것)	충치가 없으며, 양치한 후 오렌지를 섭취한 참가자 집단

■ 실험 준비물

- 치과 진난 완료된 참가자 10명 이상 (충치 있음 5명-실험군, 충치 없음 5명-대조군)

- 동일한 치약 (라우릴황산나트륨[SLS] 함유)

- 일회용 칫솔 및 컵

- 귤보다 산미가 강한 오렌지 (같은 품종, 일정한 무게로 조각: 30g 내외)

- 타이머 (개인용 혹은 실험자용)

- 참고 지표를 포함한 쓴맛 강도 평가표 (리커트형 0~5점)

– 설문지 및 결과 기록지

– 물(입 헹굼용), 손 소독제, 비닐장갑 등 위생 도구

■ 실험 과정

1. 실험 전 참가자에게 실험 목적과 절차를 충분히 설명하고 동의를 받는다.

2. 참가자는 동일한 종류의 치약으로 2분간 양치한 후, 물로 입을 헹군다.

3. 양치 후 1분 동안 대기하여 구강 상태를 일정하게 유지한다.

4. 준비된 오렌지 조각(30g)을 10초간 씹고 삼킨다.

5. 오렌지를 삼킨 직후, 참가자는 타이머를 작동시켜 쓴맛이 사라질 때까지의 시간을 측정한다.

6. 동시에, 쓴맛의 강도를 리커트형 평정 척도(0~5점)로 평가한다.

7. 충치 유무, 쓴맛 강도 점수 및 참고 지표, 쓴맛 지속 시간(초)을 결과 기록지에 작성한다.

8. 참가자는 실험 종료 후 물로 입을 헹군다.

9. 모든 참가자의 결과를 모아, 충치 유무에 따른 쓴맛 강도의 평균과 쓴맛 지속 시간의 사분위 범위(IQR)를 비교 분석한다.

안전 수칙

① 실험 전 참가자의 오렌지 관련 알러지 유무를 반드시 파악해요.

② 모든 실험 도구는 개인별로 분리하여 사용해요.

③ 실험 중 이상 반응(통증, 구역감 등)이 생기면 즉시 중단하고 응급 처치를 받을 수 있도록 해요.

●실험 결과

■ 결과 기록

참가자		쓴맛 강도 점수	쓴맛 강도 기술	쓴맛 지속 시간
구분	충치 유무	(0~5점 척도)	(참고 지표를 보고 기록)	(초)
1	있음 (실험군)	3	덜 우린 홍차의 쓴맛 정도	28
2		4	진한 블랙커피, 약간 쓴 감귤 껍질	30
3		2	연한 녹차 정도	24
4		3	블랙커피 한 모금	22
5		2	미지근한 커피 우유 정도	26
6	없음 (대조군)	4	진한 한약의 첫맛	25
7		3	덜 우린 홍차 정도	27
8		3	블랙커피 한 모금	24
9		2	약하게 탄 녹차 수준	29
10		2	커피 우유 수준	23

설문지 및 결과 기록지

충치 유무	쓴맛 강도 점수 평균값
있음 (참가자 1~5)	2.8
없음 (참가자 6~10)	2.8

참가자 집단별 쓴맛 강도 점수 평균값

충치 유무	원자료	Q1	Q3	IQR(초)
있음 (참가자 1~5)	28, 30, 24, 22, 26	24	28	4
없음 (참가자 6~10)	25, 27, 24, 29, 23	24	27	3

참가자 집단별 쓴맛 지속 시간 IQR(초)

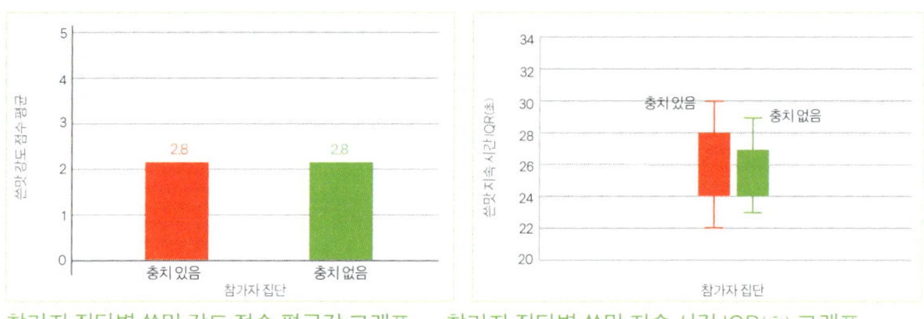

참가자 집단별 쓴맛 강도 점수 평균값 그래프 　 참가자 집단별 쓴맛 지속 시간 IQR(초) 그래프

■ 결과 해석

구분	그래프 해석	판단
쓴맛 강도 점수 평균값	두 집단 모두 평균이 2.8점으로 동일하므로, 충치 유무에 따른 쓴맛 강도 차이가 없다.	실험 결과가 가설을 지지하지 않는다.
쓴맛 지속 시간 IQR	두 집단 모두 IQR 값이 3~4초 수준으로 거의 유사하고 극단적인 값(outlier)은 없으므로 쓴맛 지속 시간의 IQR이 거의 차이가 없다.	실험 결과가 가설을 지지하지 않는다.

실험 결과의 가설 지지 유무 판단

● 일반화

■ 탐구의 결론

이번 탐구는 "충치가 있는 사람은 양치 후 오렌지를 먹었을 때 쓴맛을 더 강하게, 더 오래 느낄 것이다."라는 가설을 검증하기 위해, 충치 유무가 다른 두 집단에게 동일한 조건에서 양치를 하게 한 뒤 오렌지를 섭취하도록 하고, 쓴맛의 강도(리커트형 척도 점수)와 쓴맛이 지속된 시간(IQR 기준)을 비교한 실험입니다. 실험 결과, 두 집단의 쓴맛 강도 평균은 모두 2.8점으로 같았고, 쓴맛 지속 시간의 사분위 범위도 충치 있음 집단이 4초, 없음 집단이 3초로 거의 차이가 없었습니다. 점수의 분포나 지속 시간에서도 뚜렷한 차이는 관찰되지 않았습니다.

이 결과를 통해 다음과 같은 사실을 확인할 수 있습니다.

충치가 있다고 해서 양치 후 오렌지를 먹었을 때 반드시 더 쓴맛을 강하게 느끼거나, 더 오래 느끼는 것은 아니다.

사람에 따라 개인차는 존재하지만, 충치 유무가 쓴맛을 느끼는 데 있어 결정적인 변수는 아니라는 결론을 도출할 수 있습니다. 충치 때문에 오렌지의 쓴맛도 더 강하게 느껴질 것이라고 생각할 수 있지만, 이번 탐구 결과는 그러한 추측을 기반으로 세운 가설을 지지하지 않았습니다. 따라서 양치 후 오렌지를 먹었을 때 쓴맛이 나는 이유를 찾기 위해 치약 속 계면 활성제(라우릴황산나트륨 등)와 관련하여 새로운 가설을 설정하여 후속 탐구를 실시할 필요성이 있습니다.

즉, 충치 유무는 양치 후 오렌지를 먹었을 때 느끼는 쓴맛의 강도나 지속 시간에 뚜렷한 영향을 주지 않는다는 것이 이번 탐구의 핵심 결론입니다.

■ 예상 오차

쓴맛의 강도는 리커트 평정 척도(0~5점)로 측정하였지만, 점수에 대응되는 실생활 예시(예: 블랙 커피, 커피 우유 등)를 제공했음에도 불구하고 사람마다 받아들이는 기준이 달랐을 수 있습니다. 예를 들어, 평소 커피를 자주 마시는 사람과 그렇지 않은 사람은 같은 정도의 쓴맛을 서로 다르게 평가했을 가능성이 있습니다.

실험에 사용된 오렌지 조각은 같은 품종이었더라도 개체에 따라 산도나 당도가 조금씩 달랐을 수 있고, 이로 인해 쓴맛을 인식하는 것에 있어 미묘한 차이가 생겼을 수 있습니다.

양치 후 치약 성분이 입안에 남는 정도 역시 참가자마다 달랐을 수 있으며, 계면 활성제가 미각에 작용하는 강도에도 영향을 주었을 가능성이 있습니다.

충치 유무를 기준으로 집단을 나누었지만, 그 안에서도 충치의 위치, 범위, 깊이, 치료 여부 등은 다양하였고, 이러한 통제 변인을 구체적으로 고려하지 않았습니다. 이 역시 결과 해석에 영향을 주는 요소가 될 수 있습니다.

이처럼 작은 오차가 누적될 수 있기 때문에, 가능하다면 동일한 조건에서 실험을 2~3회 반복하고 평균값을 내는 방식으로 신뢰도를 높이는 것이 바람직합니다. 특히 이번처럼 집단 간 차이가 작을 때에는 반복 실험을 통해 더 정확한 결론을 얻을 수 있습니다.

■ 탐구의 가치

이 탐구는 감각적 경험에 대한 정량적 데이터를 수집할 수 있도록 탐구 실험을 설계하여 데이터를 의미 있는 방식으로 비교해 보는 과정에 대해 생각해 보게 합니다. 쓴맛이라는 주관적이고 정성적인 경험을 단순한 감각으로 넘기지 않고, 리커트 평정 척도와 사분위 범위(IQR) 같은 통계적 도구를 활용하여 수치로 표현할 수 있었습니다. 이것은 느낌(감각)을 과학적으로 다루는 방법을 연습한 경험으로, 과학이 꼭 정밀한 실험 기구나 측정 장비로만 이루어지는 것은 아니며, 감각에 대한 개인과 집단의 의견도 과학의 대상이 될 수 있음을 보여 줍니다.

또한, '가설이 맞는지'보다 오히려 '가설이 틀렸다는 사실을 어떻게 확인할 수 있는지'를 중심에 두었다는 점에서도 의미가 있습니다. 그렇기에 이번 실험은 정성적 판단을 정량화된 수치로 변환하는 시도라는 점에서 과학 탐구의 의미를 확장시킬 수 있는 활동입니다.

● 아이디어 뱅크

■ 톡톡 튀는 상상

다양한 연령과 성별, 치약 브랜드별 미각 회복 데이터를 기반으로 작동하는 통계 기반 '타이머'가 있다면 어떨까요? 양치 후 입안 환경의 변화로 오렌지나 커피 등을 먹을 때 본연의 맛을 느낄 수 있록, 음식 섭취 전 적절한 시간 공백을 계산해 알려주는 것이죠. 사용자의 특성과 치약 종류에 따른 개인 맞춤형 추천 기능까지 더해진다면 생활 속에서 정말 유용하겠죠?

■ 확장된 탐구 질문

1. 양치 직후 음식의 맛을 덜 쓰게 느끼려면 몇 분을 기다려야 할까?

2. 다른 종류의 과일(자몽, 레몬, 사과 등)에서도 양치 후 쓴맛이 느껴질까?

3. 다양한 치약 성분들이 양치 후 오렌지를 먹을 때 느끼는 쓴맛 강도에 어떤 영향을 줄까?

4. 양치 후 물로 헹구는 횟수에 따라 오렌지의 쓴맛 강도나 지속 시간이 달라질까?

5. 양치 전과 후, 혀의 쓴맛을 느끼는 감각의 민감도는 어떻게 달라질까?

6. 치약 없이 칫솔질만 했을 때도 양치 후 오렌지를 먹을 때 쓴맛이 느껴질까?

7. 양치 후 바로 오렌지를 먹을 때와 5분 뒤에 먹을 때의 쓴맛은 어떤 차이가 있을까?

8. 양치 후 먹었을 때 유독 쓴맛을 느끼게 하는 음식은 어떤 성분이 공통적일까?

9. 치약이 아닌 구강 청결제를 이용해 입을 헹군 뒤에도 오렌지에서 쓴맛이 날까?

10. 쓴맛을 잘 느끼지 못하는 사람은 비슷한 상황에서 어떻게 쓴맛을 평가할까?

11. 쓴맛을 잘 느끼는 사람(혹은 생물)은 어떤 장점이 있을까?

3. 뚜껑과 온도는 탄산음료 보관에 얼마나 영향을 줄까?

출처: AI 생성

■ 주말 늦은 밤이었습니다. 시험공부를 마무리하고 갈증이 나서 냉장고에서 탄산수를 꺼냈습니다. 기포가 톡톡 튀는 그 맛이 공부의 피로를 씻어 주지요.

"다 못 마시겠네."

그날따라 양이 좀 많더라고요. 반쯤 마신 병을 다시 뚜껑으로 꽉 닫아 두고 냉장고에 넣었습니다. '나머지는 다음에 마시면 되겠지!' 생각했죠.

며칠 후, 다시 병을 열었는데 뭔가 이상했습니다. '칙' 하는 소리도 약하고, 컵에 따르니 기포도 거의 없고……. 마셔 보니 어제 그 청량한 맛은 온데간데없고, 밍밍한 물맛만 났습니다.

"이거 그냥 생수야?"

병도 잘 닫았고, 냉장고에 넣어 뒀는데 왜 탄산이 거의 빠진 걸까요? 어떻게 해야 먹다 남은 탄산수를 오래 보관할 수 있을까요?

● 일상에서 마주치는 궁금증

■ 여기서 질문!

남은 탄산수 병뚜껑을 잘 닫아 냉장고 안에 두면 탄산수를 오래 보관할 수 있다고 생각했어요. 뚜껑을 열어 놓거나 컵에 따라 놓으면 금방 밍밍해지거든요. 그리고 밖에 꺼내 놓은 탄산수 보다, 냉장고에 넣어 놓는 것이 더 톡 쏘는 느낌이 있거든요.

그런데 왜 먹다 남은 탄산수는 밍밍해진 걸까요?

인터넷을 찾아보니, 탄산수를 오래 보관하려면, 병뚜껑을 닫아서 뒤집어 놓으면 된대요. 이건 왜 그런 걸까요? 실제로 효과가 있는 걸까요? 병을 구겨 놓으면 탄산수를 오래 보관할 수 있다는 이야기도 있어요.

어떻게 해야 탄산수를 오래 보관할 수 있을지 정말 궁금합니다. 가만 생각해 보니, 어제 반쯤만 마시고 병에 꽤 많은 공간이 생겼거든요. 혹시 그 공간이 탄산이 빠지는 데 영향을 준 걸까요? 탄산수는 결국 이산화탄소가 물속에 녹아 있는 상태니까요. 그리고 기체가 물에 잘 녹아 있으려면 온도도 낮고, 압력도 높아야 한다고 들었어요.

온도, 압력, 남은 양까지…… 이 모든 게 기체가 물에 얼마나 녹아 있을 수 있는지를 바꾸는 요소인가 봐요. 결국 핵심은 '기체의 용해도'라는 개념으로 설명할 수 있을 것 같은데, 직접 실험해 봐야 알 수 있겠죠?

■ 기본 개념: 탄산수란?

탄산수는 이산화탄소(CO_2) 기체를 물에 녹여 만든 음료로, 약한 산성(pH 3~4)을 띕니다. 고압 상태에서 CO_2를 주입해 만들며, 병을 열면 압력이 낮아져 기체가 빠져나오며 기포가 생깁니다. 온도가 낮고 압력이 높을수록 이산화탄소가 물에 더 잘 녹아 탄산이 오래 유지됩니다. 탄산수는 당이나 향이 없는 무맛 음료로, 순수한 기체 용해 현상을 관찰하기에 좋습니다.

■ 기본 개념: 기체의 용해도란?

기체의 용해도는 기체가 용매(예: 물)에 얼마나 잘 녹는지를 나타내는 성질입니다.

기체는 온도가 낮을수록, 압력이 높을수록 물에 더 잘 녹습니다. 이처럼 기체의 용해도는 온도, 압력에 따라 달라지는 중요한 과학적 특성입니다.

■ 기본 개념: 기체 용해도 관련 용어

용해도: 일정한 온도와 압력에서, 용매 100g에 최대로 녹을 수 있는 용질의 g 수

용매: 다른 물질(용질)을 녹이는 물질. 주로 물을 사용

용질: 용매에 녹는 물질. 기체, 액체, 고체 모두 가능

용액: 용매와 용질이 골고루 섞인 혼합물

■ 기본 개념: 동적평형이란?

가역 반응에서 정반응 속도와 역반응 속도가 같아져 겉보기에는 변화가 없는 것처럼 보이는 상태. 반응물과 생성물이 끊임없이 변화하지만, 전체적인 변화는 없어 보이는 상태.

■ **심화 해설 : 기체의 용해도 – 압력과의 관계** (헨리의 법칙)

$$C = k_H(T){\cdot}P$$

C : 용액에 녹은 기체의 농도 (용해도)

P : 기체의 부분 압력

k_H : 헨리 상수, 온도에 따라 달라짐

이 식을 통해 기체 용해도는 헨리 상수(온도)가 일정할 때 압력에 비례함을 알 수 있습니다.

■ **심화 해설 : 헨리 상수의 온도 의존성 – 반트호프식 응용**

$$\ln k_H = -\frac{\Delta H_{sol}}{R} \cdot \frac{1}{T} + const$$

ΔH_{sol} : 용해 엔탈피 (대개 음수, 발열 반응)

R : 기체상수 (8.314 J/mol · K)

T : 절대 온도(K)

이 식을 통해 헨리 상수가 온도에 따라 변함을 알 수 있습니다. 기체의 용해 과정은 일반적으로 발열 반응이므로, 온도가 높아질수록 액체에 녹는 기체의 양(용해도)은 감소합니다.

■ **심화 해설 : 결합된 형태**

압력과 온도를 함께 반영하면 다음과 같은 간접식이 됩니다.

두 식을 통해 기체의 용해도(C)는 압력이 높을수록, 그리고 온도

T가 낮을수록 커진다는 것을 알 수 있고, 필요하면 과학적으로 계산해서 조건에 따른 정확한 용해도를 알아낼 수 있습니다.

$$C = k_H(T) \cdot P$$
$$where \ \ln k_H = -\frac{\Delta H_{sol}}{R} \cdot \frac{1}{T} + const$$

● 탐구 설계

■ 탐구의 필요성 및 목적

탄산수의 청량감은 이산화탄소 기체가 물에 녹아 있어서 생깁니다. 하지만 시간이 지나면 김이 빠지죠. 탄산수를 청량감 있게 오래 보관하기 위해 어떤 조건이 가장 적절한지 실험을 통해 확인해 봅시다.

기체(이산화탄소)는 온도가 낮을수록 압력이 높을수록 물에 더 잘 녹기 때문에 탄산수를 뚜껑을 꽉 닫고 차가운 곳에서 보관하면 더 오래 보관할 수 있을 겁니다.

탄산이 잘 유지되고 있는지 'pH 시험지'를 사용해 확인하는 방법도 있지만, 이 책에서는 탄산이 빠지지 않고 남아 있는 조건을 질량 변화로 확인해 보고자 합니다. 이산화탄소가 빠져나가면 병의 무게가 줄어들기 때문에, 전후 무게 차이를 비교해 보면 탄산 손실량을 정량적으로 알 수 있습니다.

■ 가설 설정

온도가 낮은 곳에서 뚜껑을 닫아 압력을 높여 보관하면 탄산이 더 오래 유지될 것이다.

■ 변인 설정

변인 종류	내용
조작 변인 (바꿔 주어야 하는 것)	보관 온도(온도 차이) 병마개 유무 (압력 차이)
종속 변인 (결과로 나오는 것)	병 질량의 변화량 (탄산수의 처음 질량과 실험이 끝난 후의 질량 차이)
통제 변인 (같게 해 주어야 하는 것)	탄산수 종류, 탄산수 양, 측정 방법, 측정 시간 간격
대조군 (아무 변화도 주지 않고 기준이 되는 것)	온도가 높거나 낮은, 뚜껑을 열거나 닫은 상황만을 비교하므로 대조군을 설정할 수 없음

■ 실험 준비물

- 같은 탄산수 4병 (500mL, 페트병) 뚜껑 포함

- 정밀 전자저울 (0.1g 단위)

- 유리컵 2개(250mL)

- 수조 2개(얼음물, 따뜻한 물(60도 정도의 물이 좋다)

- 화장지

- 시계

■ 실험 1 – 온도 차이 실험

1. 탄산수를 유리컵에 250mL씩 나누어 담는다.

2. 각각의 탄산수가 든 유리컵을 전자저울로 질량을 측정하고 기

록한다.

3. 하나는 얼음물이 든 수조에, 하나는 따뜻한 물이 든 수조 속에 넣는다.

4. 기포가 발생하는 정도를 비교해 본다.

5. 10분 간격으로 1시간 동안 탄산수가 든 유리컵의 질량을 측정하여 기록한다.

6. 1시간 후에 두 유리컵의 질량 차이를 비교해 본다.

왼쪽-따뜻한 물/오른쪽-얼음물

■ 실험 2 – 압력 차이 실험

1. 500mL 탄산수 2병을 준비한다.

2. 각각의 탄산수 뚜껑을 열었다 닫고 전자저울로 질량을 측정하고 기록한다.

3. 하나는 뚜껑을 열어 올려만 두고, 하나는 뚜껑을 꽉 닫은 채로 따뜻한 물이 든 수조 속에 함께 넣는다. (물의 온도가 차가워지지 않게 필요하면 따뜻한 물로 교체한다.)

4. 처음에 기포가 발생하는 정도를 비교해 본다.

5. 10분 간격으로 탄산수가 든 병의 질량을 1시간 동안 측정하여

기록한다. (병뚜껑도 포함하여 무게를 측정한다.)

6. 1시간 후에 두 병의 질량 차이를 비교해 본다.

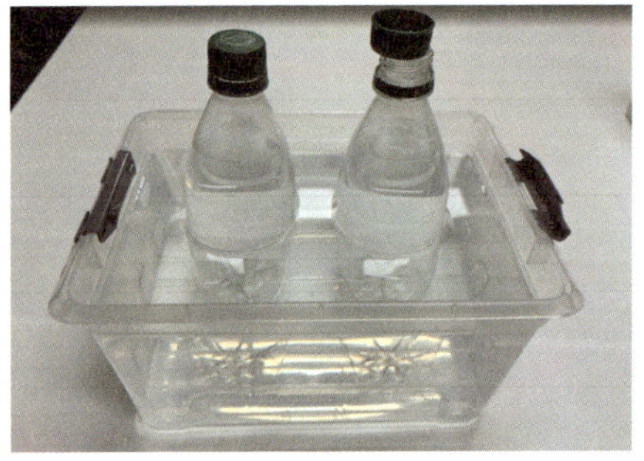

압력 차이 실험 과정

안전 수칙

① 탄산수를 이동할 때 흔들리지 않도록 주의해요.
② 탄산수 무게 측정 시 병에 묻은 물기를 잘 닦아 정밀도를 높여요.
③ 뜨거운 물을 사용하면 화상을 입을 수 있으므로 주의해요.

●실험 결과

■ 결과 기록

시간	0	10	20	30	40	50	60	질량 차이
얼음물	338.0	338.0	338.0	338.0	337.9	337.9	337.9	0.1
따뜻한 물	338.0	337.8	337.6	337.5	337.4	337.3	337.3	0.7

시간	0	10	20	30	40	50	60	질량 차이
뚜껑을 닫은 탄산수	528.8	528.8	528.8	528.8	528.8	528.8	528.8	0
뚜껑을 열어 둔 탄산수	528.8	528.3	528.1	527.9	527.7	527.5	527.4	1.4

온도 변화에 따른 질량 변화

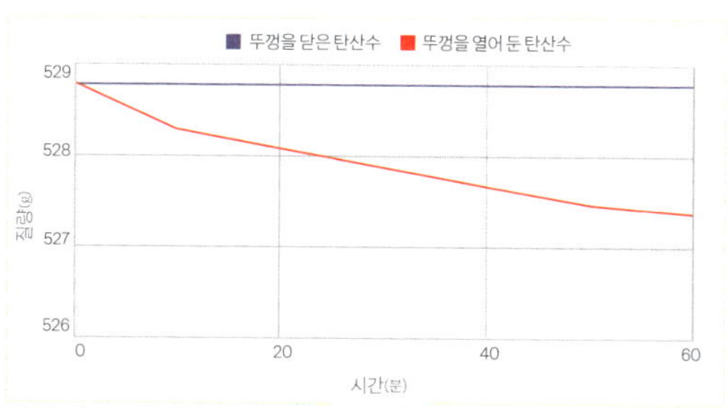

입력 변화에 따른 질량 변화

■ 추가 실험 – 병 내부 공간 차이 실험

1. 500mL 탄산수 2병을 준비한다.

2. 탄산수 뚜껑을 열고 한쪽은 바로 닫고, 다른 쪽은 1/2 정도 탄산수를 따라 낸 후 뚜껑을 닫고 실온에 함께 보관한다.

3. 하루가 지난 후 탄산수를 컵에 따라 마셔 보고 청량감을 비교해

본다.

구분	꽉 찬 탄산수	1/2만 남은 탄산수
청량감 차이	처음과 비슷하다.	청량감이 많이 줄었다.

●실험 결과

■ 결과 해석

실험 결과, 따뜻한 물에 담가 놓은 탄산수는 얼음물에 담가 놓은 탄산수보다 더 많은 기체가 손실되었습니다. 또한 같은 온도에서 뚜껑을 닫아 둔 탄산수와 열어 둔 탄산수를 비교하면, 뚜껑을 열어 둔 탄산수에서 더 많은 기체가 손실되었습니다.

이 결과를 통해 다음과 같은 사실을 확인할 수 있습니다.

1. 온도를 낮추면 기체의 손실이 줄어든다.

얼음물에 보관한 조건에서는 따뜻한 물 조건보다 기포 발생이 적었고, 질량 감소량도 현저히 낮았습니다. 이는 헨리의 법칙에 따라 온도가 낮을수록 이산화탄소의 용해도가 증가하기 때문입니다.

2. 병의 뚜껑을 열어 두면 기체가 빠르게 손실된다.

온도가 같을 때는 병의 뚜껑을 닫았을 때보다 열어 두었을 때 이산화탄소가 훨씬 많이 빠져나갔습니다. 이는 병 안의 압력이 처음보다 작아지면 기체가 물 밖으로 더 쉽게 빠져나가기 때문입니다.

온도와 압력은 각각 독립적으로 기체의 용해도에 영향을 미치지만, 두 요인이 동시에 작용하면 탄산의 손실이 더 빠르게 일어납니다. 따라서 가장 많은 기체 손실이 나타난 조건은 따뜻한 온도에서 병뚜껑을 열어 둔 경우였습니다.

3. 병 안의 공간도 탄산 손실에 영향을 줄 수 있다.

탄산수 내부는 보통 3기압 정도 높은 압력으로 동적 평형을 이루고 있습니다. 그런데 뚜껑을 열었다 닫으면 탄산수 내부는 1기압으로 변하기 때문에 탄산수 내부의 압력이 낮아져서 이산화탄소가 빠져나오게 됩니다. 이산화탄소가 빠져나올수록 탄산수 병 내부에 이산화탄소 압력이 커지게 되고 다시 3기압 정도가 되면 동적 평형이 이루어지면서 탄산이 더는 빠져나오지 못하게 됩니다. 탄산수 병 안의 빈 공간이 많을수록 탄산수 내부 압력이 커지려면 더 많은 이산화탄소가 빠져나와야 하므로 시간이 지나면 청량감이 떨어지게 됩니다.

● 일반화

■ 탐구의 결론

이번 탐구는 "탄산수를 차갑게 보관하고 뚜껑을 닫아 두면 이산화탄소가 덜 빠져나갈 것이다."라는 가설을 검증하기 위해, 온도와 압력(뚜껑 밀폐 여부)에 따라 탄산수에서 기체가 빠져나가는 정도를 비교한 실험입니다.

반대로 어떤 조건에서 이산화탄소가 물속에 더 잘 녹아 있는가에 대한 기체 용해도를 탐구하는 실험이기도 했습니다. 기체 손실은 질량 감소량으로 측정했으며, 같은 양의 탄산수를 다양한 조건에서 같은 시간 동안 보관한 뒤 질량 변화를 관찰했습니다.

따라서 이 실험의 결론은 다음과 같습니다.

탄산수를 신선하게 오래 보관하려면 탄산수 뚜껑을 꽉 닫아 냉장고처럼 온도가 낮은 곳에 보관하는 것이 좋다.

먹다 남은 탄산수를 오래 보관하고 싶다면, 뚜껑을 꼭 닫아 병 안에 압력을 높이고 차갑게 냉장 보관해야 합니다.

탄산수 병 안의 빈 공간을 줄이는 것이 좋다.

따라서 탄산수가 조금 남아 있다면 오랫동안 보관하지 말고, 바로 먹는 것이 좋습니다. 아니면 남은 탄산수들을 한 병으로 옮겨 담아 빈 공간을 최소화하는 것이 탄산 손실을 최소화하는 데 효과적입니다.

즉, 실생활에서 탄산수의 청량감을 오래 유지하려면, 단순히 '뚜껑을 닫는 것' 뿐만 아니라 온도와 병 내부 공간까지 함께 고려해야 한다는 점이 이번 탐구의 핵심 결론입니다.

탄산수 실험은 간단해 보이지만, 실제로는 꽤 민감한 실험입니다. 특히 기체가 물에 얼마나 녹아 있느냐는 아주 작은 환경 변화에도 크게 영향을 받기 때문입니다. 이번 실험에서도 여러 가지 오차 가능성이 있었습니다.

우선, 온도 조절이 생각만큼 정밀하지 않았을 수 있습니다. 얼음물이나 따뜻한 물을 준비했지만, 시간이 지나면서 물의 온도가 천천히 변하게 됩니다. 특히 따뜻한 물은 금방 식어 버리기 때문에, 실험 도중 온도가 일정하게 유지되지 않았을 가능성이 큽니다. 이런 변화는 탄산의 용해도에 직접적인 영향을 줍니다. 예를 들어, 60℃였던 물이 10분 후엔 50℃로 떨어졌다면, 그만큼 기체 손실량 변화도 줄어들 수 있겠죠.

압력 실험에서도 마찬가지입니다. 병의 뚜껑을 '꽉' 닫았다고 생각했지만, 실제로는 미세한 틈이 있어 기체가 조금씩 새어 나갔을 수 있습니다. 이런 작은 변수 하나가 결과에 큰 차이를 만들 수 있습니다.

저울 사용 시 발생하는 오차도 생각해 볼 수 있습니다. 병 표면에 물기가 남아 있거나, 측정 직전에 병을 흔들어 기포가 일시적으로 생겼다면 무게 측정이 왜곡될 수 있습니다. 또, 저울에 올리는 과정에서 병 아래에 이물질이 묻으면 그 무게까지 측정에 포함되기 쉽죠.

그리고 기체가 빠져나가는 속도는 아주 짧은 시간에도 변합니다. 병을 저울 위에 올리는 그 몇 초 동안에도 기체는 빠져나가고 있을 수 있어요. 특히 병뚜껑이 열려 있는 상태에서는 병을 잡고 움직이는 것만으로도 탄산수가 흔들려 기체가 더 빨리 빠질 수 있습니다. 그리고 사실 탄산수 안에는 미량의 다른 기체도 녹아 있어요. 아주 정밀한 실험을 해야 한다면 그것도 고려해야 한답니다.

정확한 결과를 얻으려면 물의 온도도 일정하게 유지하고, 정확한 결론을 얻으려면 최소 3회 이상 반복 측정 후 평균을 내야 합니다.

결국, 이번 실험은 비교적 간단한 장비를 활용했지만, 그만큼 오차의 여지도 많았습니다. 그러나 그런 오차들조차도 실험 설계에 대한 이해를 돕고, 과학적 사고력을 키우는 중요한 과정입니다.

■ 탐구의 가치

이 탐구는 과학이 단순히 정보를 아는 것이 아니라, 일상에서 '정확히 무엇이 어떻게 작용하는가?'를 따져 보는 과정임을 다시 한번 보여 줍니다.

우리는 흔히 말합니다.

"탄산음료는 뚜껑만 잘 닫으면 오래간다."

"냉장고에 넣어 두면 괜찮다."

하지만 그것이 정말 어떤 조건에서, 얼마나 효과가 있는지는 과학적으로 검증해 보지 않으면 알 수 없습니다.

이번 실험은 그런 무심한 상식을 정량적 판단으로 바꾸는 실험이었습니다. 탄산음료에 얼음을 넣으면 탄산이 덜 빠진다는 건 그냥 기분 탓이 아니라, 온도에 따라 이산화탄소의 용해도가 달라지기 때문이고, 뚜껑을 꼭 닫아 보관해야 한다는 것도 단순한 생활 습관이 아니라 압력이라는 과학적 원리에 근거한 사실이라는 걸 확인하게 되었죠.

이처럼 작은 실험 하나에도 기체의 용해도, 헨리의 법칙, 온도와 압력의 상호 작용 같은 복합 개념이 숨어 있었습니다. 그리고 그것을 실제로 눈으로 확인하는 과정에서 "아, 과학이 진짜 생활에 있구나." 하는 깨달음을 얻을 수 있었죠.

무엇보다 이 탐구는 과학은 답을 외우는 것이 아니라, 의심하고 실험하고 확인하는 일임을 다시 일깨워 줍니다.

앞으로 어떤 현상을 보더라도, "그게 정말 맞을까?", "직접 실험해 보면 어떨까?" 하는 태도를 가지는 것, 그것이 과학적 삶의 시작입니다.

작고 소소한 탐구에서 시작된 이 질문이 결국엔 더 정확한 생활의 지혜로 이어지고, 그 지혜는 또 다음 세상의 변화를 만들어 냅니다. 그러므로 이 실험은 작지만 깊은 가치가 있는 과학의 첫걸음이 됩니다.

● 아이디어 뱅크

■ 톡톡 튀는 상상

일반 생수를 마시다 보면, "이걸 그냥 탄산수로 바꿀 수는 없을까?"라는 생각이 듭니다. 탄산수를 오래 보관하는 것도 중요하지만, 직접 필요할 때 만들 수도 있지 않을까요? 가능합니다. 물속에 이산화탄소를 용해시키면 됩니다.

물을 높은 압력을 버틸 수 있는 통 속에 넣고, 낮은 온도에서 이산화탄소 압력을 증가시키면 이산화탄소가 물에 녹아 들어가 탄산수가 되게 할 수 있습니다.

이런 원리로 시중에 탄산수 제조기가 판매되고 있습니다. 병마개 안쪽에 아주 작은 이산화탄소 압축 통을 달아 놓고, 버튼을 누르면 일정량의 CO_2가 물속으로 분사되어 높은 압력을 형성하여 물속으로 녹아 들어갑니다. 자판기 안에서 탄산음료가 만들어지는 원리가 우리 손안의 작은 병에서도 일어나는 겁니다. 이렇게 하면 필요할 때 탄산수를 만들어 먹을 수 있습니다.

■ 확장된 탐구 질문

1. 얼음을 넣은 탄산수는 탄산이 더 오래 유지될까?

2. 뚜껑을 열지 않은 탄산수병을 흔들면 탄산수 내부의 기압이 증가할까?

3. 음료의 설탕 양이 탄산 유지에 영향을 줄까?

4. 병 안에 이산화탄소를 다시 넣으면 탄산이 회복될까?

5. 탄산수를 흔들면 탄산은 얼마나 빨리 빠져나갈까?

6. 이산화탄소 대신 다른 기체를 넣어도 톡 쏘는 맛이 날까?

7. 음료의 온도가 낮을수록 탄산의 톡 쏘는 맛은 더 강하게 느껴질까?

8. 병을 찌그러뜨려 보관하면 탄산 손실이 줄어들까?

9. 병을 거꾸로 세워 보관하면 탄산 손실이 줄어들까?

10. 병뚜껑을 여러 번 열었다 닫으면 탄산 손실 속도에 어떤 영향을 줄까?

11. 먹다 남은 탄산수병 안에 남은 탄산수의 양이 적으면 탄산이 더 빨리 빠져나갈까?

12. 먹다 남은 탄산수병 안의 공기 압력을 높이면 탄산을 더 오래 유지할 수 있을까?

13. 먹다 남은 탄산수를 오래 보관할 수 있는 용기를 만들 수 있을까?

4. 삶은 달걀은 날달걀보다 경사면에서 더 천천히 굴러 내려올까?

출처: AI 생성

■ 식탁 위에 놓인 달걀들을 가방에 넣었습니다. 형이 깜짝 놀라며 말했습니다.

"앗! 절반은 삶은 달걀이고, 절반은 날달걀인데, 지금은 구별할 수가 없네."

겉으로는 똑같아 보이는 달걀. 어떻게 구별해야 할까요?

"경사면에서 굴리면 알 수 있다고 들은 것 같아. 삶은 달걀이랑 날 딜걀이 굴러가는 빠르기가 다르다고 들었어!"

옆에 동생이 걱정스럽게 말했습니다.

"그런데, 달걀 굴리다 깨지면 냄새나고 난리 날걸. 엄마한테 혼날 지도 몰라."

잠시 고민하던 형은 냉장고를 열어 페트병 2개를 꺼냈습니다.

"좋아, 달걀 대신 이걸로 해 보자. 이건 얼린 페트병이고, 이건 그냥 물이 든 페트병이야."

"오, 괜찮네! 근데 얼린 게 더 단단하니까 당연히 더 빨리 굴러 내려오겠지?"

두 사람은 탁자를 살짝 기울여 경사면을 만들었습니다. 그리고 두 페트병을 나란히 올려놓고 동시에 손을 뗐습니다. 데굴데굴— 두 병이 내려옵니다. 순간, 서로 동시에 외쳤습니다.

"어? 물병이 더 빨라!"

뜻밖의 결과에 서로 얼굴을 마주 보며 웃음을 터뜨렸습니다.

"야, 완전 생각과 반대잖아. 얼린 병이 빨라질 줄 알았는데."

둘은 고개를 끄덕이며 결론을 내렸습니다.

"이거면 알겠다. 얼린 페트병보다 물병이 빨리 굴러 내려오는 걸 보니 같은 원리로 날달걀이 삶은 달걀보다 더 빨리 굴러 내려올 테니까, 달걀을 구분할 수 있겠어!"

"맞아. 이런 게 바로 생활 속 과학이지!"

● 일상에서 마주치는 궁금증

■ 여기서 질문!

얼린 병과 물병을 굴리면 얼린 병이 더 빨리 굴러 내려온다고 생각 했어요.

물은 병 안에서 출렁거리면서 굴러 내려가는 걸 방해할 것 같았거 든요. 그런데 오히려 얼린 병보다 물병이 빨리 굴러 가네요. 이유가 뭘까요?

인터넷을 찾아보니 무거운 물체나 가벼운 물체나 높은 곳에서 떨 어뜨리면 똑같이 떨어진대요. 그렇다면 물병이나 얼린 병을 그냥 떨 어뜨리면 똑같이 떨어질 거예요. 굴러내려 오는 것과 떨어뜨리는 것 의 차이점은 굴러 내려올 때는 병이 회전한다는 것이죠.

그렇다면 혹시 병이 회전하는 것이 바닥에 도달하는 시간과 관련 이 있을까요?

물병의 경우 병 안의 물은 회전하지 않고 페트병만 돌면 되고, 얼 린 병은 페트병 속까지 꽉 차 있어서 다 같이 돌아야 하니까 차이가 날 것 같아요. 집의 냉장고에서 물병을 얼릴 수 있으니까 얼린 물병 과 그냥 물병을 이용해서 쉽게 실험해 볼 수 있을 것 같아요. 그러면 날달걀과 삶은 달걀도 같은 원리로 설명할 수 있겠지요. 당장 실험해 봐야겠어요.

●과학 개념 설명

■ 기본 개념: 역학적 에너지 보존 법칙

역학적 에너지 보존 법칙에 따라 마찰력이나 공기 저항을 무시할 때 물체가 가지고 있는 위치 에너지는 바닥에 도달할 때 모두 운동 에너지로 전환됩니다.

$$역학적 에너지 = 위치 에너지 + 운동 에너지 = 일정$$
$$= 9.8mh + \frac{1}{2}mv^2$$

무게가 같은 물병 2개를 준비하고 1개만 얼린다 해도, 2개의 무게는 같습니다. 경사면을 만들고 같은 높이에서 두 병을 굴러 내려가게 하면, 2개 모두 처음에는 같은 위치 에너지를 가지게 됩니다. 그리고 바닥에 도달할 때 운동 에너지도 같아집니다. 물병이나 얼린 병도 동시에 자유 낙하시킨다면 바닥에 같은 시간에 도달할 겁니다.

■ 기본 개념: 역학적 에너지 보존 법칙의 응용

하지만 굴러 내려갈 때 운동 에너지는 병이 속력을 가지고 이동하는 선형 운동 에너지와 병이 빙글빙글 도는 회전 운동 에너지로 나뉩니다. 결국 바닥에 도달할 때 총운동 에너지는 선형 운동 에너지와 회전 운동 에너지의 합으로 나타낼 수 있습니다.

운동 에너지 = 선형 운동 에너지 + 회전 운동 에너지

여기서 중요한 점은 병이 회전하는데 얼마나 많은 에너지를 사용하느냐는 점입니다. 회전 운동 에너지에 많은 에너지를 사용한다면 이동하는 선형 운동 에너지는 상대적으로 감소하게 됩니다. 그럼 이동 속력이 느려지게 되지요. 속까지 꽉 찬 얼린 병은 페트병뿐 아니라 내부 얼음까지 함께 회전해야 합니다. 반면 물이 든 병은 물은 회전에 거의 참여하지 않고, 페트병만 돌면 됩니다.

따라서 얼린 병이 회전하는 데 에너지를 더 많이 사용하기 때문에, 이동하는 선형 운동 에너지가 감소해서 속력이 느려집니다. 그 결과 회전 운동 에너지를 적게 사용하는 물병이 더 빨리 내려오게 됩니다.

■ 심화 해설: 선형 운동 에너지

움직이는 물체가 가지는 에너지, 회전하지 않는 물체의 경우 선형 운동 에너지만 가지고 있어서 일반적으로 그냥 운동 에너지라고 하면 선형 운동 에너지를 이야기합니다.

질량이 m(kg)이고 속력이 v(m/s)인 물체의 운동 에너지는 $\frac{1}{2}mv^2$이 된다.

$$운동 에너지(J) = \frac{1}{2} \times 질량 \times 속력^2$$

■ 심화 해설: 회전 운동 에너지

회전하는 물체가 가지는 운동 에너지(E)입니다. 물체의 회전 운동 에너지는 관성 모멘트와 각속도의 제곱에 비례합니다.

$$E = \frac{1}{2}Iw^2$$

I : 관성 모멘트$(kg \cdot m^2)$

w : 각속도 (rad/s)

■ 심화 해설: 관성 모멘트

관성 모멘트(I)란 회전 운동에서 회전 운동을 유지하려는 정도를 나타낸 물리량입니다. 같은 질량이라도 질량이 어떻게 분포하느냐에 따라 크기가 달라집니다. 일반적으로 질량이 같을 때 바깥쪽에 질량이 분포할수록 관성 모멘트가 커집니다.

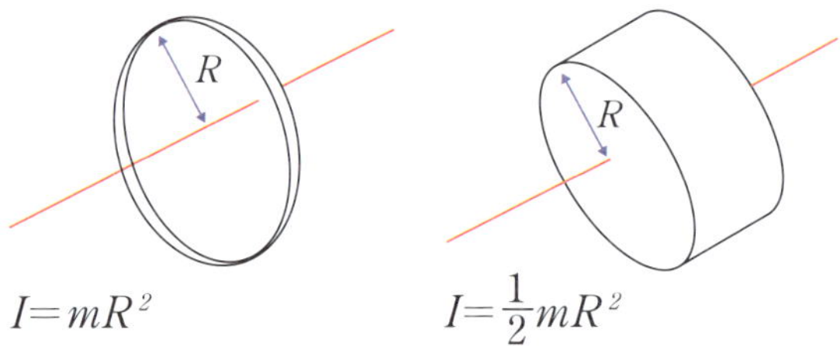

$$I = mR^2 \qquad I = \frac{1}{2}mR^2$$

■ 심화 해설: 각속도

각속도(w)는 물체가 원 운동을 할 때, 단위 시간당 회전한 각도를 나타내는 물리량입니다. 회전 운동의 빠르기를 나타내죠.

$$w = \frac{\Delta\theta}{\Delta t}$$

w : 각속도 (단위: 라디안/초, rad/s)

$\Delta\theta$: 회전한 각도 (단위: 라디안, rad)

Δt : 시간 간격 (단위: 초, s)

●탐구 설계 1: 얼린 병과 물병의 속력 비교하기

■ 탐구의 필요성 및 목적

얼린 병과 물병을 경사면에서 굴리면 어떤 병이 빨리 굴러 내려오는지 확인하고, 안이 보이지 않는 경우에도 얼린 병과 물병을 구분하는 것이 이번 실험의 목적입니다.

■ 가설 설정

물병이 얼린 병보다 더 빨리 바닥에 도착할 것이다.

■ 변인 설정

변인 종류	내용
조작 변인 (바꿔 주어야 하는 것)	병의 내용물(얼린 병과 물병)
종속 변인 (결과로 나오는 것)	병이 경사면을 내려오는 데 걸리는 시간
통제 변인 (같게 해 주어야 하는 것)	경사면 각도, 병의 크기 및 종류, 병의 무게와 물의 양, 병을 굴리는 높이, 경사면 표면 재질 등
대조군 (아무 변화두 주지 않은 기준 이 되는 것)	2개의 대척점에 있는 상황만을 비교하는 경우이므로 대조군을 설정할 수 없음

■ 실험 준비물

- 500mL 페트병 2개 (물병과 얼린 병)
- 나무판
- 받침대 (책을 사용해도 됨)
- 30cm자

– 초시계 또는 스마트폰 타이머

■ 실험 과정

1. 같은 크기의 페트병 2개를 준비한다.

2. 하나는 물을 가득 채우고, 다른 하나는 얼려서 얼린 병을 만든다.

3. 나무판을 받침대로 받쳐 경사면을 만든다. (경사각 약 3°)

(나무판 대신 책상 한쪽 다리를 살짝 높여서 실험해도 된다.)

4. 두 병을 같은 경사면 출발선에 나란히 놓고, 30cm자로 고정한다.

5. 자를 치워 어떤 병이 먼저 굴러 내려가는지 확인하고, 도착시간을 측정한다. (각각 측정해도 된다.)

6. 최소 3회씩 반복 측정해 평균값을 기록한다.

안전 수칙

① 병이 실험 도중 굴러떨어지지 않도록 실험 공간을 확보해요.

② 경사면이 넘어가지 않도록 고정해요.

③ 얼린 병이 떨어져 발등을 찍지 않도록 주의해요.

●탐구 설계2: 물병에 담긴 물의 양에 따른 속력 비교

■ 탐구의 필요성 및 목적

병 안의 물의 양이 경사면에서 굴러 내려오는 속력에 어떤 영향을 주는지 확인하고, 그 이유를 과학적으로 설명합니다.

■ 가설 설정

물병에 물이 많이 들어 있을수록 물병이 더 빨리 굴러 내려올 것이다.

■ 변인 설정

변인 종류	내용
조작 변인 (바꿔 주어야 하는 것)	병 안에 든 물의 양
종속 변인 (결과로 나오는 것)	병이 경사면을 내려오는 데 걸리는 시간
통제 변인 (같게 해 주어야 하는 것)	경사면 각도, 병의 크기 및 종류, 병을 굴리는 높이, 경사면 표면 재질 등
대조군 (아무 변화도 주지 않고 기준이 되는 것)	2개의 대척점에 있는 상황만을 비교하는 경우이므로 대조군을 설정할 수 없음

■ 실험 준비물

- 같은 크기의 페트병 1개

- 물

- 나무판

- 받침대 (책을 사용해도 됨)

- 30cm자

- 초시계 또는 스마트폰 타이머

- 반복 기록용 실험 기록지

■ 실험 과정

1. 나무판을 책으로 받쳐 경사면을 만든다. (경사각 약 3도)

2. 100ml 물이 든 페트병을 출발선에서 놓고 굴려서 도달 시간을 측정한다.

3. 병에 100ml씩 물을 추가로 채워가며 같은 방식으로 실험한다.

4. 각 조건에서 최소 3회씩 반복 측정해 평균값을 기록한다.

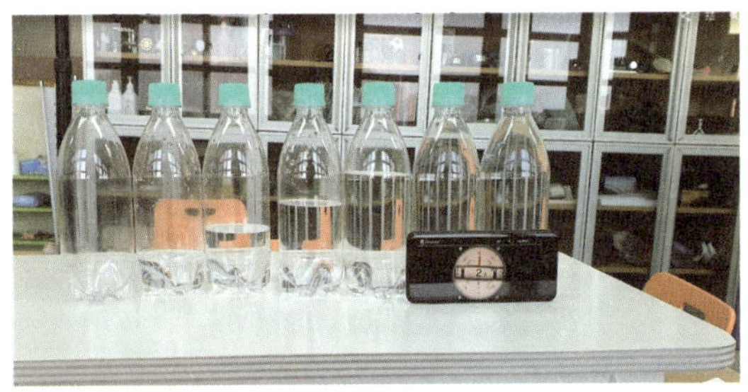

●실험 결과

■ 결과 기록 1 : 얼린 병과 물병의 속력 비교

종류	걸린 시간			평균 시간 (s)
	1회	2회	3회	
물병	1.9	1.92	1.91	1.91
얼린 병	2.41	2.4	2.42	2.41

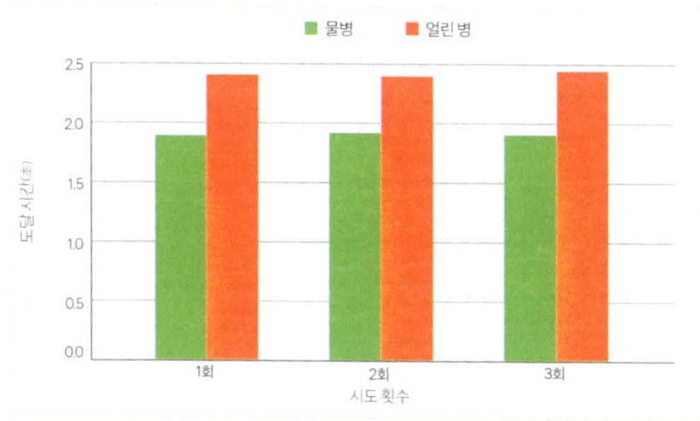

물병, 얼린 병 도달 시간 비교

■ 결과 기록 2: 물병에 담긴 물의 양에 따른 속력 비교

물의 양(mL)	걸린 시간			평균 도달 시간 (s)
	1회	2회	3회	
100	4.2	4.5	4.8	4.5
200	3.525	3.725	3.925	3.725
300	3.32	3.52	3.72	3.52
400	3.13	3.33	3.53	3.33
500	2.88	3.08	3.28	3.08
530 (가득)	2.82	3.02	3.22	3.02

물의 양에 따른 도달 시간

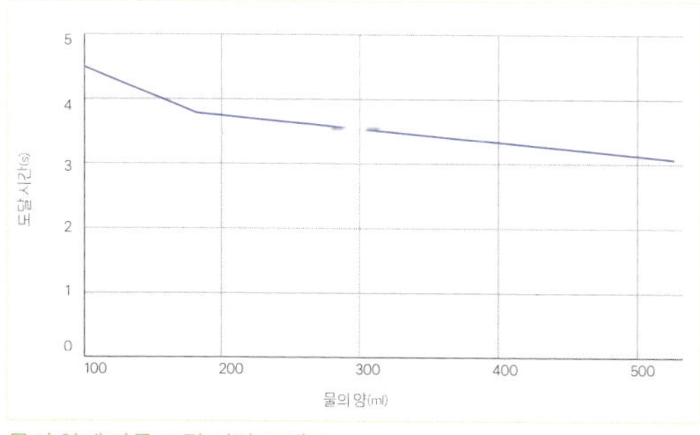

물의 양에 따른 도달 시간 그래프

■ 결과 해석

얼린 병과 물병의 속력 비교 실험에서는 물병이 얼린 병보다 바닥에 더 빨리 도달하고 속력도 빨랐습니다. 따라서, 물병이 얼린 병보다 더 빨리 굴러 내려온다는 것을 알 수 있죠. 두 병 모두 위치에너지가 같기 때문에, 바닥에 도달할 때 전환되는 전체 운동에너지도 같아지게 되는데 물병의 경우 얼린 병보다 전체 운동 에너지에서 회전 운동 에너지로 더 적게 변하기 때문에 상대적으로 선형 운동 에너지가 더 커집니다. 그래서 바닥에 도달할 때 속력도 빨라지고 시간도 더 짧게 걸립니다.

물병에 담긴 물의 양에 따른 속력 비교 실험에서는 병 안에 든 물의 양이 많아질수록 바닥에 도달하는 시간이 짧게 걸립니다. 즉 물의 양이 많을수록 더 빠르게 굴러 내려온다는 것을 알 수 있죠.

● 일반화

■ 탐구의 결론

병이 경사면에서 굴러 내려오는 속력은 단순히 무게나 크기로만 결정되지 않습니다. 겉으로 보기엔 얼린 병이 무겁고 단단하니 더 빨리 내려갈 것 같지요. 하지만 실제로는 물병이 더 앞서갑니다.

그 이유는 병 안의 물이 회전하지 않고, 페트병만 돌기 때문입니다. 즉, 초기 위치 에너지가 그대로 선형 운동에 더 많이 쓰이는 겁니다. 반대로 얼린 병은 안에 든 얼음까지 병과 함께 회전해야 합니다. 따라서 같은 높이에서 출발해도 회전 에너지로 빠져나가는 비율이 커집니다.

그만큼 직선으로 내려오는 속력이 줄어드는 것이지요.

실험을 여러 번 해 보면 결과는 일관됩니다. 물병이 얼린 병보다 항상 먼저 바닥에 도달합니다. 이 실험은 "단단한 고체나 무거운 경우 무조건 빠르다."라는 단순한 직관이 틀릴 수 있음을 보여 줍니다.

실제로는 질량이 어떻게 분포하고 어떻게 회전에 관여하는지가 중요합니다.

다시 말해, 관성 모멘트가 속력의 차이를 결정하는 핵심 요인입니다. 결론적으로 다음과 같이 정리할 수 있습니다.

같은 크기의 병이라면 물병이 얼린 병보다 바닥에 빨리 도달한다. 마찬가지로 안을 볼 수 없어도 날달걀이 삶은 달걀보다 먼저 바닥에 도달한다.

추가로, 물의 양과 속력의 관계를 이론적으로 정리해 보았습니다.

병이 굴러갈 때 안의 물은 회전에 크게 관여하지 않는다고 가정하면, 실제로 운동 에너지 중에 회전 운동 에너지는 빈 페트병을 굴리는 데만 사용됩니다. 그리고 물의 양과 상관 없이 회전 운동 에너지는 크기는 거의 비슷하다고 볼 수 있습니다.

물병이 굴러 내려올 때, 병의 위치 에너지는 질량에 비례해서 커지지만, 속력은 질량 자체보다는 에너지 분배 방식에 의해 결정됩니다. 이때 운동 에너지는 선형 운동 에너지와 회전 운동 에너지로 나뉘는데, 회전하는 부분은 물이 아니라 병이라는 포장이므로, 물의 양이 달라도 회전 운동 에너지는 거의 같습니다.

따라서 물의 양이 많을수록 처음 위치 에너지는 커지고 역학적 에너지 보존 법칙에 따라 바닥에 도달할 때 전체 운동 에너지도 커지는데, 그중에 회전 운동 에너지는 물의 양과 상관 없이 거의 비슷하므로 상대적으로 물의 양이 많을 수록 전체 운동 에너지 중에 회전 운동 에너지로 변하는 비율이 작아지고, 선형 운동 에너지로 변하는 비율이 커져서 더 큰 속력으로 빨리 내려오게 됩니다.

선형 운동 에너지 = 처음 위치 에너지 − 회전 운동 에너지

결국 물이 많이 들어 있을수록 커지는 위치 에너지에 비해 상대적으로 회전으로 손실되는 에너지 비율이 작아지기 때문에, 물병의 속력은 더 빨라집니다. 이는 실험 결과와도 일치하며, 물의 양이 속력에 직접적인 영향을 준다는 사실을 뒷받침합니다.

따라서 경사면 실험은 단순한 경쟁이 아니라, 에너지 전환의 차이를 드러내는 무대입니다. 우리 눈앞의 결과는 언제나 '보이는 것과 다른 과학적 이유'를 품고 있음을 확인할 수 있습니다.

■ 예상 오차

실험할 때 몇 가지 변수는 결과에 영향을 줍니다. 역학적 에너지 보존 법칙은 마찰이나 공기의 저항을 무시할 때 보존됩니다. 그런데 실제 상황에서는 경사면에도 마찰이 존재하고 병과 안에 있는 물과도 마찰이 생기기 때문에 약간의 오차가 생길 수 있습니다. 그 밖에도 다양한 이유로 오차가 생길 수 있습니다.

첫째, 경사면의 표면이 고르지 않을 경우입니다. 울퉁불퉁하거나 미끄러운 부분이 있으면 병이 튀거나 속력이 달라집니다.

둘째, 병 속 내용물이 완벽히 같지 않을 때 생기는 차이입니다. 예를 들어 얼린 병의 얼음이 고르게 꽉 차 있지 않거나, 물병에 작은 공기 방울이 섞여 있으면 회전에 영향을 줄 수 있습니다.

셋째, 출발선에서 병을 동시에 놓기 어려운 점도 있습니다. 조금 먼저 굴러간 병이 결과적으로 유리해 보일 수 있지요.

넷째, 병 표면의 마찰 차이입니다. 라벨이 붙어 있거나 흠집이 난 병은 더 느리게 굴러갑니다. 가능한 탄산수 병처럼 표면이 매끈하고 둥근 병을 사용하는 것이 좋습니다.

다섯째, 경사면 각도가 지나치게 크거나 작을 때도 결과가 달라질 수 있습니다. 경사가 너무 크면 자유낙하 하는 것과 같으므로 병이 회전하지 않을 수 있고, 경사가 너무 작으면 구르지 않고 멈춰 있을 수 있습니다.

또 하나 고려해야 할 부분은 질량 자체의 차이입니다. 이론적으로는 질량과 무관해야 하지만, 실제 병마다 무게가 달라지면 작은 영향을 줄 수 있습니다. 물의 양을 변화시키는 추가 실험에서는 사실 질량도 딜라지기 때문에 속력의 변화가 질량에 따른 것인지 물의 양에 따른 것인지에 대한 논란이 있을 수 있습니다.

따라서 실험 결과가 완벽하게 일치하지 않고, 몇 번 반복해야 확실한 경향을 얻을 수 있습니다. 이러한 오차들은 자연스럽지만, 실험을 정밀하게 할수록 줄어듭니다.

■ 탐구의 가치

이 실험은 단순히 "어떤 병이 더 빨리 내려가는가?"를 확인하는 데서 끝나지 않습니다. "무거운 게 더 빠르다, 단단한 게 더 빠르다."라는 단순한 직관을 실험으로 바로잡을 수 있지요. 또한 에너지 보존 법칙과 관성 모멘트라는 개념을 생활 속에서 자연스럽게 체험할 수 있습니다.

이 탐구는 교육적 가치를 크게 가집니다. 실험 준비가 간단하고, 관찰이 쉽기 때문입니다. 누구나 집에서 물병과 얼린 병만 있으면 확인할 수 있지요. 그래서 과학이 '특별한 장비가 있어야 가능한 어려운 학문'이 아니라는 점을 잘 보여 줍니다.

사회적 가치도 있습니다. 이 원리를 확대하면, 자동 분류 시스템 같은 응용도 가능합니다. 내용물이 다른 병을 굴리기만 해도 알아서 종류별로 나뉜다면, 물류 현장에서도 쓸 수 있겠지요. 나아가 관성 모멘트와 에너지 분산을 이해하는 것은 기계, 교통, 건축 같은 산업 전반에 연결됩니다. 예를 들어 자동차 바퀴의 무게 분포나 드럼통 운반 방식에도 응용할 수 있습니다. 무엇보다 중요한 가치는, 질문을 던지는 힘을 길러 준다는 것입니다.

"왜 얼린 병이 더 느릴까?"라는 작은 호기심에서 출발해, 과학적 사고와 탐구 과정을 배우고 응용할 수 있는 힘이 생깁니다.

● 아이디어 뱅크

■ 톡톡 튀는 상상

상상해 봅시다. 똑같은 크기의 수많은 페트병이 있습니다. 겉으로 보기에는 전혀 차이가 없지요. 그런데 속을 들여다보면, 어떤 병에는 물이, 어떤 병에는 기름이, 또 어떤 병에는 꿀이나 모래, 얼음, 심지어 수은까지 들어 있습니다.

특별한 장치 없이 내용물에 따라 구분되는 자동 분류 장치를 만들 수는 없을까요? 우리가 배운 내용을 이용해 경사면 위에 한 줄로 세워놓고 동시에 굴리면 어떤 장관이 펼쳐질까요?

물병은 가장 빠르게 굴러 내려가며 제일 앞줄로 달려가고, 꿀 병은 끈적임 때문에 중간쯤에서 천천히 따라갑니다. 얼린 병은 얼음이 회전까지 같이 해야 해서 뒤처집니다. 다른 물질들도 실험을 통해 굴러 내려오는 시간 차이를 알아낼 수 있습니다.

이렇게 보면 단순한 굴리기 놀이를 자동 분류 장치로 만들 수도 있습니다. 굴리기만 해도 내용물의 특성에 따라 자연스럽게 내용물별로 분류가 되어, 같은 성질을 가진 병끼리 모일 수 있으니까요.

■ 확장된 탐구 질문

1. 큰 페트병과 작은 페트병에 물을 넣고 굴리면 어떤 병이 먼저 굴러 내려올까?

2. 얼어 있는 큰 페트병과 얼어 있는 작은 페트병을 굴리면 어떤 게 먼저 굴러 내려올까?

3. 물병과 얼린 병을 요요처럼 실에 감아 떨어뜨리면 어떤 것이 먼

저 바닥에 도달할까?

4. 물 대신 꿀과 같이 점도가 있는 물체를 넣고 경사면을 굴리면 어떻게 될까?

5. 점도가 큰 물질을 조금만 넣으면 구르지 않고 멈추게 할 수 있을까?

6. 물보다 밀도가 더 큰 소금물을 병에 넣고 굴리면 물병보다 빨리 굴러 내려올까?

7. 얼린 병을 살짝 녹여 물과 얼음이 함께 있는 상태로 굴리면 결과는 어떨까?

8. 물병을 따뜻하게 데워 기포가 생기면 속력에 영향이 있을까?

9. 얼린 병 대신 모래를 채운 병을 굴리면 어떨까?

10. 경사각을 아주 작게 하면 속력 차이가 더 크게 느껴질까?

11. 병을 매끄러운 판자 위에서 미끄러지면서 내려오게 하면 결과가 달라질까?

12. 공처럼 둥근 병에 물을 넣어 얼리면 일반 페트병이랑 다른 결과가 나올까?

13. 병에 물을 절반만 넣고 얼린 후 굴리면 어떻게 될까?

5. 과일은 고기를 어떻게 부드럽게 해 줄까?

출처: AI생성

■ 저녁을 준비하는 엄마 옆에서 슬쩍 물었습니다.

"엄마, 오늘 저녁은 뭐야?"

"응, 오늘은 양념 고기 할 거야."

기분이 좋아졌습니다. 그런데 엄마는 고기 위에 뭔가를 꺼내 강판
에 갈아 얹기 시작했어요.

"어? 근데 왜 키위를 넣어?"

"이걸 넣어야 고기가 부드러워지지. 그래야 더 맛있어."

"에이…… 이상해. 키위를 넣으면 맛이 이상해질 것 같아. 그냥 안
넣는 게 나을 것 같은데…….”

그렇게 엄마와 저는 진지한 내기를 하게 되었어요.

고기에 키위를 넣으면 정말 부드러워질까요? 그냥 굽는 것보다
확실히 차이가 날까요? 키위를 대신할 수 있는 것은 무엇이 있을
까요?

■ 여기서 질문!

고기 요리를 할 때 과일을 넣는 건 흔한 비법입니다. 그런데 '과일'이라는 단어와 '고기'라는 단어는 어딘가 어울리지 않는 느낌도 듭니다. 새콤달콤한 과일이 고기 맛을 망칠 것 같기도 하고요. 그런데 실제로 키위를 넣은 고기는 확실히 더 부드럽게 느껴졌습니다. 이건 단순히 입맛의 차이일까요? 아니면 과학적으로 설명될 수 있는 변화일까요?

우선 궁금해졌습니다. 과일인 키위에 고기를 부드럽게 해 주는 특별한 성분이 정말 들어 있을까? 그게 신맛 때문일까? 신맛이 단백질을 녹이나? 아니면 시큼하지 않은 과일도 고기를 부드럽게 해 줄까?

그리고 하나 더. '부드럽다'는 감각적인 느낌 말고, 이걸 숫자나 그래프로 표현할 수는 없을까요? 누가 먹어도 '부드럽다'고 말할 만큼, 객관적이고 과학적인 기준이 있을지 알고 싶어졌습니다.

● 과학 개념 설명

■ 기본 개념: 고기의 식감

고기의 질감은 근섬유와 결합 조직의 구조에 따라 결정됩니다. 단백질이 단단하게 얽혀 있을수록 고기는 질기게 느껴집니다. 과일이나 채소 속에 들어 있는 효소는 이 단백질을 잘라 조직을 느슨하게 만들어 고기를 부드럽게 해 줍니다. 한편 산성은 단백질의 구조를 변화시키기도 하는데, 시간이 지나면 수분이 빠져나가 오히려 더 질겨질 수도 있습니다.

■ 심화 해설: 근육의 구성

고기는 근육으로 이루어져 있으며, 근육은 대부분 단백질로 구성되어 있습니다. 특히 미오신(myosin)과 액틴(actin)이라는 단백질이 주요 성분입니다. 이 단백질들이 일정한 방향으로 길게 정렬된 구조를 근원섬유(myofibril)라고 합니다. 또한 고기에는 콜라겐과 같은 단단한 결합 조직도 포함되어 있어 고기의 형태를 유지하게 하면서 동시에 질기게 느껴지게 합니다.

■ 심화 해설: 프로테아제

과일이나 채소 중에는 단백질을 끊는 효소, 즉 프로테아제(protease)라는 단백질 분해 효소가 들어 있는 것들이 있습니다. 이 효소는 단백질을 이루는 사슬을 잘라 조직을 느슨하게 만들어 줍니다. 대표적인 예로는 키위의 액티니딘(actinidin), 파인애플의 브로멜라인(bromelain), 무화과의 피신(ficin), 파파야의 파파인(papain), 생강의 징기바인(zingibain) 등이 있습니다. 참고로, 키위나 파인애플에 고기를 너무 오래 재우면 고기가 형태를 잃고 흐물흐물해지기도 합니다. 이는 과일 속 효소가 단백질을 지나치게 많이 분해하기 때문입니다. 같은 이유로, 생파인애플을 젤리에 넣으면 젤리가 굳지 않는데, 이것 역시 브로멜라인이 젤라틴 단백질을 분해하기 때문입니다.

■ 심화 해설: 산성(신맛)과 고기

산이 고기를 반드시 부드럽게 만드는 것은 아닙니다. 산성 환경은 단백질의 구조를 변성시키지만, 단백질을 끊는 것은 아닙니다. 이 과정에서 단백질이 수축하고 수분이 빠져나가면 오히려 고기가 퍽퍽해질 수 있습니다. 예를 들어 고기를 식초에 오래 담가 두면 더 질겨지는 것을 관찰할 수 있습니다. 레몬즙이나 식초를 뿌린 육회가 탱탱한 식감을 가지는 것도 이러한 이유 때문입니다.

●탐구 설계

■ 탐구의 필요성 및 목적

집집마다 고기를 재울 때 쓰는 비법 재료는 다르지만 그런 비법 덕분인지 어머니가 해 주신 양념 고기는 더 맛있게 느껴집니다. 키위가 고기를 부드럽게 해 주는 줄 알았는데, 친구네 집에서는 키위 대신 생강을 넣기도 하고, 참 다양한 레시피가 존재합니다. 과일이 고기를 부드럽게 해 주는 것은 무엇 때문일까요? 과일의 신맛(산성) 때문일까요? 아니면 과일 속에는 고기를 부드럽게 해 주는 특별한 무언가가 들어있는 것일까요?

우리는 이 작은 실험을 통해, 요리라는 일상의 한 부분에서 출발하여 단백질의 구조, 효소의 작용, 단백질의 분해와 변성이라는 분자 수준의 생화학 개념에까지 도달하게 됩니다. 그리고 그 여정에서 연구자의 끊임없이 의심하고, 실패하고, 다시 도전하는 과정도 함께 체험하게 될 것입니다.

■ 가설 설정

과일의 신맛이 고기를 부드럽게 할 것이다.

■ 변인 설정

변인 종류	내용
조작 변인 (바꿔 주어야 하는 것)	고기에 넣는 물질(물, 식초, 생강, 키위, 파인애플)
종속 변인 (결과로 나오는 것)	고기가 부드러워지는 정도 (고기를 잡아당겨 몇 cm까지 늘어나는가)
통제 변인 (같게 해 주어야 하는 것)	고기의 종류와 부위, 고기의 크기, 고기를 재우는 시간 등
대조군 (아무 변화도 주지 않고 기준이 되는 것)	물을 넣은 고기

조작 변인	단백질 분해 효소	산성도
물	X	X
식초	X	O
키위	O	O
파인애플	O	O
생강	O	△

■ 실험 준비물

-소고기 홍두깨살 (지방질이 적고 단백질이 주성분이며 질긴 고기 부위)

-칼, 도마, 강판, 반찬 통

-물, 식초, 생강, 키위, 파인애플

-집게, 500ml 생수병, 실, 자, 눈금이 있는 물약 병

-스마트폰(촬영용)

■ 실험 과정

1. 고기를 두께 5mm, 너비 20mm, 길이 50mm로 잘라 5조각을 만든다. 이때, 고기의 결 방향이 너비 방향과 수평이 되도록 자른다.

2. 반찬 통 5개에 각각, 물, 식초, 강판에 간 생강, 키위, 파인애플을 넣고, 고기가 용액 속에 완전히 잠기도록 한 후 뚜껑을 닫는다.

3. 24시간 동안 냉장실에서 고기를 재운다.

4. 고기를 꺼내어 양쪽 끝에 집게를 집고, 한쪽 집게를 잡아 벽면에 고정한다.

5. 반대쪽 집게에는 실로 빈 생수병을 단 후, 고기의 끝을 자의 0점에 맞춘다.

6. 물약 병으로 생수병에 물을 100ml씩 천천히 넣어 고기가 늘어난 길이를 측정한다.

안전 수칙

① 고기를 자를 때 칼에 다치지 않도록 조심해요.

② 강판을 갈 때는 재료 부피의 3/4 정도만 갈고, 천천히 갈아서 손을 다치지 않게 주의해요.

● 실험 결과

■ 결과 기록

재료	100mL 부하	200mL 부하	300mL 부하	400mL 부하	500mL 부하
물(대조군)	0.4cm	0.7cm	1.0cm	1.2cm	1.3cm
생강	0.6cm	1.1cm	1.5cm	1.8cm	2.0cm
키위	0.9cm	1.7cm	2.4cm	2.9cm	3.3cm
파인애플	1.0cm	1.9cm	2.7cm	3.2cm	3.6cm
식초	0.3cm	0.5cm	0.6cm	0.6cm	0.5cm

대조군 대비 늘어난 정도 / 고기에 준 부하(mL)	생강	키위	파인애플	식초
100	2 mm	5 mm	6 mm	−1 mm
200	4 mm	10 mm	12 mm	−2 mm
300	5 mm	14 mm	17 mm	−4 mm
400	6 mm	17 mm	20 mm	−6 mm
500	7 mm	20 mm	23 mm	−8 mm

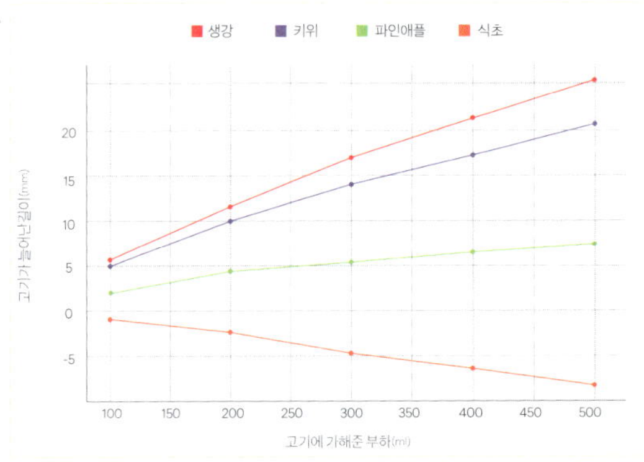

대조군(물) 대비 고기가 늘어난 길이

■ 결과 해석

물에 재운 고기는 식초를 제외한 모든 실험군보다 전체적으로 적게 늘어났으며, 대조군으로 사용할 수 있습니다. 신맛이 나는 키위와 파인애플에 재운 고기는 뚜렷하게 길게 늘어났고, 고기에 가한 무게가 증가할수록 그 차이가 더 커졌습니다. 생강에 재운 고기도 신맛이 거의 없음에도 상당히 부드러워졌습니다.

식초에 재운 고기는 오히려 늘어나는 길이가 물보다 작고, 400mL 이후에는 거의 더 늘어나지 않았습니다. 즉, 과일의 신맛(산성)이 고기를 부드럽게 하는 것이 아니라, 과일에 들어있는 어떤 성분이 고기를 부드럽게 한다는 결론을 내릴 수 있습니다.

● 일반화

■ 탐구의 결론

고기를 부드럽게 만드는 요리 팁 중 하나인 '과일에 재우기'는 단순한 민간요법이 아니라 실제로 효과가 있음이 확인되었습니다. 하지만 그 효과는 단지 '신맛 때문'이 아니라, 과일에 포함된 단백질 분해 효소가 작용한 결과였습니다. 따라서, 다음과 같이 정리할 수 있습니다.

과일의 신맛이 아닌 단백질 분해 효소가 고기를 부드럽게 한다.

산성만으로는 오히려 고기가 질겨질 수도 있으며, 이는 단백질의 구조가 끊어지는 것이 아니라 변성되면서 수분이 빠져나갔기 때문입니다. 따라서 고기를 부드럽게 하고 싶다면 식초 대신 효소가 풍부한 생과일을 사용하는 것이 훨씬 효과적일 것입니다.

■ 예상 오차

-고기의 결 방향이 완전히 일정하지 않았을 수 있습니다.

-고기 조각의 두께나 길이가 아주 정확하게 같지 않았을 가능성이 있습니다.

-페트병에 물을 붓는 속도나 흔들림에 따라 즉각적인 반응이 달라졌을 수 있습니다.

-과일즙의 농도나 과일의 숙성 정도에 따라 효소 활성 차이가 있었을 가능성이 있습니다.

■ 탐구의 가치

과학적 가치: 이 실험은 우리가 일상에서 당연하게 여겼던 "과일에 고기를 재우면 부드러워진다."는 믿음을 과학적인 과정을 통해 확인하게 해 줍니다. 과일 속의 신맛(산)과 단백질 분해 효소가 고기에 미치는 영향을 직접 비교해 봄으로써, '효소'라는 개념을 단순한 교과서 속 지식이 아닌 살아있는 과학 개념으로 경험할 수 있습니다.

특히 키위나 파인애플처럼 식물에서 유래한 효소가 동물의 고기 단백질을 분해할 수 있다는 점에서, 식물과 동물이 다르면서도 생화학적으로는 같은 원리를 공유하고 있다는 사실을 깨닫게 됩니다. 단백질이라는 공통된 물질, 그리고 그것을 분해하는 효소의 작용은 생물종을 넘나드는 보편적인 생명 현상의 예시로, 생물 간의 연관성과 생명체의 공통된 작동 원리를 이해하는 기반이 될 수 있습니다.

또한, 물·생강·키위·파인애플·식초와 같이 다양한 조건을 실험 변수로 설정하고 고기 조각의 길이 변화를 관찰한 과정은, 정량적 실험 설계와 데이터 분석의 기초를 익히는 데 도움을 줍니다. 이 방법은 재료 공학에서 물질의 탄성을 측정할 때 사용하는 '인장 실험(tensile test)'과 같은 결과를 비교하고 해석하는 과정 속에서 실험의 통제 변인과 독립 변인, 실험군과 대조군의 개념을 자연스럽게 체득하게 됩니다.

무엇보다 중요한 것은, 이번 실험을 통해 가설이 맞았는지 틀렸는지에 상관없이 실험이 과학적 의미를 갖는다는 사실을 체험하게 된다는 점입니다. 만약 신맛이 강한 재료가 꼭 고기를 부드럽게 하지 않는다는 결과가 나왔다면, 그것은 기존의 상식을 다시 점검하고 더 깊은 원인을 탐구하게 되는 계기가 됩니다. 이러한 경험은 "틀린 가설도 과학을 전진시킨다.”는 과학의 본질을 배우는 데 있어 매우 가치 있는 기회입니다.

사회적 가치: 우리가 매일 먹는 음식에도 과학이 숨어 있다는 사실은 과학이 멀지 않고 삶과 연결된 살아있는 지식이라는 것을 알 수 있게 해 줍니다. 고기를 부드럽게 하는 전통적인 조리 방법을 과학적으로 접근한 이번 실험은, 과학이 ‘요리’라는 일상 속 기술과도 긴밀히 연결되어 있다는 사실을 알려 줍니다.

이렇게 탐구는 단순한 실험을 넘어, 식품 과학, 조리 과학, 나아가 대체 식품 개발과 같은 산업 영역에도 적용될 수 있습니다. 또한, 이번 실험을 통해 과학자가 아니더라도 누구나 자신만의 관찰과 질문에서 출발해 실험을 설계하고 결과를 분석할 수 있다는 ‘일상적 과학’의 가능성을 체감할 수 있습니다. 과학은 실험실 안에만 있는 것이 아니라, 부엌, 시장, 식탁 위에도 존재한다는 사실을 알게 되는 것이지요.

🟡 아이디어 뱅크

🟧 톡톡 튀는 상상

특정 단백질을 잘 분해하는 특정 과일이 있을까요? 그렇다면, 고기마다 잘 어울리는 ‘전용 과일’을 정해 두고, 고기 포장지에 “이 고기는 키위와 궁합이 좋아요.” 같은 라벨이 붙어 있다면 어떨까요?

만약 소고기는 파인애플이 잘 분해하고, 돼지고기는 키위가 잘 분해한다면 유전자를 조작하여 이렇게 궁합이 잘 맞는 고기와 과일을 동시에 합친 음식 재료를 만들 수는 없을까요?

혹은 고기를 먹은 후, 그 고기에 맞는 과일 껌을 씹으면? 이에 붙은 고기도 제거하고 소화도 잘되게 해 줄 수 있지 않을까요?

마지막으로, '부드러움의 단위'를 개발해서, '이 고기는 3부단(부드러움 단위)'처럼 표시하는 시대가 온다면? 마트에서 숫자만 보고 식감을 고를 수 있겠죠.

■ 확장된 탐구 질문

1. 과일즙 농도가 낮아지면 효과도 줄어들까?
2. 안 익은 과일을 써도 효소가 작동할까?
3. 고기 재운 시간이 늘어나면 더 부드러워질까?
4. 냉장고와 실온, 어디서 연화가 더 잘될까?
5. 생선에도 같은 원리가 적용될까?
6. 과일 껍질에도 효과가 있을까?
7. 여러 과일을 섞으면 더 강한 효과가 날까?
8. 기계적으로 주물러도 같은 효과가 날까?
9. 산성의 단백질 변성을 요리에 이용할 수는 없을까?
10. 지방질이 많은 고기 부위에도 변화가 있을까?

6. 초콜릿 포장지 종류는 보관에 얼마나 영향을 줄까?

출처: AI 생성

"어! 내가 제일 좋아하는 초콜릿이다!"

매점에서 산 초콜릿을 가방에 넣고 신나게 집으로 달려왔습니다. 하지만 가방을 열어 보니, 뜨거운 날씨 탓에 초콜릿은 이미 아이스크림처럼 흐물흐물해져 있었습니다.

"에이, 괜찮아. 냉장고에 넣으면 다시 굳겠지?"

서둘러 초콜릿을 포장째 냉장고에 넣었습니다. 얼마 후 꺼내 포장을 벗겨 보니, 표면이 허옇게 얼룩덜룩합니다.

"이게 뭐야……설탕? 가루? 먼지?"

한입 깨물어 먹어 보니, 기대했던 부드러운 달콤함 대신, 텁텁하고 거친 식감이 남았습니다.

"같은 초콜릿이 잠깐 녹았다가 다시 굳었을 뿐인데, 표면 상태가 이렇게 달라질 수 있을까? 포장재의 종류에 따라 이런 변화의 정도도 달라질까?"

● 일상에서 마주치는 궁금증

■ 여기서 질문!

사실 초콜릿을 사는 순간부터 환경과의 싸움은 시작됩니다. 집으로 오는 길에 가방 속에 머무는 열기, 그리고 냉장고를 오가며 겪는 급격한 온도 차가 초콜릿의 상태에 영향을 주기 때문입니다.

겉보기엔 비슷해 보이는 포장이지만 그 속에는 정교한 과학이 숨어 있습니다. 어떤 포장재가 초콜릿의 고유한 모양과 색, 그리고 맛을 더 안정적으로 지켜줄까요? 특히 온도 변화 이후 생긴 하얀 얼룩(블룸 현상)은 포장 종류에 따라 차이가 있을까요?

종이, 비닐, 은박지, 그리고 제품 원래의 포장재까지. 이 네 가지 방어막이 초콜릿을 보호하는 능력은 과연 얼마나 다를까요?

이번 탐구는 이렇게 시작되었습니다. 포장지를 단순히 '겉모습을 꾸미는 도구'가 아닌, 초콜릿의 품질을 지키는 '과학적 방패'로 바라보며 그 영향을 살펴보기로 했습니다.

● 과학 개념 설명

■ 기본 개념: 초콜릿의 성분은?

초콜릿은 '카카오버터(지방)+설탕+코코아 고형분'으로 구성 되어 있습니다. 이 중에서도 카카오버터가 초콜릿의 식감을 결정합니다. 부드러운 느낌, 입안에서 살살 녹는 느낌은 모두 카카오버터 결정의 상태에 달려 있어요. 하지만 이 지방은 온도 변화에 민감해서,

30~35℃만 돼도 쉽게 녹아 버립니다.

■ 기본 개념: 초콜릿 포장재의 재질

초콜릿이 어떤 포장지에 싸였는지는, 생각보다 중요합니다. 겉보기엔 다 비슷해 보여도, 포장재마다 빛, 열, 수분, 산소를 다루는 방식이 다르기 때문이에요.

종이 호일: 고밀도 종이에 식품용 코팅을 더한 재질입니다. 종이보다는 기름과 수분에 강하고, 뜨거운 열도 어느 정도 견딜 수 있지만, 산소와 수분을 완전히 막지는 못합니다. 또한 접히거나 눌리면 틈이 생기기 쉽고, 그 틈을 통해 공기와 습기가 들어오면 블룸 현상이 생길 수 있어요.

알루미늄 호일: 단일 재질 중에서는 차단 성능이 가장 뛰어납니다. 빛, 산소, 수분을 거의 통과시키지 않고, 반짝이는 표면은 복사열을 반사하여 외부 열이 내부로 전달되는 것을 줄여 줍니다. 다만 매우 얇아서 접히거나 구멍이 생기면 차단 기능이 급격히 떨어질 수 있습니다. 그래서 보통 다른 필름과 결합된 형태로 많이 사용됩니다.

투명 비닐: 속이 보인다는 장점이 있지만, 빛을 거의 차단하지 못하는 것이 큰 약점입니다. 게다가 분자 구조에 아주 작은 틈이 있어, 산소나 수분이 천천히 스며들 수 있어요. 이렇게 스며든 수분은 초콜릿 표면에 결로(물방울)를 만들고, 그 물방울이 설탕을 녹였다가 다시 굳히면서 설탕 블룸을 일으킬 수 있습니다.

합성 포장재: 시중의 초콜릿 포장재는 대부분 여러 재질을 겹친 다층 구조입니다. 보통 플라스틱 필름(PE, PP 등)에 매우 얇은 알루미늄을 입히거나, 서로 다른 차단 필름을 결합해 만듭니다. 플라스틱은 밀봉과 유연성을 제공하고, 금속 박막은 빛과 산소를 차단합니다. 이 구조는 수분과 산소의 침투를 줄이고, 온도 변화의 영향을 완화하여, 단일 재질보다 비교적 안정적인 성능을 보일 수 있습니다.

■ 기본 개념: 알루미늄 호일의 특징

알루미늄은 열전도율이 매우 높은 금속입니다. 열전도율은 열이 얼마나 빠르게 전달되는지를 나타내는 물리량입니다. 알루미늄의 열전도율은 약 235 W/(m·K)로, 강철보다 약 4.7배나 열을 빨리 전달합니다. 즉, 한쪽이 뜨거워지면 열이 금속 전체로 빠르게 퍼집니다.

$$Q = \kappa \cdot A \cdot \Delta T / \Delta x$$

Q : 전달되는 열량(W)

κ : 열전도율(W/m · K)

A : 단면적(m^2)

ΔT : 온도 차이(K)

Δx : 두께(m)

위 식에 따르면 열전도율이 클수록, 같은 조건에서 더 많은 열이 전달됩니다.

우리가 흔히 사용하는 알루미늄 호일은 두께가 0.01~0.02mm로 매우 얇은데다, 열전도율까지 높아, 외부 온도 변화에 따라 빠르게 뜨거워지거나 식는 특성을 보입니다.

그렇다면 열을 잘 전달하는 알루미늄 호일이 초콜릿을 보호하는 핵심 이유는 무엇일까요? 바로 높은 반사율입니다. 알루미늄은 가시광선과 적외선(열복사)을 약 90% 이상 반사합니다. 즉, 햇빛이나 주변의 복사열이 닿더라도 대부분을 튕겨내 버리기 때문에, 열 에너지가 초콜릿 내부까지 침투하는 것을 효과적으로 막아 줍니다.

물론 알루미늄의 높은 열전도율도 보조적인 역할을 합니다. 열을 빠르게 전파하여 특정 부분만 과열되는 것을 방지하고 열을 고르게 분산시키기 때문입니다. 하지만 초콜릿을 지키는 가장 결정적인 방패 역할은 바로 이 복사열 차단 기능입니다.

■ 심화 해설: 카카오버터의 결정 구조?

초콜릿 속의 지방인 카카오버터는 굳는 과정에서 여러 가지 결정 구조를 형성할 수 있습니다. 이 가운데 대표적인 것이 β'(베타 프라임) 결정과 β(베타) 결정입니다.

β' 결정은 비교적 안정성이 낮은 구조로, 시간이 지나면서 쉽게 재배열되기 때문에 초콜릿의 표면이 탁해지고 광택이 감소하는 경향을 보입니다. 이러한 결정 구조에서는 지방이 이동하기 쉬워, 장기간 보관 시 블룸 현상이 나타나기 쉽습니다.

반면 β 결정은 카카오버터가 형성할 수 있는 가장 안정적인 결정 구조입니다. 이 구조로 굳은 초콜릿은 표면이 매끈하고 윤기가 나며, 입안의 체온인 약 30~35 ℃에서 부드럽게 녹는 특징을 보입니다. 우리가 일반적으로 '맛있다'고 느끼는 초콜릿의 질감과 외관은 대부분이 β 결정 구조에서 비롯됩니다.

이처럼 카카오버터가 어떤 결정 구조로 굳느냐에 따라 초콜릿의 질감, 광택, 보관 중 안정성이 크게 달라집니다.

■ 심화 해설: 템퍼링이란?

템퍼링(Tempering)은 초콜릿을 녹이고, 식히고, 다시 녹이는 과정을 조절해 카카오버터가 β 결정으로 잘 굳도록 도와주는 작업입니다. 이 과정을 제대로 하면 초콜릿은 표면이 윤기 있고, 딱 부러질 정도로 단단하며, 입안에서 부드럽게 녹습니다. 하지만 템퍼링이 잘못되면, 카카오버터가 불안정한 결정(β' 등)으로 굳고, 시간이 지나면서 지방이 재배열되며 표면이 푸석해지고 하얗게 변하는 블룸 현상이 생깁니다.

■ 심화 해설: 지방 블룸이란?

지방 블룸(Fat bloom)은 초콜릿 표면에 하얀 막이나 얼룩이 생기는 현상입니다. 원인은 카카오버터(지방)가 이동하면서 표면에 굳는 것입니다. 이런 현상은 보통 다음과 같은 온도 변화에서 나타납니다.

온도가 따뜻했다가 → 다시 서늘해지면 → 내부의 지방 결정이 재배열되어 더 안정한 구조(β)로 바뀜 → 지방이 표면으로 이동하여 → 하얀 막 또는 얼룩이 생김

또한 초콜릿 안에 들어 있는 견과류, 크림, 땅콩버터 같은 속 재료도 기름이 많기 때문에 시간이 지나면서 지방이 바깥으로 스며 나올 수 있어요. 이럴 때도 지방 블룸이 생깁니다. 만졌을 때 미끈하고 기름진 느낌이며, 맛은 크게 나쁘지 않지만, 외관은 떨어집니다.

■ 심화 해설: 설탕 블룸이란?

설탕 블룸(Sugar bloom)은 초콜릿 표면에 하얀 가루나 얼룩이 생기는 현상으로 수분이 원인입니다. 공기 중의 습기나 냉장고에서 꺼낸 뒤에 생기는 이슬이 초콜릿 표면에 맺히면, 표면의 설탕이 녹았다가 다시 마르면서 결정화되어 하얗게 굳습니다.

습기 또는 결로→ 설탕이 녹음→ 건조되며 재결정→ 하얀 가루/반점 생성

설탕 블룸이 생긴 초콜릿은 만졌을 때 까슬까슬하고 거친 느낌이 나며, 설탕 결정이 씹히는 듯한 사각거림이 생길 수 있습니다. 지방 블룸보다 짧은 시간에도 생기기 쉽습니다.

지방 블룸과 설탕 블룸(출처: AI 생성)

■ 심화 해설: 초콜릿 품질을 떨어뜨리는 4가지 외부 요인

초콜릿은 보기보다 예민한 식품입니다. 특히 온도, 습도, 빛, 산소라는 4가지 외부 요인에 쉽게 영향을 받습니다. 이 중 하나만 제대로 관리되지 않아도 초콜릿의 맛, 색, 향, 식감이 모두 달라질 수 있어요.

①온도: 초콜릿은 약 28℃ 이상에서 카카오버터 결정이 점차 불안 정해질 수 있습니다. 이 상태에서 온도 변화가 반복되면 지방이 재배 열되며 지방 블룸이 발생하기 쉽습니다. 더운 여름철에 초콜릿이 쉽 게 뿌옇게 변하는 이유가 바로 여기에 있죠.

②습도: 공기 중에 있는 수분이 초콜릿 표면에 맺히면, 그 자리에 있던 설탕이 녹았다가 다시 굳으면서 설탕 블룸이 생깁니다. 게다가 초콜릿은 주변 냄새도 함께 흡수하기 때문에, 습한 곳에 오래 두면 원래의 향도 사라지고 풍미도 나빠질 수 있습니다.

③빛: 빛 중에서도 특히 자외선은 초콜릿 안의 지방을 산화시켜, 색이 바래거나 맛이 변하는 원인이 됩니다. 그래서 빛을 차단하지 못 하는 투명 포장에서는 보관 중 품질 저하가 더 빠르게 일어날 수 있 어요.

④산소: 산소는 초콜릿 속 지방을 산화시켜 기름 냄새나 산패된 맛 을 유발합니다. 이 과정이 진행되면 식감도 눅눅해지고 원래의 바삭 함이 줄어들 수 있습니다.

초콜릿을 제대로 보관하려면, 온도는 낮게, 습기는 막고, 빛은 차 단하고, 산소는 들어오지 않도록 해야 합니다. 좋은 포장재란, 바로 이 4가지 조건을 얼마나 잘 막아 주는지를 기준으로 판단할 수 있습니다.

●탐구 설계

■ 탐구의 필요성 및 목적

초콜릿은 다양한 포장재에 싸여 판매됩니다. 겉보기엔 비슷해 보여도, 포장재마다 빛, 습기, 공기를 막는 능력이 다릅니다. 초콜릿은 이런 환경 변화에 약해, 블룸 현상이 쉽게 생기죠.

그래서 이번 탐구에서는 포장재에 따라 초콜릿의 품질이 얼마나 달라지는지 확인해 보려 합니다. 실험을 통해 어떤 포장재가 더 오래 보관에 적합한지 알아보는 것이 목적입니다.

■ 가설 설정

원래 포장재(합성 포장재)가 종이 호일, 알루미늄 호일, 합성 포장재보다 형태 유지와 블룸 억제를 잘할 것이다.

■ 변인 설정

변인 종류	내용
조작 변인 (바꿔 주어야 하는 것)	포장재 종류: 종이 호일, 알루미늄 호일, 비닐 포장재
종속 변인 (결과로 나오는 것)	형태와 색 변형, 표면 블룸

통제 변인 (같게 해 주어야 하는 것)	초콜릿 종류 · 크기, 보관 시간, 빛 · 온도 · 습도 조건, 포장 밀봉 정도
대조군 (아무 변화도 주지 않은 기준이 되는 것)	합성 포장재 (원래 포장재)

■ 실험 준비물

-동일 초콜릿 4개

-종이 호일/비닐/알루미늄 호일/합성 포장재(원래 포장재)

-창가 햇빛

-냉장고

-온·습도 확인용 간단 기기

-카메라

■ 실험 과정

같은 종류의 초콜릿을 4가지 포장재(종이 호일, 비닐, 알루미늄 호일, 합성 포장재)로 각각 포장한다. 손으로 일정한 세기로 눌러 밀착시켜 포장하며, 모든 조건에서 같은 방식으로 감싼다.

실험은 총 4회에 걸쳐 진행한다.

-1차는 직사광선(약 32~35℃)에 3시간 노출한다.

-2~4차는 냉장(3℃, 3시간)과 실온(30~32℃, 3시간, 직사광선) 사이클을 번갈아 2회 반복한다. 실온 보관 중에는 하루 중 햇빛이 가장 강한 오후 시간대를 선택하여 동일한 환경을 유지한다.

사이클 종료 후 초콜릿을 개봉하여, 같은 각도와 조명 아래에서 사진을 촬영하고 변화는 실험일지에 기록하였다.

색 변화, 블룸 범위, 형태 유지 정도를 관찰하여 각각 0~5점으로 점수화한다. 점수 기준은 실험 전에 미리 정해 동일하게 적용한다.

4가지 포장재(왼쪽부터 종이 호일, 비닐, 알루미늄 호일, 합성 포장재)

●실험 결과

■ 결과 기록

1차: 직사광선(약 32~35℃)에 3시간 노출

1차 실험 결과 (왼쪽부터 종이호일, 비닐, 알루미늄 호일, 합성포장재)

포장재	색 유지 (0-5)	블룸 억제 (0-5)	형태 유지 (0-5)	총점 (0-15)	관찰 메모
종이 호일	5	5	2	12	눌려 얇아지고 일부 들뜸
비닐	5	5	1	11	가장 많이 퍼짐, 무늬 뭉개짐
알루미늄 호일	5	5	5	15	형태 거의 온전함
합성 포장재	5	5	4	14	전반적 양호, 미세한 눌림 정도

점수는 0~5점 척도로 평가, 점수가 높을수록 해당 항목의 유지 또는 억제 효과가 우수함을 의미함.

2차: 냉장(3℃, 3시간)과 실온(30~32℃, 3시간, 직사광선) 사이클 2회 반복

2차 실험 결과

포장재	색 유지 (0-5)	블룸 억제 (0-5)	형태 유지 (0-5)	총점 (0-15)	관찰 메모
종이 호일	2	1	2	5	얼룩 심화, 지방 스며듦
비닐	1	2	1	4	설탕 블룸 확산
알루미늄 호일	3	3	4	10	지방 블룸 뚜렷
합성 포장재	5	4	3	12	가장 안정적 상태

2차 실험 결과

3차: 동일 조건 반복 실험

포장재	색 유지 (0-5)	블룸 억제 (0-5)	형태 유지 (0-5)	총점 (0-15)	관찰 메모
종이 호일	1	1	1	3	갈라짐, 얼룩 심화, 가장 취약
비닐	2	1	1	4	블룸 지속, 색 탁해짐
알루미늄 호일	3	2	3	8	형태 유지, 블룸 누적
합성 포장재	4	4	3	11	가장 안정적, 표면 상태 균일

4차: 동일 조건 반복 실험

종이 호일과 비닐 포장의 점수 판정을 위해 뒷면 관찰

포장재	색 유지 (0-5)	블룸 억제 (0-5)	형태 유지 (0-5)	총점 (0-15)	관찰 메모
종이 호일	0	1	1	2	얼룩 · 갈라짐 심화, 외형 흐트러짐
비닐	0	0	1	1	가장 심한 품질 저하, 뒷면 붕괴
알루미늄 호일	2	2	3	7	형태 유지, 블룸 광범위 확산
합성 포장재	3	3	3	9	전체적으로 균일, 품질 가장 안정적

4차 실험 결과

■ 실험 결과 해석

실험 결과, 환경 조건에 따라 포장재의 성능 순위가 달라지는 경향이 나타났습니다.

실험 단계	가장 취약	중간	가장 안정적
1차 (직사광선(약 32~35℃) 노출)	비닐	종이 호일	알루미늄, 합성 포장재
2차 (냉장과 실온 사이클 2회 반복)	비닐	종이 호일, 알루미늄	합성 포장재
3차 (냉장과 실온 사이클 4회 반복)	종이 호일	비닐, 알루미늄	합성 포장재

4차 (냉장과 실온 사이클 6회 반복)	비닐	종이 호일	알루미늄, 합성 포장재

① 단기 고온 노출(1차 실험): 알루미늄 호일의 우수성

직사광선 아래에서는 알루미늄 호일이 가장 우수한 보호 성능을 보였습니다. 알루미늄은 가시광선과 적외선을 포함한 복사열을 높은 비율로 반사하여, 외부 열이 초콜릿에 직접 전달되는 것을 크게 줄였기 때문입니다. 또한 얇고 밀착되는 구조로 인해 포장 틈이 적었던 점도 형태 유지에 도움이 되었을 가능성이 있습니다.

반면 비닐과 종이 호일은 빛과 열을 충분히 차단하지 못해 초콜릿의 녹음과 형태 변형이 크게 나타났습니다. 합성 포장재는 단기적인 강한 복사열 조건에서는 알루미늄 단일층만큼의 즉각적인 반사 효과를 보이지 못했을 가능성이 있습니다.

② 온도 변화 반복(2~4차 실험): 합성 포장재의 안정성

2차 실험부터 합성 포장재가 우세한 결과를 보였습니다. 냉장과 실온을 반복하는 환경이 지속될수록, 합성 포장재는 블룸 억제와 색·형태 유지 면에서 가장 안정적인 상태를 유지했습니다. 반면 알루미늄 호일은 시간이 지날수록 지방 블룸이 증가하며 품질이 점차 저하되었습니다.

이는 포장 구조의 차이로 설명할 수 있습니다. 합성 포장재는 비닐의 밀봉성과 금속 박막의 차단성을 결합한 다층 구조로, 수분과 산소의 침투를 효과적으로 막고 급격한 온도 변화를 완충하는 역할을 합니다. 이러한 구조는 냉장 후 실온에 노출될 때 발생하는 결로가 초콜릿 표면에 직접 영향을 미치는 것을 일부 감소시켰을 가능성이 있

습니다.

반면 알루미늄 호일은 단일층 구조로 수분 차단 능력은 높지만, 포장 밀봉 상태에 따라 외부 공기와의 접촉이 발생할 수 있습니다. 냉장 상태에서 실온의 습한 공기에 노출될 경우 표면 결로가 형성되기 쉽고, 이로 인해 설탕 블룸이나 지방 재배열이 촉진되었을 가능성이 있습니다.

종합하면, 단기적인 복사열 차단에는 알루미늄 호일이 효과적이었으나, 반복적인 온도 변화 환경에서는 다층 구조의 합성 포장재가 더 안정적인 보존 성능을 보였습니다. 즉, 최적의 포장재는 환경 조건에 따라 달라질 수 있습니다.

● 일반화

■ 탐구의 결론

이 실험을 통해 초콜릿 포장재의 성능은 단순히 재질 문제만이 아니라, '환경 조건에 따라 달라진다'는 사실을 확인할 수 있었습니다.

첫째, 단기 고온 환경에서는 알루미늄 호일이 가장 뛰어난 형태 유지력을 보였습니다. 이는 초기 가설과 달리 합성 포장재보다 우수한 결과였습니다. 알루미늄의 높은 반사율이 외부 복사열을 효과적으로 차단하고, 높은 열전도율이 열을 빠르게 고르게 퍼뜨리는 특성이 일정 부분 기여했을 가능성이 있습니다.

둘째, 반복적인 온도 변화 환경에서는 결과 경향이 달라졌습니다. 냉장과 실온을 오가는 조건이 반복될수록 합성 포장재가 블룸 억제와 색 유지 면에서 가장 안정적인 결과를 보였습니다. 반면 종이 호일과 비닐 포장재는 수분과 열에 상대적으로 취약하여 블룸과 형태 변형이 더 크게 나타났습니다.

이러한 실험 결과를 종합하면, 포장재의 성능은 환경 조건에 따라 최적의 형태가 달라집니다.

단기적인 복사열 차단에는 알루미늄 호일이 효과적이었으며, 반복적인 온도 변화나 장기 보관 조건에서는 다층 구조의 합성 포장재가 더 안정적인 보존 성능을 보였습니다.

특히 합성 포장재의 다층 구조는 수분과 산소의 유입을 줄이고 온도 변화를 완충하는 역할을 하여, 시간이 지날수록 그 장점이 뚜렷하게 나타났습니다. 시중의 초콜릿 포장재가 알루미늄 증착 필름과 플라스틱 필름을 결합한 복합 구조를 사용하는 이유도 이러한 조건 대응 능력과 관련이 있습니다.

이번 탐구를 통해 포장재는 단순한 외형 요소가 아니라, 외부의 열과 수분, 빛과 산소로부터 초콜릿의 품질을 보호하는 정교한 환경 조질 장치인 '과학적 방패'임을 확인할 수 있었습니다.

■ 예상 오차

실험 과정에서는 다음과 같은 변수들이 결과에 미세한 영향을 미쳤을 가능성이 있습니다.

초콜릿 시료와 환경의 미세한 차이: 사용된 초콜릿의 두께나 표면

적에 작은 차이가 있었을 수 있으며, 냉장고 내부 위치나 햇빛의 입
사각 차이에 따라 각 시료가 받은 열과 수분 조건에 편차가 발생했을
가능성이 있습니다.

관찰자의 주관적 판단: 블룸의 발생 정도나 형태와 색의 변화를 육
안으로 평가하고 점수화하는 과정에서 관찰자의 주관이 개입되었을
수 있습니다.

재질에 따른 밀착력의 차이: 4가지 모두 동일하게 손으로 포장했
지만, 재질의 특성에 따라 밀봉 정도가 달랐을 수 있습니다. 예를 들
어, 알루미늄 호일은 접힌 형태가 비교적 유지되어 틈이 적었을 가능
성이 있으며, 비닐이나 합성 포장재는 탄성으로 인해 접힌 부분이 일
부 벌어졌을 가능성도 있습니다.

이와 같은 변수로 인해 일부 조건에서 변동이 나타났으나, 전체적
인 경향은 환경 조건에 따라 포장재의 성능 차이가 달라진다는 점을
일관되게 보여 주었습니다.

■ 탐구의 가치

과학적 측면에서 본 탐구는 포장재가 제품의 품질을 결정하는 중
요한 환경 조절 장치임을 보여 주었습니다. 포장재의 구조와 재질에
따라 열, 수분, 빛, 산소에 대한 대응 방식이 달라지며, 식품의 상태
변화로 이어질 수 있음을 확인할 수 있었습니다.

사회적 측면에서도 식품 포장은 식품 안전과 보관 안정성, 그리고

식품 폐기 문제와 밀접하게 연결됩니다. 보관 과정에서 품질이 저하되면 소비자는 제품을 폐기하게 되고, 이는 자원 낭비로 이어질 수 있습니다. 적절한 포장재의 선택과 개발은 이러한 손실을 줄이고 지속 가능한 소비에 기여할 수 있습니다.

또한 이번 탐구는 일상에서 흔히 접하는 사소한 물건에도 과학적 원리가 작용하고 있음을 깨닫게 해 주었습니다. 초콜릿을 보관하거나 선물할 때에도 환경 조건과 포장 방식을 고려하는 태도가 중요하다는 점을 생각해 볼 수 있었습니다.

●아이디어 뱅크

■ 톡톡 튀는 상상

만약 초콜릿을 더 안정적으로 보호할 수 있는 포장이 있다면 어떨까요? 여름철에도 복사열을 효과적으로 반사하고, 내부의 온도 변화를 완충하여 형태를 오래 유지해 주는 구조라면 보관에 대한 걱정을 크게 줄일 수 있을 것입니다.

또한 포장이 주변 환경을 감지해 온도나 습도가 일정 수준을 넘으면 색이 변하는 기능을 갖춘다면, 소비자는 보관 상태를 직관적으로 확인할 수 있습니다. 실제로 온도에 반응하는 열 변색 잉크나 습도 감지 소재가 개발되고 있어, 포장이 단순한 보호막을 넘어 정보를 전달하는 '스마트 포장'으로 발전할 가능성도 있습니다.

더 나아가, 환경 문제를 고려한 친환경 포장재도 상상해 볼 수 있습니다. 식물 유래 성분으로 만든 생분해성 필름에 금속을 매우 얇게 증착하여 빛과 산소를 차단한다면, 자원 사용을 줄이면서도 보존 성능을 유지할 수 있을 것입니다. 이러한 기술은 식품 보존과 환경 보호를 동시에 고려하는 방향으로 발전할 수 있습니다.

■ 확장된 탐구 질문

1. 밀크, 다크, 화이트 초콜릿처럼 종류에 따라 포장 효과는 다르게 나타날까요?

2. 같은 알루미늄 호일이라도 반짝이는 면과 무광택 면에 따라 성능 차이가 있을까요?

3. 얇은 호일과 두꺼운 호일은 보존력에서 어떤 차이를 보일까요?

4. 투명 비닐과 불투명 비닐은 블룸 발생이나 색 유지에서 차이를 보일까요?

5. 냉장고 내부 위치(상단 선반, 문 쪽 등)에 따라 포장재별 성능 차이가 달라질까요?

6. 온도 변화 주기를 짧게 하거나 길게 하면 블룸 발생 정도는 어떻게 달라질까요?

7. 개별 포장과 묶음 포장은 보존력에 차이를 만들까요?

8. 진공 포장과 일반 밀봉 포장의 차이는 어느 정도일까요?

9. 산소 흡수제를 함께 사용하면 블룸이나 향 유지에 어떤 변화가 있을까요?

10. 생분해성 필름과 같은 친환경 소재는 기존 포장재와 비교해 품질 유지 성능이 어느 정도일까요?

3장
우리 몸에 관한 질문&탐구

1. 손 씻기 방법에 따라 손의 세균 수는 얼마나 달라질끼?

2. 축구공을 강하게 차려면 어떻게 해야 할까?

3. 수영 영법 중 자유형을 살하려면 어떻게 해야 할까?

4. 고음의 노래를 잘 부르려면 어떻게 해야 할까?

5. 슈팅 게임에서 마우스를 빨리 클릭하려면
   어떻게 해야 할까?

6. 스마트폰의 야간 모드는 일반 모드보다
   수면의 질 향상에 도움이 될까?

1. 손 씻기 방법에 따라 손의 세균 수는 얼마나 달라질까?

출처: AI 생성

■ 점심시간, 종이 울리자마자 달려가는 곳. 바로 급식실 앞 세면대입니다. 줄이 길어질까 봐 다들 바쁩니다. 그런데 가만히 보면 손 씻는 모습이 제각각입니다. 어떤 친구는 손바닥만 툭툭 문지르고 끝냅니다. 물도 찬물로, 비누는 생략. 반면, 옆에 있는 친구는 비누를 짜고, 손바닥은 물론 손등과 손톱 밑, 손가락 사이까지 꼼꼼하게 씻습니다. 심지어 손목까지 문지릅니다. 둘 다 손을 씻긴 씻었는데…… 과연 똑같을까요?

겉보기엔 다 똑같이 '깨끗한 손'처럼 보이지만, 진짜로 차이가 없을지 궁금해집니다. 눈에 안 보인다고 해서 없는 건 아니잖아요. 혹시 세균도 '어설프게 씻은 손'을 좋아하지 않을까요?

■ 여기서 질문!

비누를 썼는지, 문지른 시간은 얼마나 되는지, 물로만 씻었는지, 손톱 사이 사이와 손등까지 씻었는지…….

손 씻는 방법에 따라 손에 남는 세균 수가 달라질까요?

● 과학 개념 설명

■ 기본 개념: 세균이란?

세균은 눈에 보이지 않는 미생물로, 공기 중, 물건 표면, 사람의 피부 등 거의 모든 곳에 존재합니다. 대부분 해롭지 않지만, 일부는 감기, 식중독, 피부염 등 다양한 질병을 일으킬 수 있습니다. 손은 하루에도 수십 번 다양한 물체와 접촉하면서 세균이 쉽게 옮겨 다니는 '운반 도구'가 됩니다. 특히 손가락 끝, 손톱 밑, 손가락 사이는 세균이 숨어 있기 쉬운 부위입니다. 이 상태로 눈을 비비거나 음식을 만지면, 세균이 몸속으로 들어갈 수 있습니다.

■ 기본 개념: 세균이란? '손 씻기' 만으로 세균을 제거할 수 있을까?

손 씻기는 가장 기본적이면서 효과적인 위생 행동입니다. 세계보건기구(WHO)와 질병관리청(KDCA) 등 보건 기관들도 손 씻기를 '1차 방어선'으로 강조하고 있지요. 손을 충분히 문지르는 동작은 피부 표면의 굴곡과 틈새에 있는 세균까지 떨어뜨리는 데 중요한 역할을 합니다. 단순히 물에 헹구는 것과는 효과에 큰 차이가 있지요.

■ 기본 개념: 세균이란?비누의 역할은?

비누는 단순히 세균을 죽이는 게 아니라, 손에 붙은 기름기와 노폐물을 분해해 세균이 함께 씻겨 나가도록 도와줍니다. 물만으로는 손 표면의 기름막이 제거되지 않아, 세균도 그대로 남게 됩니다.

■ 심화 해설

손에는 하루 동안 수많은 세균이 묻습니다. 문 손잡이, 교실 책상, 핸드폰 화면, 화장실 변기 등 우리 주변 환경은 세균의 서식지라고 해도 과언이 아닙니다. 이 세균들은 손을 통해 눈, 코, 입 등 우리 몸의 점막으로 쉽게 들어가 질병을 유발할 수 있습니다.

하지만 세균은 눈에 보이지 않기 때문에, 손이 실제로 오염됐는지 느끼기 어렵습니다. 그래서 '깨끗해 보인다'고 해서 '정말 깨끗하다'고 말하긴 어렵지요. 이때 중요한 것이 바로 '손 씻기의 방법'입니다.

물만 사용하여 손을 씻을 경우, 손에 묻은 먼지나 눈에 보이는 이물질은 어느 정도 씻겨 나가지만, 피부의 기름막은 그대로 남습니다. 이 기름막은 세균이 손에 붙어 있을 수 있는 발판이 됩니다.

비누를 사용하여 손을 씻을 경우, 비누는 이 기름막을 분해하고, 표면 장력을 낮춰 세균이 쉽게 떨어지도록 도와주는 역할을 합니다. 특히 액체 비누나 거품형 비누는 세정력도 우수하고 세균의 분포를 고르게 씻어 낼 수 있습니다.

올바른 손 씻기 방법은 단순히 손바닥을 문지르는 것이 아니라, 손의 구조를 따라 세균이 잘 남는 부위를 꼼꼼히 씻는 체계적인 과정입니다. 세계보건기구(WHO)에서는 다음과 같이 올바른 손 씻기 방법을 권장하고 있습니다.

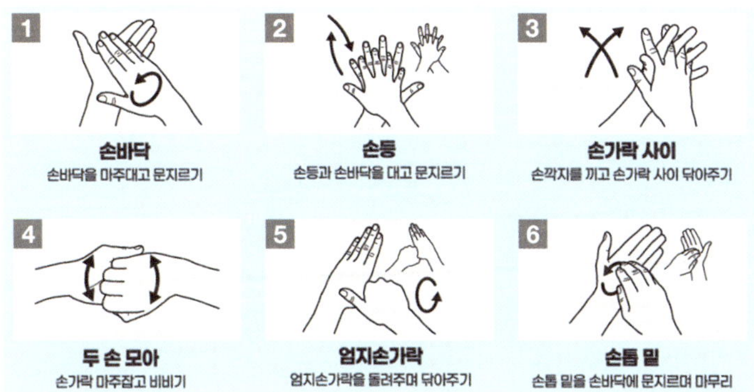

출처: 세계보건기구(WHO)

방식	세균 감소
물로만 씻기	세균 감소 제한적
비누 10초 세정	세균 수가 약 1log 감소(90%)
비누 20초 세정	세균 수가 약 2log 가까이 감소(99%)

의료인을 대상으로 한, 손 씻기에 대한 실제 연구 결과
출처: (Aiello, Coulborn, Perez, & Larson, 2008) "Effect of Hand Hygiene on Infectious Disease Risk in the Community Setting: A Meta-Analysis"

●탐구 설계

■ 탐구의 필요성 및 목적

손을 씻는 일은 하루에도 여러 번 일어나는 아주 평범한 행동입니다. 학교에서, 식사 전후에, 화장실을 다녀온 뒤에 우리는 습관처럼 손을 씻습니다. 그런데 자세히 들여다보면, 사람마다 손을 씻는 방식은 제각각입니다. 어떤 사람은 비누를 쓰지 않고 물만 적시고 끝내고, 또 어떤 사람은 손바닥만 살짝 문지르다가 바로 물기를 닦아 냅니다. 반대로 손톱 밑까지 정성껏 문지르며 충분한 시간을 들이는 사람도 있죠. 겉보기엔 다 깨끗해 보이지만, 과연 실제로 손에 남는 세균의 양은 같을까요?

감기, 식중독, 눈병과 같은 질병의 많은 원인이 바로 '손'에서 시작됩니다. 특히 단체 급식이 있는 학교나 병원처럼 위생이 중요한 공간에서는 손 위생이 더 큰 의미를 가지게 됩니다. 따라서 손 씻기의 '방식'에 따라 세균이 얼마나 달라지는지를 실험으로 확인할 필요가 있습니다.

손 씻기 방법에 따른 세균 제거 효과를 비교하는 이번 탐구를 통해 우리는 손 씻기의 위생의 과학을 들여다볼 수 있고, 효과적인 손 씻기 습관을 형성하기 위한 근거 자료를 만들 수 있습니다.

■ 가설 설정

비누를 사용하고, 올바른 손 씻기 방법으로 충분히 문지른 손이 세균이 가장 적게 남을 것이다.

■ 변인 설정

변인 종류	내용
조작 변인 (바꿔 주어야 하는 것)	손 씻기 방법 1. 물만 사용 2. 비누 5초간 문질러 손 씻기 3. 올바른 손 씻기 방법으로 비누 20초간 문질러 손 씻기
종속 변인 (결과로 나오는 것)	손에 남은 세균 수 (세균 배양용 배지에 나타나는 세균 집락(세균이 자란 점) 수)

통제 변인 (같게 해 주어야 하는 것)	사용한 물의 양, 온도, 손 씻기 전의 오염 정도 세균 배양 시간, 환경 등
대조군 (아무 변화도 주지 않고 기준이 되는 것)	손을 씻지 않음

■ 실험 준비물

- 한천 배지(세균 배양용 배지)

- 손 세척용 비누

- 타이머

- 장갑

- 손 소독제 (실험 후 손 소독)

■ 실험 과정

1. 참가자 모두 손에 동일한 오염물(예: 밀가루+세균 혼합물)을 바른다.

2. ① 물로만 씻기 ② 비누만 사용해 짧게 씻기 ③ 비누로 20초 이상 꼼꼼히 씻기 ④손을 씻지 않기, 네 그룹으로 나눈다.

3. 씻은 손을 그대로 세균 배양용 배지에 찍고, 손소독제를 이용해 손을 깨끗이 소독한다.

4. 2~3일간 온도 37℃에서 배양한다.

5. 집락 수(세균이 자란 점)를 비교한다.

안전 수칙

① 세균 혼합물은 무해한 실험용 균주를 사용해요.

② 실험 후 손을 깨끗이 씻고 소독해요.

●실험 결과

■ 결과 기록

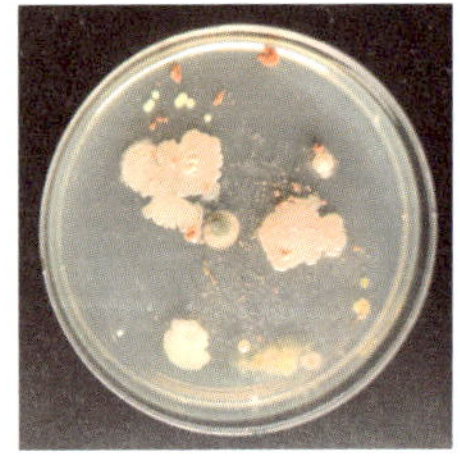 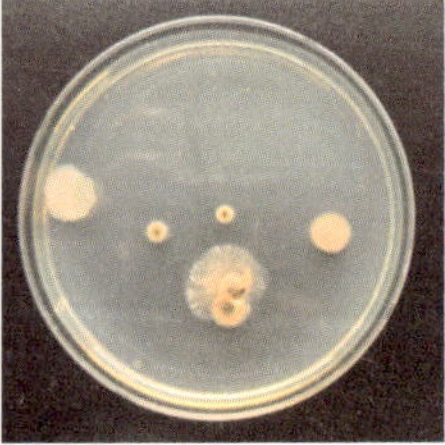 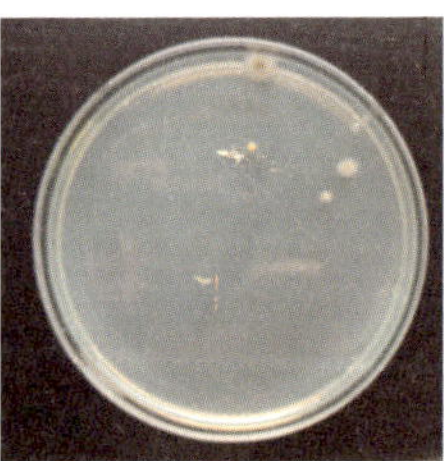

물만 사용 / 비누 5초간 문질러 씻기 / 올바른 손 씻기 방법+비누 20초간 문질러 손 씻기

그룹		평균 세균 집락 수
1	손을 씻지 않음(대조군)	45
2	물만 사용	20
3	비누 5초간 문질러 손 씻기	6
4	올바른 손 씻기 방법 + 비누 20초간 문질러 손 씻기	3

■ 결과 해석

그룹	세균 집락 수 변화	감소율
물만 사용	45 → 20	55.5%
비누 5초간 문질러 손 씻기	45 → 6	86.7%
올바른 손 씻기 방법 + 비누 20초간 문질러 손 씻기	45 → 3	93.3%

$$감소율 = 1 - \frac{세균\ 집락\ 수}{손을\ 씻지\ 않았을\ 때\ 세균\ 집락\ 수_{(45)}} \times 100(\%)$$

세균 수는 손 씻기 방식에 따라 뚜렷한 차이를 보입니다.

가장 세균 수가 크게 줄어든 그룹은 올바른 손 씻기 방법에 따라 비누에 20초간 문질러 손을 씻은 그룹이었고, 물만 사용한 그룹의 세균 수가 가장 적게 줄어든 것을 알 수 있습니다.

이를 통해 비누 없이 물만 사용하면 세균이 대부분 남아 있으며, 문지르는 시간이 길수록 세균 수가 크게 줄어든다는 것을 알 수 있었습니다.

●일반화

■ 탐구의 결론

세균 수는 손 씻기 방식에 따라 뚜렷한 차이를 보입니다. 비누 없이 물만 사용할 경우 세균이 많이 남아 있었으며, 문지르는 시간이 길수록 세균 수가 크게 줄었습니다.

이번 탐구는 "비누를 사용하고, 올바른 손 씻기 방법으로 충분히 문지른 손이 세균이 가장 적게 남을 것이다."라는 가설을 검증하기 위해, 물만 사용해 씻었을 때, 비누로 5초간 문질러 씻었을 때, 올바른 손 씻기 방법에 따라 비누로 20초간 문질러 씻었을 때의 세균의 수를 비교한 실험입니다.

이 결과를 통해 다음과 같은 사실을 확인할 수 있습니다.

손 씻기 방법에 따라 세균 제거 효과는 크게 달라집니다.

물만 사용할 경우 손에 남은 세균 수가 가장 많았으며, 비누로 짧게 문지른 경우에는 어느 정도 줄어들었지만, 여전히 세균이 많이 남아 있었습니다. 반면, 비누를 사용하고 20초 이상 충분히 문지른 경우, 세균 수가 현저히 감소해 가장 효과적인 손 씻기 방법임이 확인되었습니다.

손 씻기의 '시간'과 '동작'이 중요합니다.

단순히 비누를 썼느냐 안 썼느냐보다도, 얼마나 꼼꼼하게 문질렀는지가 세균 제거에 더 큰 영향을 주었습니다. 손가락 사이, 손톱 밑, 손등 등 잘 닦이지 않는 부위를 포함한 전체 손을 20초 이상 씻는 것이 효과적인 위생 실천임을 과학적으로 입증한 셈입니다.

정확한 손 씻기 교육이 필요합니다.

손 씻기의 중요성은 이미 널리 알려져 있지만, 구체적인 방법과 효과에 대한 교육은 여전히 부족한 경우가 많습니다. 이 실험 결과는 손 씻기 교육을 단순한 위생 지도가 아니라, 과학적 근거에 기반한 건강 수칙으로 바꾸는 데 활용될 수 있습니다.
따라서 이 실험의 결론은 다음과 같습니다.

단순히 손을 씻는 '행동'만으로는 충분하지 않으며, 어떻게, 얼마나,

어느 부위를 씻느냐가 훨씬 더 중요하다.

■ 예상 오차

실험에 참여한 사람마다 손의 모양, 피부 상태, 문지르는 습관 등이 다르기 때문에 세균 제거에 개인차가 발생했을 수 있습니다.

또한 세균 배양 과정에서 환경 온도나 손의 압력 차이, 손을 찍을 때의 접촉 면적 등이 결과에 영향을 줬을 가능성도 있습니다.

비교적 단순한 실험이지만, 세균은 눈에 보이지 않기 때문에 실험자의 조작에 따라 미세한 차이가 생길 수 있다는 점에서 정밀한 반복 실험이 중요합니다.

■ 탐구의 가치

이 탐구가 가진 가장 큰 가치는, 우리가 일상적으로 반복하는 '손 씻기'라는 행동에 대해 과학적 근거를 직접 확인하고 만들어 냈다는 점입니다. 많은 위생 수칙은 "그렇게 해야 한다."는 말로 전해지지만, 왜 그렇게 해야 하는지에 대한 근거는 종종 생략되곤 합니다. 이 실험은 단순히 '비누로 손을 씻으세요'라는 말에 "정말 그런가요?"라는 질문을 넌지고, 그에 대한 답을 스스로 찾아본 과정이었습니다.

손 씻기가 중요하다는 사실은 누구나 알고 있습니다. 하지만 언제, 어떻게, 어느 정도로 씻어야 하는지를 과학적으로 납득할 수 있어야 행동이 바뀝니다. 친구들에게 손을 씻으라고 말하는 것보다, 왜 그렇게 씻어야 하는지를 직접 보여 주는 데이터와 경험이 훨씬 더 강한 행동 변화를 가져올 것입니다. 이 탐구는 바로 그 행동 변화의 출발점입니다.

물만 사용할 경우와 비누로 문지르는 경우, 그리고 문지르는 시간이 다를 때 세균 제거율이 어떻게 달라지는지를 수치로 확인함으로써, '올바른 손 씻기'가 단순한 위생 팁이 아닌 객관적 효과가 입증된 실천임을 보여 준 것입니다.

즉, 탐구는 단지 지식을 전달하는 데 그치지 않고, 실천을 도와주는 도구가 될 수 있습니다. 탐구는 '눈에 보이지 않는 것'을 보이게 만들고, '느낌'이 아닌 검증된 자료를 바탕으로 행동을 유도하는 힘을 만들어 냅니다.

과학은 그렇게 일상의 행동을 바꾸고, 습관을 변화시키는 데 기여합니다. 이번 탐구가 보여 준 작은 데이터 하나가, 세균과 질병으로부터 우리를 지키는 구체적인 실천의 근거가 된다는 점에서, 그 가치는 결코 작지 않습니다.

●아이디어 뱅크

■ 톡톡 튀는 상상

상상해 봅시다. 수도가 없는 마을, 물도 귀한데 비누는 더 귀합니다. 하지만 아이들은 매일같이 흙을 만지고, 가축을 돌보고, 음식을 손으로 집어 먹습니다. 감염병은 그렇게 조용히 퍼져 갑니다.

"손을 깨끗이 씻어야 한다."라는 말은 너무나 당연하지만, 어떻게 씻는 게 '깨끗한 손'인지를 보여 주는 도구는 여전히 부족합니다.

그렇다면 이런 건 어떨까요? 문지른 시간에 따라 색이 변하는 비누가 있는 겁니다. 처음엔 진한 색이지만, 손을 문지르면 점점 연해

지다가 20초가 지나면 투명하게 바뀝니다. '이제 손 씻기가 끝났다는 걸 색이 알려 주는' 비누인 거죠.

전기도, 센서도 필요 없습니다. 단순한 천연 염료 반응만으로 작동합니다. 더 나아가, 비누 표면에 손 씻기 순서를 안내하는 그림이 새겨져 있어서 닳아 가며 자연스럽게 '손가락 사이', '엄지', '손톱 밑'을 따라 문지르게 만들 수 있습니다. 글을 못 읽어도, 나이 어린아이들도 비누 자체가 안내서가 되는 셈이죠.

사실 이것은 단순한 상상이 아닙니다. 기술적으로 이미 가능하며, 일부 교육용 비누에서 사용된 적도 있습니다. 문제는 이 기술이 아직 저비용·대량 보급용으로 최적화되지 않았다는 점입니다. 하지만, 만약 누군가 이 비누를 지역 공장에서 만들 수 있는 방식으로 개발하고, 현지 식물성 염료를 활용해 특허 걱정 없이 공유할 수 있다면? 이 작은 색 변화 비누 하나가 위생 문제로 고통받는 개발 도상국의 수백만 명의 어린이에게 '눈에 보이는 위생 기준'을 심어 주는 도구가 될 수 있습니다.

누가 봐도 손이 깨끗해졌다는 걸 스스로 확인할 수 있다면, 손 씻기의 진정한 효과가 나타나게 될 것입니다.

기술은 복잡할 필요가 없습니다. 가장 단순한 도구가 가장 넓게 퍼질 수 있습니다. 이 상상은, 약간의 의지와 연구만 있다면 곧 현실이 될 수 있습니다. 그건 더 이상 '톡톡 튀는 상상'이 아니라, 실천 가능한 과학입니다.

■ 확장된 탐구 질문

1. 손톱을 깎은 상태와 길게 기른 상태에서 손 씻기 효과는 어떻게

다를까?

　2. 비누의 종류(고체, 액체, 거품)에 따라 세균 제거율에 차이가 있을까?

　3. 손 씻는 물의 온도(찬물/미지근한 물/뜨거운 물)에 따라 세균 제거 효과가 달라질까?

　4. 손 세정제(알코올 기반 소독제)와 비누 손 씻기의 효과는 어떻게 다를까?

　5. 손 씻는 시간(10초, 20초, 30초 이상)에 따라 세균 수는 얼마나 차이가 날까?

　6. 손 씻기 직후 수건, 에어드라이어, 휴지로 말렸을 때 세균의 재오염 정도는 어떻게 다를까?

　7. 손 씻기 전후에 스마트폰을 만졌을 때 세균 재오염 정도는 얼마나 될까?

　8. 손의 부위별(손바닥, 손등, 손가락 사이, 손톱 밑) 세균 밀도는 어떻게 다른가?

　9. 외부 활동 후(예: 운동장 활동)와 교실 활동 후 손의 세균 수는 어떻게 차이가 날까?

　10. 손 씻기 교육을 받은 학생과 받지 않은 학생의 손 씻기 습관과 실제 세균 수에는 어떤 차이가 있을까?

2. 축구공을 강하게 차려면 어떻게 해야 할까?

출처: AI 생성

■ 점심시간, 운동장에 아이들의 웃음소리가 울려 퍼집니다. 친구들이 삼삼오오 모여 축구를 즐기고 있죠. 운동 신경이 부족해 평소라면 쉬었겠지만, 이번에는 함께하기로 하였습니다.

그런데 어쩌다 보니 결정적인 기회가 찾아왔고, 온몸을 비틀며 슈팅을 시도했습니다. "퍽!" 하는 둔탁한 소리와 함께 공은 힘없이 굴러갈 뿐이고, 모두가 나를 바라보는 것만 같습니다.

그때, 같은 반에서 에이스로 불리는 친구가 공을 잡습니다. 마치 춤을 추듯 부드럽고 간결하게 다리를 휘둘렀고, "쾅!" 하는 소리와 함께 공은 번개처럼 날아가 골망을 세차게 흔듭니다.

평소 힘이 세 보이지 않는 그 친구는, 축구만 하면 언제나 강력한 슈팅을 날리죠. 보기에는 큰 힘이 들어간 것 같지 않지만, 묘한 여유와 정확함이 느껴집니다.

이 차이는 어디에서 비롯된 걸까요? 단순히 다리 힘만으로 되는 게 아니라면, 그 비밀은 무엇일까요?

■ 여기서 질문!

"축구공을 강하게 차려면 다리 근육이 강해야 한다."

이건 꽤 익숙한 생각입니다. 힘 좋은 사람이 슛을 세게 날리는 장면, 다들 한 번쯤은 봤으니까요. 그래서 우리도 무의식적으로 '다리 힘이 곧 슈팅 파워'라고 믿게 됩니다. 그런데 이상한 순간을 목격한 적이 있습니다. 날렵한 체구에 힘이 세 보이지 않는 선수가, 공을 발끝에 살짝 얹은 것처럼 차는 순간 "쾅!" 하고 골망이 크게 출렁였던 거죠. 분명 몸을 힘껏 비트는 것 같지도 않았는데, 어떻게 그런 빠르기가 나오는 걸까?

"어? 강한 킥은 근육 힘에서만 나오는 게 아니었나?"

생각이 꼬이기 시작했습니다. 혹시 그 비밀은 '힘'이 아니라, 몸이 만들어 내는 어떤 움직임의 원리에 있는 건 아닐까? 그래서 궁금해졌습니다.

"최소한의 노력으로 축구공을 강력하게 차는 방법, 그 과학은 뭘까?"

●과학 개념 설명

■ 기본 개념: 우리 몸도 진자라고?

진자는 일정한 길이의 줄이나 막대 끝에 추를 달아, 그네처럼 앞뒤로 흔들리게 만든 장치입니다. 무거운 추 1개를 긴 줄에 매단 단진자도 있지만, 2개 이상의 막대가 연결된 다중 진자(multiple pendulum)도 있습니다.

　우리 다리도 일종의 다중 진자로 볼 수 있습니다. 수동적인 진자와 다른 점은 근육에 의해 힘을 가할 수 있다는 점입니다. 그네를 주기에 맞추어 힘을 주면 속력이 점점 빨라지는 것처럼 우리의 다리도 적절한 타이밍에 근육을 이용해 힘을 주면, 빠른 속도를 낼 수 있습니다.

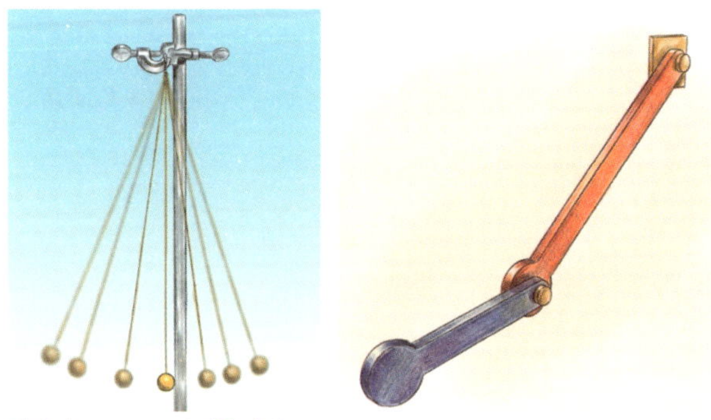

단진자(출처: AI 생성) / 다중 진자(출처: AI 생성)

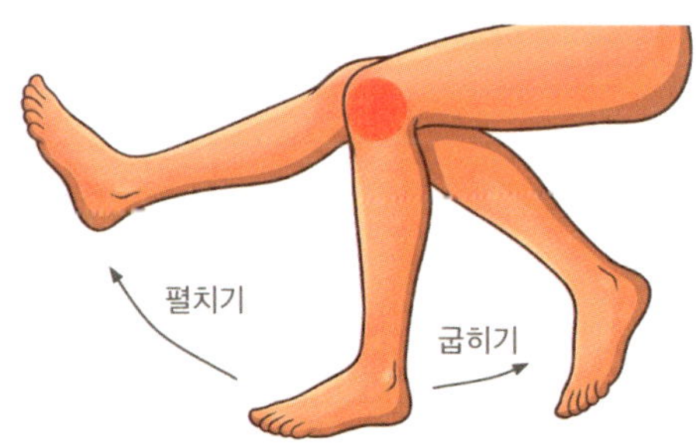

무릎 관절의 진자 운동(출처: AI 생성)

■ 기본 개념: 근육이란?

근육은 수축과 이완을 통해 힘을 만들어 내고, 우리 몸의 움직임과 자세를 조절하는 기관입니다. 뼈에 붙어 관절을 움직이는 골격근, 심장을 구성하는 심장근, 내장과 혈관 벽에 있는 평활근 등이 있습니다. 특히 골격근은 의지대로 움직일 수 있게 하여 다중 진자와 같은 우리의 다리를 움직일 수 있게 하는 엔진과 같은 역할을 합니다.

축구공을 찰 때에는 공이 직접적으로 닿는 발뿐만 아니라 여러 부분의 골격근이 관계됩니다. 허벅지 주변의 근육은 무릎을 펴는 힘을 내어 발을 앞으로 차는 데 핵심적인 역할을 하고, 골반 주변의 복부 근육은 몸통을 안정시키고, 골반 회전을 통해 다리에 힘을 전달합니다. 허벅지 안쪽에 있는 내전근은 다리를 안쪽으로 모으는 힘을 제공하여 발의 정확한 위치와 방향을 제어합니다.

출처: AI 생성

■ 기본 개념: 축구공을 찰 때 지레를 쓴다고?

지레는 막대의 한 점을 물체로 받쳐 고정시켜 놓고, 한쪽에는 물체를, 다른 한쪽에는 힘을 가하여 작은 힘으로도 큰 힘의 효과를 보는 도구입니다. 막대를 고정시켜 놓는 점을 받침점, 힘을 가하는 부분을 힘점, 지레를 통해 결과적으로 물체에 힘이 작용하는 부분을 작용점이라고 합니다. 세 점의 상대적 위치에 따라서 지레는 3가지 종류로 나눌 수 있습니다.

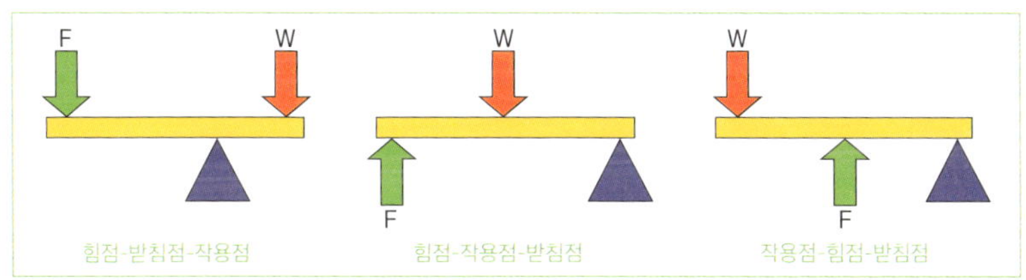

축구공을 찰 때도 지레를 사용합니다. 우선 공을 차기 위해 발을 휘두를 때에는 무릎 관절이 받침점 역할을 하고, 허벅지와 연결된 근육으로 종아리 부분을 당겨 공을 차는 발부분에 작용하여 발의 속력을 높입니다. 발의 속력이 빨라야 공과 충돌했을 때 강하게 찰 수 있습니다.

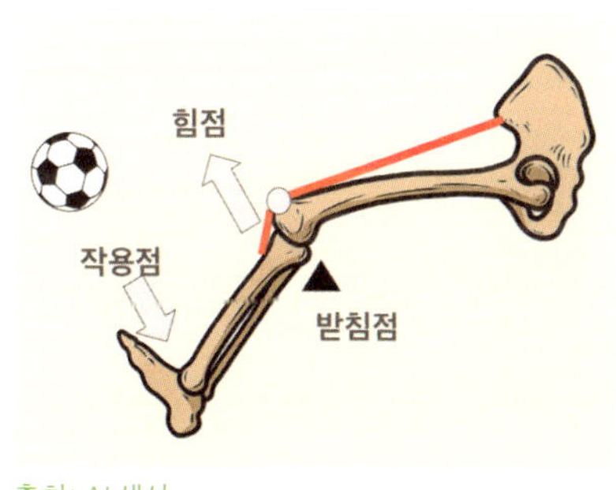

출처: AI 생성

■ 기본 개념: 디딤발에서 시작되는 채찍 효과

채찍 효과는 채찍을 휘두를 때 손잡이 쪽에서 시작한 운동이 점점 작은 질량과 짧은 길이를 가진 부분으로 전달되면서 빠르기가 증폭

되는 현상입니다. 물리적으로는 운동량 보존과 각운동량 보존에 의해 발생하며, 회전 운동에서 바깥쪽 끝으로 갈수록 속도가 커지는 원리와 유사합니다.

우리의 인체도 인체의 각 부분이 떨어져 있는 것이 아니라 발, 발목, 무릎, 몸통, 어깨 등이 연결되어 사슬처럼 연결되어 있으며, 이 사슬이 순서에 맞게 움직일 때 채찍 효과와 같은 원리로 효율적인 에너지 전달이 이루어지는데, 그래서 우리의 몸을 운동 사슬(kinetic chain)이라고도 합니다.

공을 찰 때는 디딤발이 매우 중요한 역할을 합니다. 채찍 끝이 빠른 속력을 내게 하려면, 크게 휘두른 후 채찍을 잡고 있는 몸과 채찍 손잡이를 멈춘 후 잘 버텨 주어야 하듯이. 축구공을 찰 때에도, 디딤발이 안정적으로 버텨 주어야 합니다. 또한, 사람에 따라 몸의 구조와 중심이 다르기 때문에, 채찍처럼 에너지가 잘 전달되기 위해서는 디딤발과 공과의 거리, 디딤발이 공과 놓이는 각도 등도 매우 중요합니다.

사람마다 신체적 특징이 다양하므로 공을 강하게 차는 구체적인 방법은 사람마다 다를 수 있습니다. 단, 축구공을 차는 과정을 6단계로 나누고 각 단계마다 과학에 근거한 요령을 다음과 같이 제시할 수 있습니다.

명칭	핵심 기술 체크 포인트 및 과학적 근거
접근	주시: 공을 차기 전에 찰 곳을 주시하고, 차기 직전까지는 공을 주시한다. - 각도: 공을 향해 직선으로 달려가는 것보다 약간의 각도를 두고 접근하는 것이 더 큰 고관절 회전을 가능하게 하여 파워를 증가시킨다. 리듬과 속도:점진적으로 가속하는 리드미컬한 스텝은 킥 동작의 초기 운동량을 만들어 공을 빠르게 하는 데 도움을 준다. 디딤발 위치 : 차고자 하는 방향과 높이에 따라 각도와 거리를 조절하여 디딤발을 디딘다.

- 고관절 신전: 차는 다리를 뒤로 최대한 멀리 보내 고관절의 가동 범위를 극대화한다.
- 무릎 굴곡 :무릎을 깊게 접어 다리의 회전 반경을 줄인다. 이는 스윙 초기 단계에서 다리를 더 빠르게 앞으로 가져올 수 있게 하며, 마치 압축된 스프링처럼 탄성 에너지를 저장하는 역할을 한다.
발목 고정 : 차는 발과 디딤발 모두 발목을 고정한다. 몸의 운동 사슬을 통해 전달된 에너지가 관절에서 흡수되지 않고 공으로 온전히 전달된다.

백스윙 및
무릎 굴곡

임팩트	- 접촉 부위 (발):최대 파워를 위해서는 발등의 단단한 뼈 부분(인스텝)을 사용해야 한다. - 접촉 부위 (공):공의 중심 또는 중심보다 약간 아랫부분을 가격해야 낮고 강하게 뻗어 나가는 슈팅이 가능하다 - 상체 자세:가슴과 머리를 공 위에 위치시켜 체중을 슈팅에 싣고, 공이 뜨는 것을 방지한다. 그림 3장 2-13 그림 3장 2-14
팔로우 스루	- 자연스러운 스윙: 차는 다리가 임팩트 이후에도 멈추지 않고 목표 방향으로 자연스러운 궤적을 그리며 계속 스윙하도록 한다. - 감속 및 균형: 이 동작은 강력한 스윙으로 인해 발생한 힘을 몸에 무리가 가지 않게 안전하게 분산시키고, 다음 동작을 위해 빠르게 균형을 회복히도록 돕는다.  그림 3장 2-15

출처: Walter Merino. Como Chutar Corretamente uma Bola de Futebol. wikiHow.
　　그림은 AI 생성

●탐구 설계

■ 탐구의 필요성 및 목적

축구에서 강력한 슈팅을 하기 위해서는 발목 힘, 체중 이동, 허리 회전뿐만 아니라 디딤발의 각도가 중요한 영향을 미친다는 주장이 많습니다. 그러나 대부분의 경우 이는 선수들의 경험이나 코치의 감각에 의존하고 있으며, 실제로 어느 각도가 가장 효과적인지에 대한 과학적 분석 자료는 부족합니다. 디딤발의 각도는 공의 발사 방향, 힘의 전달 효율, 회전 발생 여부 등에 직결되므로, 이를 체계적으로 분석하면 선수 개인의 슈팅 능력 향상뿐 아니라 지도자의 훈련 프로그램 개선에도 기여할 수 있습니다. 따라서 본 탐구는 축구공을 강하게 찰 수 있는 최적의 디딤발 각도를 규명하여, 경험적 지식을 실증적으로 검증하고, 과학적 근거를 바탕으로 한 효과적인 슈팅 기술 지침을 제시하는 것을 목적으로 합니다.

■ 가설 설정

슈팅 시 디딤발의 각도가 45°일 때, 공의 속력이 가장 빠를 것이다.

■ 변인 설정

변인 종류	내용
조작 변인 (바꿔 주어야 하는 것)	디딤발의 각도를 다르게 하여 축구공을 차기 (0°, 15°, 30°, 45°)

종속 변인 (결과로 나오는 것)	공의 속력 (동영상을 촬영한 후 공의 속력을 분석)	
통제 변인 (같게 해 주어야 하는 것)	공과 디딤발 사이의 거리, 공의 종류, 공을 차는 세기, 발을 휘두르는 각도, 공에 접근하는 빠르기 등	
대조군 (아무 변화도 주지 않고 기준이 되는 것)	디딤발의 각도 없이 차기($0°$)	

■ 실험 준비물

- 축구공 (바람이 적절히 들어가 있어야 함.)

- 스마트 기기 (고속 카메라 기능이 있는 스마트폰 등)

- 각도기

- 각도 표시용 테이프

■ 실험 과정

1. 촬영 준비: 삼각대를 이용해 스마트폰을 킥하는 지점의 측면에 고정한다. 이때 스마트폰은 지면과 수평이 되어야 한다. 공이 날아가는 경로 1~2m 정도가 화면에 잘 보이도록 위치를 잡는다. 정확한 거리 측정을 위해 공 수변 바닥에 1m 간격으로 줄자나 표식을 둔다. 또한, 각도기를 이용해 디딤발을 놓을 위치에 $0°$, $15°$, $45°$ 선을 미리 표시해 둔다.

촬영 준비

2. 동영상 촬영: 각도마다 5회씩 '슬로우 모션' 기능으로 킥하는 순간을 촬영한다.

3. 데이터 분석: 촬영된 영상을 운동 분석 프로그램(https://science-love.com/483030)을 사용하여 연속 사진을 만들고 공의 초기 속력을 비교한다. (공의 크기를 기준으로 단위시간 당 이동한 거리를 측정하여 계산할 수 있음)

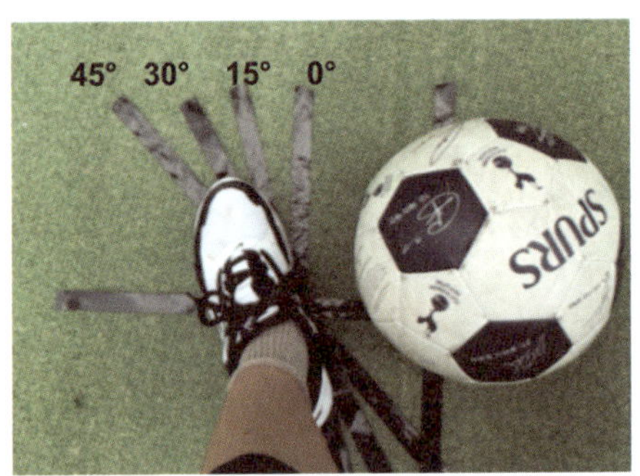

디딤발의 각도 변화

0.25초 간격 촬영, 공 크기:0.22m

●실험 결과

■ 결과 기록

시도	디딤발 각도(°)	속력 (km/h)	시도	디딤발 각도(°)	속력 (km/h)	시도	디딤발 각도(°)	속력 (km/h)	시도	디딤발 각도(°)	속력 (km/h)
1	0	32.1	1	15	48.3	1	30	43.95	1	45	23.7
2	0	36.7	2	15	42	2	30	50.25	2	45	27.1
3	0	32.1	3	15	48.3	3	30	43.95	3	45	23.7
4	0	27.1	4	15	48.3	4	30	37.45	4	45	20.7
5	0	32.1	5	15	42	5	30	43.95	5	45	23.7
	평균	32		평균	45.8		평균	43.9		평균	23.8

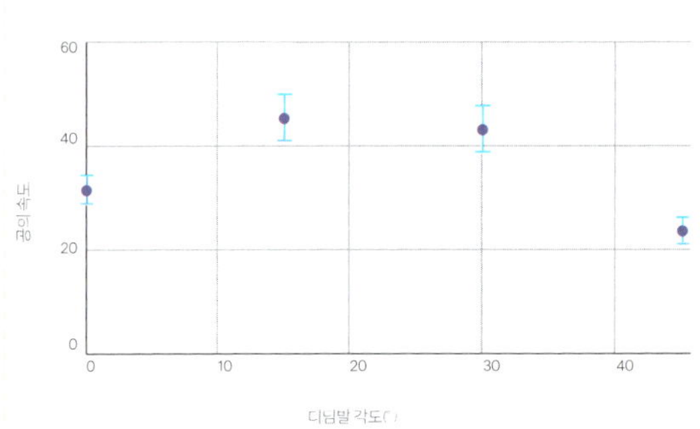

디딤발 각도(°)에 대한 공의 속도의 값

■ 결과 해석

예상과 같이 디딤발의 각도에 따라서 공의 속력의 차이가 났습니다. 다만, 축구 요령 안내에서 알려 준 바와 같이 45°에서 가장 효과적이지 않고 디딤발의 각도를 15°로 했을 때 평균 속력이 45.8 km/h로 가장 빠르게 나타났습니다.

●일반화

■ 탐구의 결론

실험 결과 15°에서 최고의 속력이 나왔으므로 처음의 가설이었던 "슈팅 시 디딤발의 각도가 45°일 때, 공의 속력이 가장 빠를 것이다." 는 기각되었습니다. 그래프의 경향성을 분석해 보면, 0°에서는 속력이 작다가 15°까지는 증가하다가 30° 이후에는 더 느려졌습니다. 따라서, 현재 실험으로는 15°에서 3 최고 속력이지만, 15°와 30° 사이의 각도에서 최고 속력이 되는 지점이 더 나올 수도 있으므로, 더 추가 실험을 해 볼 수 있겠습니다.

선행 연구를 바탕으로 결과를 분석해 보면, 디딤발을 약간 바깥쪽으로 열어 주는 것이 고관절의 회전 가동 범위를 자연스럽게 확보하여 엔진인 코어의 회전력을 스윙에 더 효과적으로 전달하기 때문으로 해석할 수 있습니다. 실험자에게는 $0°$는 고관절 회전에 다소 제약을 주었고, $45°$는 몸이 과도하게 열려 힘이 분산되고 안정적인 축을 형성하기 어려워 속력이 가장 느렸던 것으로 보입니다. 따라서 실험의 결과에 따라 처음 가설이었던 "슈팅 시 디딤발의 각도가 $45°$일 때, 공의 속력이 가장 빠를 것이다."는 기각되었지만 디딤발의 적절한 각도가 '안정된 지렛대의 효율을 극대화하여 킥 파워에 중요한 영향을 미친다'라는 것은 지지합니다.

축구 요령과 달리 실험자의 경우 $15°$에서 최고의 속력이 나왔는데 이는 사람마다 공을 빠르게 찰 수 있는 최적의 디딤발 각도가 다를 수 있음을 보여 줍니다. 실험 결과는 실험자의 하체 근력, 유연성, 신장, 발 크기 등 개별 신체 조건에 따라 달라질 수 있으므로, 다음과 같은 결론을 얻을 수 있습니다.

디딤발의 각도는 킥 파워에 중요한 영향을 주며, 많은 연습을 통해 자신의 최적의 디딤발 각도를 찾는 것이 중요하다.

■ 예상 오차

동영상 촬영 방식으로 공의 속력을 측정하였으므로 영상 분석에 오류로 인하여 오차가 발생했을 수 있습니다. 스마트폰은 롤링 셔터로 방식으로 동영상을 촬영하는데, 공이 흐리게 촬영되어 공 중심 추적이 불안정할 수 있습니다. 그리고 '캘리브레이션 스케일(calibration scale)' 오차가 발생할 수 있습니다. 영상의 픽셀을 미터로 환산하는 기준물을 치수가 정확하지 않게 측정되었을 수 있는 것이죠. 다시 말하면, 영상상으로는 공의 크기를 22cm로 설정하였지만, 실제 크기가 22cm보다 작거나 크다면, 영상 분석의 오류가 있을 수 있습니다. 마지막으로, 영상 촬영 시 어쩔 수 없이 생기는 원근 시차(Parallax)나 렌즈 왜곡으로 실제 이동 거리와 화면 이동량이 일치하지 않을 수 있습니다. 카메라가 사람과 너무 가까우면, 영상의 가운데 지점과 영상의 바깥 지점이 왜곡될 수 있다는 뜻입니다.

■ 탐구의 가치

이번 탐구는 축구 슈팅 기술에서 디딤발 각도의 중요성을 정량적으로 분석하여, 기존에 경험과 직관에 의존하던 영역을 과학적 데이터로 검증했다는 점에서 의의가 있습니다. 실험 결과, 디딤발 각도가 약 15°일 때 공의 속력이 가장 높게 나타났으며, 이는 고관절 회전 가동 범위와 체중 이동의 효율이 최적으로 결합되는 지점이 사람마다 다를 수 있음을 규명한 사례라 할 수 있습니다.

이러한 결과는 선수 개인의 기술 향상뿐 아니라, 훈련 현장에서 지도자가 선수별 맞춤형 슈팅 지도를 할 수 있는 근거 자료로 활용될 수 있습니다. 특히 청소년 선수 육성, 생활 체육, 전문 선수 훈련 등 다양한 수준의 교육 현장에서 적용 가능하며, 훈련 효율성을 높이고 부상 위험을 줄이는 데 기여할 수 있습니다.

또한 본 탐구는 스포츠 과학적 접근이 경기력 향상에 실질적인 도움을 줄 수 있음을 보여 줌으로써, 향후 다른 기술 요소(발목 각도, 달리기 속력, 공의 접촉 위치 등)에 대한 후속 연구의 기초 자료로써 가치가 있습니다. 이를 통해 축구뿐 아니라 유사한 구기 종목에서도 과학적 훈련 방법을 확산시키는 촉매 역할을 할 수 있습니다.

●아이디어 뱅크

■ 톡톡 튀는 상상

상상해 봅시다. 잔디 위에 축구공이 놓여 있고, 그 앞에 선 선수가 발을 들어 올립니다. 같은 힘으로 찼는데, 어떤 날은 공이 멀리 날아가고, 어떤 날은 힘없이 굴러갑니다. 무엇이 달랐을까요? 바로 신발입니다. 발과 공이 맞닿는 순간은 0.02초 남짓. 이 짧은 시간에 공에 전달되는 힘은 신발의 재질, 두께, 그리고 발등 구조에 따라 크게 달라집니다. 발이 직접 공을 때리면 아프고 힘이 분산되지만, 발등 부분이 단단하고 미끄럽지 않게 설계된 신발은 공과의 접촉 시간을 최적화해 더 많은 에너지를 전달합니다. 그렇다면 이런 생각이 들지 않을까요?

"신발을 조금만 바꾸면, 더 멀리 더 빠르게 찰 수 있지 않을까?"

만약 신발 윗면에 에너지를 복원력이 매우 우수한 탄성 소재를 덧댄다면? 또는 공 표면에 잘 '걸리는' 패턴을 넣는다면? 발이 흔들림 없이 고정되고, 힘이 한 번에 전해져 공은 더 날카롭게, 더 멀리 날아갈 수 있지 않을까요?

1. 강력한 직선 킥과 정교한 감아 차기 킥의 생체역학적 차이점은 무엇인가?

2. 공의 회전을 없애 예측 불가능한 궤적을 만드는 '무회전 킥'의 물리적, 기술적 원리는 무엇인가?

3. 단단한 맨땅과 젖은 잔디 등, 지면의 상태에 따라 킥 기술은 어떻게 조정되어야 하는가?

4. 디딤발과 공 사이의 거리 변화가 공 속력에 미치는 영향은 무엇인가?

5. 달려오는 거리 길이에 따라 공의 속력은 어떻게 달라지는가?

6. 발등과 발 안쪽(인사이드)으로 찰 때, 같은 디딤발 각도에서 속력 차이가 있는가?

7. 디딤발 각도와 공의 회전(스핀) 발생량은 어떤 관련이 있는가?

8. 디딤발이 미끄러질 때와 고정될 때, 공 속력과 방향 정확도는 어떻게 달라지는가?

9. 차는 발의 무게(무거운 신발 vs 가벼운 신발)가 디딤발 각도별 속력 차이에 어떤 영향을 주는가?

3. 수영 영법 중 자유형을 잘하려면 어떻게 해야 할까?

출처: AI 생성

■ 동네 수영장에 등록한 첫 달이었습니다. 물에 뜨는 법을 겨우 배우고 자유형 발차기와 팔 돌리기를 익혔죠. 진도를 따라가기 위해 안간힘을 썼습니다.

"조금만 더 빨리! 힘껏 저어야 해!"

어떻게든 25m 레인 끝까지 가 보고 싶었습니다. 그래서 숨이 턱까지 차오르도록 발을 차고, 물을 힘껏 뒤로 밀어내며 팔을 저었습니다. 결과는 처참했습니다. 온몸에 힘이 들어가 오히려 몸이 가라앉았고, 물만 잔뜩 먹은 채 중간에 멈춰 서야 했습니다.

다음 날은 방법을 달리해 보기로 했습니다.

옆 레인에서 미끄러지듯 나아가는 상급자를 유심히 관찰했습니다. 그들은 팔다리를 요란하게 움직이지 않았습니다. 오히려 물 위를 조용하고 길게 뻗어 나가는 느낌이었죠.

그 모습을 흉내 내 보기로 했습니다. 힘껏 물을 때리는 대신, 팔을 앞으로 쭉 뻗어 물을 길게 타려고 노력하고, 발차기는 힘을 빼고 가볍게 차 보았습니다.

그러자 신기하게도 이전보다 훨씬 적은 힘으로, 더 멀리 나아갈 수 있었습니다.

"오! 힘을 빼고 자세만 신경 썼는데 이렇게 다르네?"

그날부터 무작정 힘으로 수영하기보다, 어떻게 하면 물의 저항을 덜 받고 나아갈 수 있을지 고민하게 되었습니다.

● 일상에서 마주치는 궁금증

■ 여기서 질문!

'더 빨리 가려면, 팔을 더 빨리 돌리고 발을 더 세게 차야지.'

이건 꽤 흔한 생각입니다. 더 많은 힘을 쏟으면 더 빠른 결과가 나올 거라고 기대하는 건 당연하니까요.

그래서 초보자들은 대부분 물과 싸우듯 허우적거리게 됩니다.

그런데 이상한 일이 일어났습니다. 온 힘을 다해 팔다리를 저을 때보다, 오히려 힘을 빼고 자세에 집중했을 때 기록이 더 잘 나오는 것 같은 기분이 들었던 거죠. 심지어 힘을 주면 줄수록 몸이 뻣뻣해지면서 물에 가라앉는 느낌이 더 심해졌습니다.

"어? 힘껏 젓는 게 도움이 되는 거 아니었나?"

생각과는 다른 현상을 마주하자 머릿속이 살짝 복잡해졌습니다. 그제야 깨달았습니다. 수영 속력이 빨라지는 건 단순히 '힘' 때문만은 아닐 수도 있다는 걸요. 그래서 궁금해졌습니다.

"수영을 잘하려면, 특히 자유형을 잘하려면 어떻게 해야 할까?"

● 과학 개념 설명

■ 기본 개념: 추진력이란?

수영에서 추진력(Propulsion)은 몸을 앞으로 나아가게 만드는 힘을 말합니다. 물을 손과 팔, 그리고 발로 뒤쪽으로 밀어내면(작용), 그에 대한 반작용으로 몸이 앞으로 나아가는 원리이죠. 단순히 물을 세게 누르거나 때리는 것이 아니라, '걸려 있는 물'을 끝까지 길게 밀어 주는 동작을 통해 강력한 추진력을 얻을 수 있습니다.

■ 기본 개념: 저항이란?

저항(Drag)은 물속에서 나아가려는 몸을 방해하는 힘입니다. 공기 중에서 걷는 것보다 물속에서 걷는 것이 훨씬 힘든 이유도 바로 물의 저항 때문이죠. 수영 속력을 높이는 가장 중요한 열쇠는 추진력을 키우는 것보다 저항을 줄이는 데 있습니다. 저항을 최소화해야만 같은 힘으로도 훨씬 멀리, 그리고 빠르게 나아갈 수 있습니다.

■ 기본 개념: 유선형 자세란?

유선형 자세(Streamline)는 저항을 줄이는 가장 기본적이면서도 핵심적인 기술입니다. 물고기나 돌고래가 매끈한 몸으로 물을 가르듯, 우리 몸을 최대한 길고 가늘게 만들어 물의 저항이 스쳐 지나가게 만드는 것이죠. 머리를 숙여 척추와 일직선을 만들고, 팔을 앞으로 쭉 뻗으며, 몸을 수평에 가깝게 유지하는 자세가 바로 유선형 자세입니다. 이 자세가 무너지면 저항이 급격히 커져 속력이 느려집니다.

■ 기본 개념: 몸통 회전이란?

자유형은 어깨와 팔로만 하는 수영이 아닙니다. 몸통을 좌우로 자연스럽게 회전시키면서 헤엄치는 기술입니다. 몸통 회전(Body Roll)은 더 강력한 추진력을 만들어 줍니다. 어깨와 등의 넓은 근육을 사용할 수 있게 해 팔의 부담을 줄여 주고, 팔을 더 멀리 뻗을 수 있게 하여 물을 더 길게 잡을 수 있게 하죠. 또한, 고개를 살짝만 돌려도 쉽게 호흡할 수 있도록 도와줍니다.

■ 심화 해설

물속에서 물체가 받는 저항(항력)은 다음과 같은 공식으로 계산할 수 있습니다.

$$F_D = \frac{1}{2}\rho v^2 C_D A$$

F_D : 물체가 받는 저항의 크기(항력)

ρ : 물의 밀도(상수)

v : 물체(수영선수)의 속력

C_D : 저항 계수(물체의 형태가 얼마나 유선형인지 나타내는 값)

A : 물체의 단면적(수영 진행 방향에서 바라본 신체의 넓이)

이 공식에서 가장 주목해야 할 부분은 속력(v)이 제곱으로 작용한다는 점입니다. 즉, 속력을 2배로 높이려면 저항은 4배로 커집니다. 이것이 바로 힘으로만 수영하려 할 때 금방 지치고 속력이 늘지 않는 과학적인 이유입니다.

따라서 효율적인 수영을 위해서는 속력(v)을 무작정 높이기보다, 저항 계수(C_D)와 단면적(A)을 줄이는 것이 훨씬 중요합니다. 유선형 자세를 유지하여 단면적(A)을 줄이고, 부드러운 몸통 회전과 팔 동작으로 물의 흐름을 거스르지 않아 저항 계수(C_D)를 낮추는 것이 자유형 실력을 향상시키는 핵심 원리인 셈입니다.

●탐구 설계

■ 탐구의 필요성 및 목적

자유형에서 가장 중요한 건 양팔이 만들어 내는 추진력의 '리듬'과 '균형'입니다. 그런데 많은 경우, 수영하는 사람들은 양팔에 힘을 비대칭으로 주거나(불균형), 타이밍을 놓쳐서(부조화) 효율적인 움직임을 만들지 못하죠.

이번 실험에서는 2개의 추진원을 가진 모형을 이용해 '불균형한 동시 추진'과 '균형 잡힌 교대 추진' 방식이 모델의 효율성과 안정성에 어떤 영향을 주는지 살펴봅니다.

단순히 힘을 합치는 것보다, 힘을 균형 있게 나누고 리듬에 맞춰 사용하는 게 왜 중요한지 그 원리를 밝혀 보려는 것이죠.

■ 가설 설정

1. 2개의 추진력을 불균형하게 동시에 가하면 움직임이 불안정해지고 경로를 이탈할 것이다.

2. 균형 잡힌 교대 추진 방식은 불균형한 동시 추진 방식보다 안정적이고 효율적으로(직진성, 이동 거리) 나아갈 것이다.

■ 변인 설정

변인 종류	내용
조작 변인 (바꿔 주어야 하는 것)	추진 방식 (Propulsion Method) A (비대칭 동시 추진): 두 프로펠러가 동시에, 서로 다른 힘(예: 좌 60%, 우 40%)으로 작동 B (균형 잡힌 교대 추진): 두 프로펠러가 번갈아 가며, 같은 힘(100%)으로 작동
종속 변인 (결과로 나오는 것)	1. 최대 이동 거리 및 속력: 효율성과 성능의 척도 2. 경로의 직진성: 모델이 경로를 이탈하는 각도나 정도
통제 변인 (같게 해 주어야 하는 것)	총 추진 에너지, 모델의 형태와 무게, 물의 상태
대조군 (아무 변화도 주지 않은 기준이 되는 것)	대칭 동시 추진: 두 프로펠러가 동시에, 서로 같은 힘으로 작동

핵심 통제 변인: 총 추진 에너지

두 방식의 총 에너지는 동일하게 설정합니다.

A (비대칭 동시): (왼쪽 60% 힘 + 오른쪽 40% 힘) × 10초 = 총 100%의 힘을 10초간 사용

B (균형 교대): (왼쪽 100% 힘 × 5초) + (오른쪽 100% 힘 × 5초) = 총 100%의 힘을 10초간 사용

■ 실험 준비물

- 유선형 모델 몸체 1개

- 소형 DC모터와 프로펠러 2개

- 아두이노(Arduino) 또는 타이머 회로: 모터의 작동 시간과 방식을 정밀하게 제어하기 위함

- 전원 공급 장치(배터리 팩)

- 대형 수조, 줄자, 초시계, 방수 카메라(움직임 기록용)

■ **실험 과정**

1. 유선형 모델의 후미에 두 모터와 프로펠러를 좌우 대칭이 되도록 설치한다.

2. 아두이노를 이용해 3가지 추진 모드를 프로그래밍한다.

-모드 A (비대칭 동시 추진): 시작 신호 시 왼쪽 모터는 60%, 오른쪽 모터는 40%의 힘으로 동시에 작동

-모드 B (균형 잡힌 교대 추진): 시작 신호 시 왼쪽 모터가 100% 힘으로 작동 후, 멈추면 이어서 오른쪽 모터가 100% 힘으로 작동

-대조군 (균형 잡힌 동시 추진): 시작 신호 시 왼쪽 모터 50%, 오른쪽 모터 50%의 힘으로 동시에 작동

3. 수조의 물이 잔잔해지면 모델을 출발선에 놓는다. 이때, 반드시 매 실험마다 모델을 정확히 같은 출발선에 같은 방향을 보도록 놓아야 한다. 출발 위치나 각도가 조금만 달라져도 결과가 크게 바뀔 수 있기 때문이다.

4. 모드 A를 실행시켜 모델을 출발시킨다. 최대 이동 거리와 속력을 측정하며, 움직임을 집중 관찰한다. 모델이 어느 한쪽으로 치우치며 회전하는지, 경로를 얼마나 이탈하는지 집중적으로 기록한다.

5. 수면이 다시 잔잔해질 때까지 충분히 기다린다. 이전 실험으로 생긴 물의 출렁임이 다음 실험 결과에 영향을 줄 수 있다.

6. 모드 B를 실행시켜 모델을 출발시킵니다. 최대 이동 거리와 속력을 측정하며 움직임을 집중 관찰한다. 한쪽씩 추진력이 가해질 때, 몸체가 자연스럽게 회전(롤링)하면서도 전체적인 경로는 직선을 유지하는지 관찰한다.

7. 수면이 잔잔해질 때까지 충분히 기다린 후, 대조군으로 실험을

반복한다.

8. 데이터의 신뢰도를 위해 모드 A, 모드 B, 대조군 실험을 각각 5회 이상 반복하여 평균값을 구한다.

9. 세 방식의 효율성(거리, 속력)과 안정성(직진성)을 종합적으로 비교하여 가설을 검증한다. 이 실험을 통해 '힘의 불균형'이 어떻게 비효율을 낳는지, 그리고 '리듬'이 어떻게 그 불균형을 극복하고 안정성을 만드는지 분석한다.

안전 수칙

① 모터, 배터리, 아두이노 등 모든 전기 부품은 물에 닿지 않도록 완벽하게 방수 처리해야 합니다. 방수 케이스나 방수 테이프를 꼼꼼히 사용해요.
② 전기 기기(선풍기, 보일러, 전자저울) 근처에서 물이 흐르지 않도록 주의해요.

●실험 결과

■ 결과 기록

회차	최대 이동 거리 (cm)	50cm 통과 시간 (초)
1회	158.1	4.7
2회	152.5	5.0
3회	156.0	4.8
4회	153.2	4.9
5회	157.2	4.6
평균	155.4	4.8

모드 A: 비대칭 동시 추진 (좌 60% + 우 40%)

회차	최대 이동 거리 (cm)	50cm 통과 시간 (초)
1회	240.5	3.6
2회	245.1	3.4
3회	238.2	3.5
4회	242.3	3.6
5회	242.9	3.4
평균	241.8	3.5

모드 B: 균형 잡힌 교대 추진 (좌 100% → 우 100%)

회차	최대 이동 거리 (cm)	50cm 통과 시간 (초)
1회	239.0	3.8
2회	245.6	3.8
3회	237.4	3.7
4회	244.3	3.8
5회	241.1	3.8
평균	241.5	3.8

대조군: 대칭 동시 추진 (좌 50% + 우 50%)

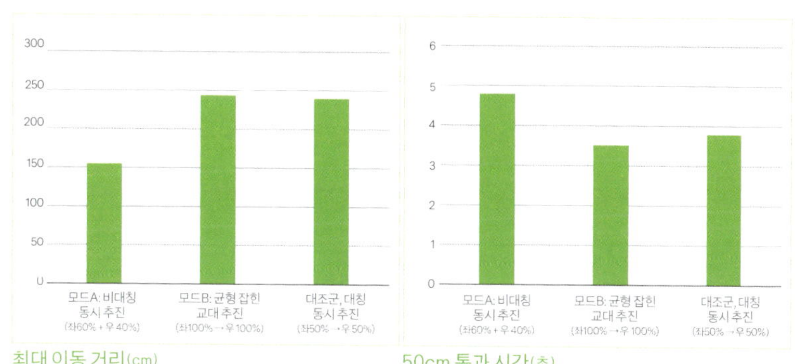

최대 이동 거리(cm)   50cm 통과 시간(초)

■ 결과 해석

구분	모드 A: 비대칭 동시 추진	모드 B: 균형 잡힌 교대 추진	성능 차이
평균 최대 이동 거리	155.4 cm	241.8 cm	모드 B가 약 86cm 더 멀리 이동
평균 50cm 통과 시간	4.8 초	3.5 초	모드 B가 약 1.3초 더 빠름
경로 안정성	불안정, 경로 이탈	안정, 직선 유지	안정성에서 극명한 차이

●일반화

■ 탐구의 결론

이번 탐구는 "2개의 추진력을 동시에 가하는 것보다, 교대로 가했을 때 더 안정적이고 효율적으로 나아갈 것."이라는 가설을 검증하기 위해, 동력 모델을 이용하여 두 가지 다른 추진 방식의 결과를 비교한 실험입니다.

실험 결과, 균형 잡힌 교대 추진(모드 B) 방식은 비대칭 동시 추진 (모드 A) 방식에 비해 최대 이동 거리는 약 1.5배 길었고, 50cm 통과 시간은 약 1.3초 더 빨랐습니다. 또한, 움직임의 안정성 측면에서 모드 A는 힘의 불균형으로 인해 경로를 크게 이탈하며 비틀거린 반면, 모드 B는 안정적인 직선 경로를 유지했습니다.

이 결과를 통해 다음과 같은 사실을 확인할 수 있습니다.

힘의 불균형은 에너지 낭비의 주된 원인입니다. 모드 A에서 60% 와 40%로 가해진 힘의 차이는 모델을 앞으로 나아가게 하기보다, 한쪽으로 회전시키는 불필요한 움직임을 만드는 데 대부분 소모되었습니다. 이는 수영에서 좌우 균형이 무너진 스트로크가 얼마나 비효율적인지를 보여 줍니다.

리듬과 조화는 안정성과 효율성을 만듭니다. 모드 B는 힘을 한쪽씩 번갈아 가하며 전달함으로써, 자연스러운 롤링(rolling)과 함께 움직임의 균형을 잡았습니다. 그 결과, 거의 모든 에너지를 전진하는 데 집중하여 더 빠르고 멀리 나아갈 수 있었습니다.

결론은 다음과 같습니다.

추진력의 총량보다 '어떻게' 힘을 사용하는지가 훨씬 중요하다.

이번 탐구는 유체 속에서의 움직임은 단순히 힘만 가한다고 되는 것이 아니라, 저항을 최소화하고 힘을 안정적으로 전달하는 리듬과 균형이 뒷받침되어야 한다는 핵심 원리를 명확히 보여 주었습니다.

■ 예상 오차

이 실험은 통제된 환경에서 진행되지만, 실제로는 여러 오차 발생 가능성을 내포하고 있습니다.

기계적 오차: 실험에 사용된 두 개의 모터와 프로펠러가 동일한 제품이라도, 미세한 성능 차이가 존재할 수 있습니다. 이는 추진력의 불균형을 의도한 것 이상으로 크게 만들거나 작게 만들 수 있습니다.

제작 오차: 모델의 몸체를 만들거나 모터를 부착할 때, 완벽한 좌우 대칭을 이루지 못했다면 모델 자체가 한쪽으로 쏠리는 원인이 될 수 있습니다. 이는 추진 방식의 효과를 정확히 측정하는 데 방해가 됩니다.

환경적 오차: 수조의 물이 완전히 잔잔해 보이지만, 눈에 보이지 않는 미세한 물의 움직임이나 대류 현상이 모델의 경로에 영향을 줄 수 있습니다. 또한, 측정자의 미세한 손 떨림이나 출발 시점의 차이도 오차를 유발합니다.

따라서 이 실험의 신뢰도를 높이기 위해서는, 모든 조건을 동일하게 맞춘 상태에서 수차례 반복 실험하여 그 평균값을 사용하는 과정이 반드시 필요합니다. 한두 번의 결과만으로 성급히 결론을 내려서는 안 됩니다.

■ 탐구의 가치

이 탐구는 '수영을 잘하는 법'을 넘어, 우리가 현상을 이해하는 방식에 대한 중요한 교훈을 줍니다.

'힘을 세게 주면 더 빠르겠지'라는 직관적인 생각은 때로 복잡한 현실 앞에서 잘못된 답이 되기도 합니다. 이 실험은 바로 그 직관에 의문을 제기하고, "정말 그럴까?"라는 질문을 던져 '힘의 크기'가 아닌 '힘의 조화'라는 새로운 관점을 제시하는 과정이었습니다.

수영이라는 복잡한 현상을 '2개의 모터를 가진 모델'로 단순화하는 것은 과학적 사고의 핵심인 모델링(modeling) 능력을 훈련하는 과정입니다. 우리는 모델링을 통해 복잡한 문제의 본질을 꿰뚫고, 변수를 통제하며 핵심 원리를 명확하게 증명할 수 있습니다.

결국 이 탐구는 단지 모터 달린 장난감의 움직임을 관찰하는 것으로 끝나지 않습니다. 하나의 현상을 과학적으로 분석하고, 가설을 세워 실험으로 검증하며, 그 결과를 통해 더 깊은 원리를 깨닫게 하는 힘을 길러 줍니다. 이러한 과학적 탐구 능력은 수영장뿐만 아니라 우리가 마주하는 어떤 문제 앞에서도, 겉으로 보이는 현상 너머의 진짜 원인을 찾아내는 가장 강력한 도구가 될 것입니다.

● 아이디어 뱅크

■ 톡톡 튀는 상상

상상해 봅시다. 물고기는 꼬리지느러미 하나로 어떻게 그렇게 자유롭게 방향을 바꾸고 빠르기를 조절할까요? 물고기는 꼬리를 좌우로 흔드는 단순한 동작만으로 전진, 정지, 심지어 후진까지 합니다. 그 비밀은 꼬리지느러미가 만들어 내는 '와류(Vortex)'에 있습니다.

꼬리가 한쪽으로 움직일 때 물속에는 작은 소용돌이가 생기고, 반대쪽으로 움직이며 또 다른 소용돌이를 만듭니다. 물고기는 이 소용돌이들을 절묘하게 밀어내며 추진력을 얻는 것이죠.

그렇다면 이런 생각이 들지 않을까요?

"수영할 때 손끝이나 발끝에서 만들어지는 작은 소용돌이를 이용할 수는 없을까?"

우리가 자유형을 할 때, 손이 물을 밀어내고 난 뒤에는 눈에 보이지 않는 와류가 남습니다. 만약 이 와류가 흩어지기 전에, 반대편 손이나 발차기가 그 에너지를 이어받아 밀어낼 수 있다면? 마치 물고기가 꼬리로 물을 '밟고' 나아가듯, 우리도 손과 발로 물의 흐름을 '타고' 나아갈 수 있지 않을까요?

■ 확장된 탐구 질문

1. 손 모양의 영향: 손가락을 모두 붙였을 때와 살짝 벌렸을 때, 추진력과 저항에는 어떤 차이가 생길까?

2. 발차기의 역할: 자유형 발차기는 추진력을 만드는 데 더 중요할까, 아니면 몸의 균형을 잡는 데 더 중요할까?

3. 롤링 각도의 비밀: 몸통을 크게 회전(롤링)하는 것과 작게 회전하는 것 중, 어느 쪽이 더 효율적일까?

4. 호흡과 저항: 호흡하기 위해 고개를 돌리는 순간, 속력은 얼마나 감소할까? 호흡 타이밍은 기록에 얼마나 영향을 미칠까?

5. 수영복의 과학: 전신 수영복과 일반 수영복은 물의 저항을 얼마

나 줄여 줄까? 수영복 표면의 재질은 기록에 어떤 영향을 미칠까?

6. 물 온도의 영향: 따뜻한 물과 차가운 물에서 수영할 때, 신체의 에너지 소모량과 기록에는 어떤 차이가 있을까?

7. 수심의 영향: 얕은 물과 깊은 물에서 수영할 때, 물의 저항이나 파도의 영향은 어떻게 다를까?

8. 스트림 라인의 길이: 잠영(스트림 라인 자세)을 더 길게 하는 것이, 더 빨리 헤엄치기 시작하는 것보다 항상 유리할까? 최적의 잠영 거리는 얼마일까?

9. 캐치업 스트로크 vs 풍차 돌리기: 한 팔이 입수할 때까지 다른 팔이 기다리는 '캐치업' 방식과, 양팔을 계속 돌리는 '풍차' 방식 중 어떤 것이 더 빠를까?

10. 단거리 vs 장거리 영법: 50m 단거리와 1,500m 장거리 수영의 스트로크 방식은 어떻게 달라야 할까? 힘과 효율의 배분은 어떻게 달라질까?

4. 고음의 노래를 잘 부르려면 어떻게 해야 할까?

출처: AI 생성

■ 친구들과 노래방에 갔습니다. 분위기가 한껏 무르익고, 제 애창곡의 전주가 흘러나왔죠. 자신 있게 마이크를 잡았습니다. 노래의 하이라이트, 시원하게 내지르는 고음 파트만 성공하면 모두의 환호를 받을 수 있었습니다.

"이 정도쯤이야! 목에 힘 꽉 주고 지르면 되겠지!"

클라이맥스가 다가오자 저는 온몸에 힘을 주고 목청껏 소리를 질렀습니다. 결과는 처참했습니다. "삑—" 하는 쇳소리와 함께 음이 이탈했고, 목은 칼칼하게 아파 왔습니다. 친구들은 웃음을 터뜨렸고, 제 얼굴은 빨갛게 달아올랐죠.

며칠 뒤, TV에서 제가 불렀던 그 노래를 원곡 가수가 부르는 모습을 보게 되었습니다. 그런데 이상했습니다. 가수는 저처럼 목에 핏대를 세우거나 인상을 쓰지 않았습니다. 오히려 편안하고 안정적인 표정으로, 마치 고음을 가볍게 '툭' 얹어 놓는 듯한 느낌이었죠. 소리는 훨씬 크고 맑게 공간을 가득 채웠습니다.

그 모습이 잊히지 않아 혼자 노래를 흥얼거려 보았습니다.

소리를 지르는 대신, 그 가수처럼 편안하게, 소리를 머리 위로 보내다고 상상하며 불러 봤습니다.

물론 가수처럼 멋진 소리는 아니었지만, 신기하게도 목이 아프지 않았고 이전보다 조금 더 높은 음까지 소리가 끊기지 않았습니다.

"어? 힘을 빼니까 오히려 소리가 나네?"

그날부터 무작정 소리를 지르는 것이 고음을 내는 방법이 아닐 수도 있겠다는 생각이 들기 시작했습니다.

■ 여기서 질문!

"높은 소리를 내려면, 더 강하고 큰 소리를 내야 한다."

이건 꽤 흔한 생각입니다. 더 높은 곳에 물건을 올리려면 더 많은 힘이 필요한 것처럼, 소리도 그럴 것이라고 직관적으로 믿는 거죠. 그래서 우리는 고음을 만날 때마다 자연스럽게 목에 힘을 주게 됩니다.

그런데 이상한 일이 일어났습니다. 목이 터져라 소리를 질렀을 때보다, 오히려 힘을 빼고 '가성'처럼 살짝 불러 봤을 때 더 높은 음이 안정적으로 났던 경험이 있었던 거죠. 심지어 목에 힘을 주면 줄수록 소리가 더 답답하고 꽉 막힌 느낌이 들었습니다.

"어? 힘껏 소리 지르는 게 도움이 되는 거 아니었나?"

생각과는 다른 현상을 마주하자 머릿속이 살짝 복잡해졌습니다. 그제야 깨달았습니다. 고음을 잘 내는 건 단순히 목의 '힘' 때문만은 아닐 수도 있다는 걸요. 그래서 궁금해졌습니다.

"고음의 노래를 잘 부를 수 있는 방법은 무엇일까?"

● 과학 개념 설명

■ 기본 개념: 소리의 원리, 주파수란?

소리는 물체의 진동이 공기를 통해 전달되는 현상입니다. 음의 높낮이, 즉 음정(Pitch)은 이 진동이 1초에 몇 번이나 반복되는지를 나타내는 주파수(Frequency)에 의해 결정됩니다. 주파수가 높을수록(많이 떨릴수록) 고음이, 낮을수록(적게 떨릴수록) 저음이 납니다.

■ 기본 개념: 발성 기관, 성대란?

성대(Vocal Cords)는 목 안쪽의 후두(Larynx)에 위치한 한 쌍의 작은 근육 조직입니다. 우리가 숨을 쉴 때는 열려 있다가, 소리를 낼 때는 서로 맞닿아 닫힙니다. 이때 폐에서 올라오는 공기가 닫힌 성대 사이를 지나가면서 성대를 진동시키고, 이 진동이 바로 목소리의 근원이 됩니다.

■ 기본 개념: 음 높이 조절, 성대는 어떻게 고음을 낼까?

성대는 기타 줄과 같습니다. 기타 줄을 팽팽하게 조이면 더 높은 소리가 나는 것처럼, 우리 몸은 고음을 내기 위해 성대를 더 길고 얇게 늘려 팽팽하게 만듭니다. 팽팽하고 가늘어진 성대는 공기 저항에 더 빠르게 떨리면서 높은 주파수의 소리를 만들어 냅니다. 즉, 고음은 목에 힘을 줘서 '쥐어짜는' 것이 아니라, 성대를 정교하게 '스트레칭'하는 기술입니다.

■ 기본 개념: 공명, 소리를 키우는 원리란?

성대에서 막 만들어진 소리는 사실 매우 작고 빈약합니다. 이 작은 소리가 목구멍(인두강), 입안(구강), 코안(비강) 등 비어 있는 공간들을 지나면서 증폭되고, 풍성한 소리로 바뀌게 됩니다(공명, resonance). 이 공간들을 '공명강'이라고 하며, 소리를 어디에서 울리게 하느냐(공명 위치)에 따라 목소리의 톤과 색깔이 결정됩니다. 고음을 시원하고 힘 있게 내려면, 이 공명강을 잘 활용하여 소리를 증폭시키는 것이 핵심입니다.

■ 기본 개념: 호흡 지지, 소리의 엔진이란?

노래의 힘은 목이 아닌 호흡에서 나옵니다. 횡격막(가로막, Dia-phragm)을 이용해 폐에서 나오는 공기의 압력과 양을 일정하고 안정적으로 유지하는 것을 '호흡이 지지된다(호흡 지지, Breath support)'라고 말합니다. 안정적인 호흡은 성대가 무리 없이, 효율적으로 진동할 수 있도록 받쳐 주는 엔진과 같습니다. 호흡의 지지 없이는 결코 편안하고 힘 있는 고음을 낼 수 없습니다.

■ 심화 해설

기타 줄이나 피아노 현과 같은 줄의 진동 주파수(f)는 다음 공식으로 설명할 수 있습니다. 성대의 작동 원리도 이와 매우 유사합니다.

$$f = \frac{1}{2L}\sqrt{\frac{T}{\mu}}$$

f　: 주파수 (Frequency) – 우리가 듣는 음의 높이. 고음을 내려면 이 값을 높여야 합니다.

L　: 성대의 진동 길이 (Vibrating Length) – 성대가 서로 맞닿아 떨리는 부분의 길이입니다.

T　: 성대의 장력 (Tension) – 성대가 얼마나 팽팽하게 당겨져 있는지를 나타냅니다.

μ (뮤) : 성대의 단위 길이당 질량 (Mass per unit length) – 성대의 두께와 관련이 있습니다.

이 공식은 고음을 내는 비밀을 명확하게 보여 줍니다. 주파수(f)를 높이려면, 장력(T)을 높이거나(줄을 팽팽하게), 질량(μ)을 낮춰야(줄을 가늘게 만들어야) 합니다.

즉, 가수가 고음을 내기 위해 하는 일은 목에 힘을 주어 억누르는 것이 아니라, 후두 안의 미세한 근육들을 사용해 성대를 길고 얇게 늘려 장력(T)을 극대화하는 것입니다. 이 상태에서 안정적인 호흡으로 공기를 보내 주면, 가늘고 팽팽해진 성대가 빠르게 진동하며 맑고 힘 있는 고음을 만들어 내는 것이죠.

● 탐구 설계

■ 탐구의 필요성 및 목적

많은 사람이 고음의 노래를 부를 때, 단순히 '더 세게, 더 크게' 소리 지르는 방식을 사용합니다. 이는 목에 과도한 부담을 주어 음이 이탈되거나 목소리가 상하는 결과로 이어지기 쉽습니다. 이는 '고음 = 목의 힘'이라는 직관적이지만 잘못된 생각에서 비롯됩니다.

따라서 목에 직접적인 힘을 가하는 방식과, 호흡과 공명 등 신체의 다른 부분을 활용하는 과학적인 발성 방식이 실제 고음의 정확성, 안정성, 편안함에 어떤 차이를 만드는지 비교 분석할 필요가 있습니다. 이 탐구의 목적은 자신의 목소리를 상하게 하지 않으면서 효과적으로 고음을 낼 수 있는 과학적 발성법의 효율성을 증명하고, 올바른 연습 방향을 제시하는 것입니다.

■ 가설 설정

만약 목에 힘을 주어 소리 내는 방식보다 복식 호흡을 기반으로 공명을 활용하는 방식으로 노래한다면, 목표 고음을 더 정확하고, 더 안정적으로 오래 지속할 수 있으며, 신체적으로도 훨씬 편안함을 느낄 것이다.

■ 변인 설정

변인 종류	내용
조작 변인 (바꿔 주어야 하는 것)	발성 방식 (Singing Method) 1. A (목 중심 발성): 목과 어깨에 힘을 주고 쥐어짜듯이 소리를 내는 방식 2. B (호흡 · 공명 중심 발성): 깊은 호흡으로 배를 지지하고, 소리를 머리나 코 뒤에서 울린다고 상상하며 내는 방식
종속 변인 (결과로 나오는 것)	1. 음정 정확도(Pitch Accuracy): 튜너 앱으로 측정한 목표 음과의 오차 2. 음의 안정적 지속 시간(Duration): 음정이 크게 흔들리지 않고 지속되는 시간(초) 3. 주관적 편안함(Perceived Comfort): 발성 후 목이 느끼는 편안함의 정도(1~10점 척도)
통제 변인 (같게 해 주어야 하는 것)	실험 참가자, 목표 음높이(예: 2옥타브 솔), 발음(예: "아"), 실험 장소의 소음 정도, 측정 장비와의 거리, 실험 간 휴식 시간
대조군 (아무 변화도 주지 않은 기준이 되는 것)	평소 목소리

■ 실험 준비물

- 조용한 실내 공간
- 스마트폰 애플리케이션
- 튜너(Tuner) 앱: 음정 정확도 측정
- 소음 측정기(Decibel Meter) 앱: 음량 참고용

- 초시계(Stopwatch) 또는 녹음 기능
- 목표 음을 제시할 피아노 건반 앱 또는 악기
- 실험 결과 기록용 노트

■ 실험 과정

1. 목 풀기(허밍, 입술 떨기 등)로 충분히 음성 예열을 한다. 실험 전 5분 이상 "음~", "허~" 등 가벼운 소리로 목의 긴장을 풀어 준다.

2. 피아노 앱을 이용해 자신에게 약간 도전적인 목표 고음(예: 남성 G4, 여성 C5)을 설정하고 소리를 익힌다.

[실험 A: 목 중심 발성]

3. 의식적으로 목과 어깨 주변에 힘을 주고, 목표 고음을 "아" 발음으로 최대한 길게 소리 낸다.

4. 소리를 내는 동안 튜너 앱으로 음정이 얼마나 정확한지, 얼마나 벗어나는지 관찰한다.

5. 음정이 크게 흔들리지 않고 지속된 시간을 초시계로 측정한다.

6. 발성 직후, 목의 불편함을 1(매우 편안함) ~ 10(매우 아픔) 척도로 평가하여 기록한다.

7. 5분 이상 충분히 휴식을 취하고 물을 마신다.

[실험 B: 호흡·공명 중심 발성]

8. 숨을 깊게 들이마셔서 아랫배가 나오는 느낌(복식 호흡)을 유지한다.

9. 목과 어깨의 힘은 최대한 빼고, 소리가 코 뒤나 이마에서 울리는 '느낌'에 집중하며 목표 고음을 "아" 발음으로 최대한 길게 소리 낸다.

10. 실험 A와 동일하게 음정 정확도, 지속 시간, 주관적 편안함을 측정하고 기록한다.

[대조군: 평소 목소리]

11. 평소 목소리로 실험 A, B와 동일하게 음정 정확도, 지속 시간, 주관적 편안함을 측정하고 기록한다.

12. 데이터의 신뢰도를 위해 다른 날 동일한 조건으로 1~11 과정을 3회 이상 반복하여 평균값을 구한다.

12. 두 방식의 평균 음정 정확도, 지속 시간, 편안함 점수를 비교하여 가설을 검증한다.

안전 수칙

① 수분을 섭취해 주세요. 실험 시작 전 미지근한 물을 마셔 성대를 촉촉하게 유지해 주세요.
② 어떤 방식이든 목에 통증이나 심한 불편함이 느껴지면 즉시 중단해야 합니다. 목 건강이 최우선이에요.

●실험 결과

■ 결과 기록

구분	실험 A: 목 중심 발성	실험 B: 호흡·공명 중심 발성
음정 정확도 (목표음 대비 오차)	평균 −35 cent (불안정하게 흔들림)	평균 +5 cent (안정적으로 유지)
음의 안정적 지속 시간 (평균)	3.5초	9.0초
주관적 불편함 (10점 만점, 높을수록 불편)	8점	2점

cent : 음의 높이(음정의 차이)를 아주 정밀하게 나타내는 단위

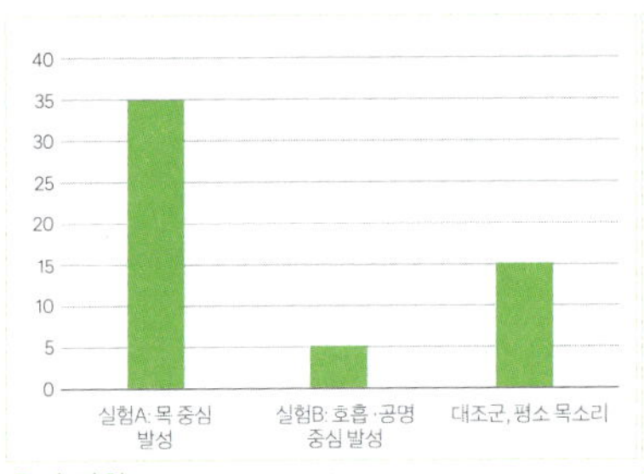

음정 정확도(목표음 대비 오차)(cent)

주관적 불편함(10점 만점, 높을수록 불편)

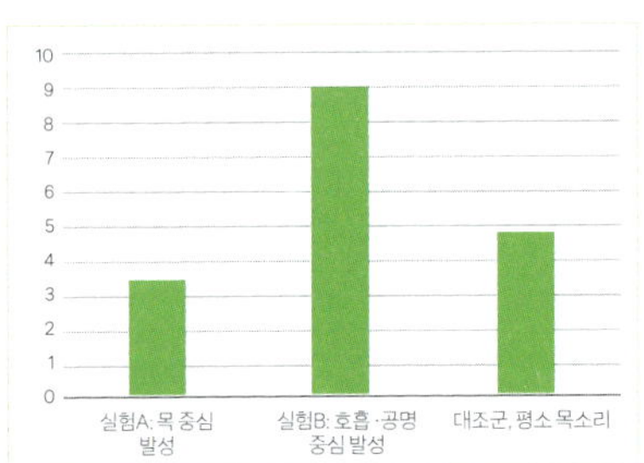

음의 안정적 지속

■ **결과 해석**

목에 힘을 주는 방식(실험 A)은 성대를 지나치게 긴장시켜서 음정이 목표보다 크게 떨어지거나 흔들리는 모습을 보였습니다. 또, 불필요한 긴장 때문에 호흡이 금방 소모되어 소리를 길게 내기도 어려웠죠. 발성 후에는 목에 통증이나 칼칼함이 남아 불편함도 컸습니다.

반면, 호흡과 공명을 활용한 방식(실험 B)은 성대가 자연스럽게 진동하면서 더 정확한 음정을 낼 수 있었습니다. 안정적인 호흡 덕분에 공기를 효율적으로 쓸 수 있었고, 그래서 음도 훨씬 길고 안정적으로 이어졌습니다. 목에 부담이 거의 없어 발성 후에도 편안한 상태였고, 불편함 점수도 낮았습니다.

● 일반화

■ **탐구의 결론**

이번 탐구는 "호흡과 공명을 활용하는 발성법이 목에 힘을 주는 발성법보다 고음을 내는 데 더 효과적일 것"이라는 가설을 검증하기 위해, 2가지 발성 방식의 음정 정확도, 지속 시간, 편안함을 비교한 실험입니다.

실험 결과, 호흡·공명 중심 발성(모드 B)은 목 중심 발성(모드 A)에 비해 음정이 훨씬 정확했고, 소리를 약 2.5배 더 길게 지속할 수 있었으며, 발성 후 느끼는 신체적 불편함은 현저히 낮았습니다.

이 결과를 통해 다음과 같은 사실을 확인할 수 있습니다.

목의 긴장은 소리의 적입니다. 목에 힘을 주는 행위(모드 A)는 고음을 내는 데 필요한 성대의 섬세한 스트레칭을 방해하고, 불필요한 압력을 가해 성대의 진동을 억제합니다. 이는 부정확한 음정과 짧은 지속 시간의 직접적인 원인입니다.

호흡은 힘의 원천이고, 공명은 소리의 확성기입니다. 안정적인 복식 호흡(모드 B)은 성대가 최소한의 압력으로 자유롭게 진동할 수 있는 환경을 만들어 주었고, 공명은 그 작은 소리를 힘 있고 아름다운 소리로 증폭시켰습니다.

결론을 정리하면 다음과 같습니다.

고음 발성은 '힘'의 문제가 아니라 '효율'의 문제이다.

목은 소리를 쥐어짜는 공장이 아니라, 아랫배에서부터 올라온 호흡과 공명강에서 증폭된 소리가 자유롭게 지나가는 '통로'가 되어야 합니다. 힘의 중심을 목에서 복부로 옮기고, 소리의 초점을 공명 위치에 맞추는 것이 고음 정복의 핵심 원리입니다.

■ 예상 오차

이 실험은 개인적인 탐구에 유용하지만, 몇 가지 명백한 한계를 가집니다.

첫째는 주관성입니다. '목의 편안함'은 전적으로 실험자의 주관적인 느낌에 의존하며, 그날의 컨디션에 따라 크게 달라질 수 있습니다.

둘째는 심리적 요인입니다. 어떤 방식이 '더 좋은 방법'인지 미리 알고 있기 때문에, 실험자가 무의식적으로 모드 B에서 더 집중하거나 노력하게 되는 '기대 효과'가 발생할 수 있습니다.

셋째는 수행 과정에서 일관성이 부족한 것입니다. 특히 훈련되지 않은 일반인의 경우, 각각의 발성 방식을 매번 똑같이 재현하기가 매우 어렵습니다. 시도할 때마다 소리의 질과 결과가 달라질 수 있습니다.

넷째는 측정 장비의 한계입니다. 스마트폰 앱은 훌륭한 보조 도구이지만, 전문적인 녹음 장비나 음성 분석 프로그램에 비해 정밀도가 떨어지며 주변 소음에 영향을 받기 쉽습니다.

따라서 이 실험의 신뢰도를 높이려면, 장기간에 걸쳐 꾸준히 연습하고 데이터를 축적하여 변화의 '추세'를 관찰하는 것이 중요합니다. 한두 번의 결과로 결론 내리기보다는, 올바른 방법으로 연습했을 때 내 몸이 어떻게 변해 가는지를 기록하는 과정 자체가 의미 있는 탐구가 되어 노래를 잘하는 성장으로 이어질 것입니다.

■ 탐구의 가치

이 탐구는 단순히 '노래 잘하는 법'을 알려 주는 것을 넘어, 복잡한 기술을 습득하는 근본적인 원리를 보여 줍니다.

많은 사람이 재능의 영역이라 생각하는 노래라는 행위 역시, 신체의 구조와 물리학적 원리에 기반한 과학적 현상임을 이해하게 합니다. '고음 불가'라는 막연한 좌절감 앞에서, 문제를 '호흡', '성대', '공명'이라는 작은 단위로 분해하고 각각의 기능을 탐구하는 것은 매우 과학적인 문제 해결 방식입니다.

우리는 이 탐구를 통해 '안 되면 더 세게'라는 비효율적인 접근법에서 벗어나, '어떻게 해야 할까?'라는 지적인 질문으로 전환하는 법을 배웁니다. 이것은 힘든 일을 무작정 노력하는 것이 아니라, 원리를 파악하고 영리하게 접근하는 '훈련'의 시작입니다.

결국 이 탐구가 주는 가장 큰 가치는, 우리의 몸과 우리가 마주하는 세상이 과학적 원리로 움직인다는 사실을 체감하게 하는 데 있습니다. 이러한 과학적 사고방식은 노래뿐만 아니라 스포츠, 학습, 인간관계 등 삶의 모든 영역에서 비효율적인 노력을 줄이고, 문제의 핵심을 꿰뚫어 성장할 수 있게 만드는 가장 강력한 무기가 될 것입니다.

● 아이디어 뱅크

■ 톡톡 튀는 상상

여름밤, 작은 매미 한 마리가 온 동네를 울릴 만큼 큰 소리를 냅니다. 그 작은 몸에서 어떻게 그런 엄청난 에너지가 나올까요? 매미는 근육으로 발음판(Tymbal)을 아주 빠르게 떨고, 텅 비어 있는 자신의 배를 '공명통'으로 사용해 그 작은 진동을 수천 배 증폭시킵니다.

매미의 몸은 특정 주파수의 소리를 가장 잘 울리도록 완벽하게 '설계'된 악기인 셈이죠.

그렇다면 이런 생각이 들지 않을까요?

"내 몸도 노래하는 악기라면, 최고의 소리를 내는 '모양'을 찾을 수 있지 않을까?"

우리는 고음을 낼 때 그저 소리를 위로 보낸다고만 생각합니다. 하지만 만약 입안의 모양, 혀의 위치, 입술의 형태를 아주 미세하게 바꾸면서 소리를 내 본다면 어떨까요? 같은 "아" 발음이라도 입을 더 크게 벌렸을 때, 광대뼈를 살짝 들어 올렸을 때, 소리의 울림과 색깔이 완전히 달라질 수 있습니다.

어쩌면 내 몸 안에도 특정 고음을 가장 아름답게 증폭시키는 '숨겨진 공명 스위치'가 있을지도 모릅니다. 최고의 소리를 내는 나만의 '얼굴 모양'과 '입안 구조'를 찾아내는 탐험, 상상만으로도 즐겁지 않나요?

■ 확장된 탐구 질문

1. 자세의 영향: 허리를 펴고 바르게 섰을 때와 구부정하게 섰을 때, 호흡의 깊이와 고음의 안정성은 얼마나 달라질까?

2. 모음의 비밀: 같은 높이의 음을 아, 에, 이, 오, 우 각기 다른 모음으로 냈을 때, 어떤 모음이 가장 내기 편하고 소리가 잘 울릴까?

3. 성종의 차이: 가성(Falsetto)과 진성(True Voice)으로 내는 고음은 성대의 어떤 부분이 다르게 작동하는 걸까?

4. 물의 온도: 노래하기 전 따뜻한 물을 마셨을 때와 차가운 물을 마셨을 때, 목의 유연성과 고음의 질에 차이가 있을까?

5. 연습 방법: 고음 연습은 처음부터 큰 소리로 하는 것이 효과적일까, 아니면 작은 소리로 정확한 위치를 찾는 것부터 시작해야 할까?

6. 음 이탈의 원인: 소위 '삑사리'가 나는 지점(Vocal Break)은 왜 생기는 것이며, 특정 발음 연습으로 그 구간을 부드럽게 연결할 수 있을까?

7. 감정의 역할: 슬픈 감정으로 노래를 부를 때와 기쁜 감정으로 부를 때, 사용하는 근육이나 공명의 위치가 달라질까?

8. 가사의 영향: 발음하기 어려운 가사가 있는 부분에서 유독 음정이 흔들리는 이유는 무엇일까?

9. 마이크 사용법: 마이크와의 거리를 조절하는 것이 고음의 편안함과 표현력에 얼마나 큰 영향을 미칠까?

10. 성대모사: 다른 사람의 목소리를 흉내 낼 때, 발성 기관은 어떻게 달라지며, 이를 통해 내 목소리의 새로운 가능성을 발견할 수 있을까?

5. 슈팅 게임에서 마우스를 빨리 클릭하려면 어떻게 해야 할까?

출처: AI 생성

■ 주말에 친구들과 PC방에 갔습니다. 오랜만에 모여서 다 같이 슈팅 게임을 하기로 했죠. 자리에 앉아 헤드셋을 쓰고, 모니터 속 전장이 펼쳐지는 순간 모두가 집중했습니다. 그런데 이상하게도, 게임이 시작할 때마다 제 캐릭터가 제일 먼저 쓰러지는 겁니다. 적과 서로 마주 보게 되었을 때, 분명히 저도 열심히 사격하였지만 어느새 화면은 회색으로 변했고, 친구들은 여유롭게 웃으며 저를 놀렸습니다.

"야, 넌 또 죽었냐? 시작한 지 10초도 안 됐는데!"

웃는 척했지만 속으로는 꽤 씁쓸했습니다. 혹시 내가 친구들보다 마우스를 늦게 누르는 건 아닐까, 그런 생각이 들었습니다. 순간적으로 '탕' 하고 클릭하는 반응 속도가 부족해서, 늘 한발 늦게 대응하는 건 아닐까 하는 의문이 들었죠. 그렇다면, 반응 속도는 선천적인 것이고 바뀔 수 없는 걸까요?

🟡 일상에서 마주치는 궁금증

🟧 여기서 질문!

'반응 속도는 선천적인 걸까?', '나의 반응 속도는 어느 정도일까?', '반응 속도를 연습으로 높일 수 있을까?' 의문이 꼬리에 꼬리를 물었습니다. 그런데, 진정으로 원하는 것을 생각해 보니 슈팅 게임에서 살아남는 법이었습니다. 슈팅 게임에서 살아남는 법을 곰곰이 고민하다가, 좀 더 직접적이고 구체적인 질문을 만들어 보았습니다.

"슈팅 게임에서 마우스를 빨리 클릭하는 방법은 무엇일까?"

🟡 과학 개념 설명

🟧 기본 개념: 반응 속도란?

사람의 반응 속도는 감각 기관(시각, 청각, 촉각)을 통해 들어온 반응을 뇌에서 판단을 하고 운동 신경을 통해 운동 기관에 명령을 내리는 속도라고 할 수 있습니다. 이 과정에 시간이 걸리므로 반응 속도는 반응 시간이 짧을수록 빠릅니다. 반응 시간은 감각의 종류에 따라 다르고 또 사람마다 조금씩 다릅니다. 그리고 후천적으로 훈련을 하면 더 좋아질 수 있다고 알려져 있습니다.

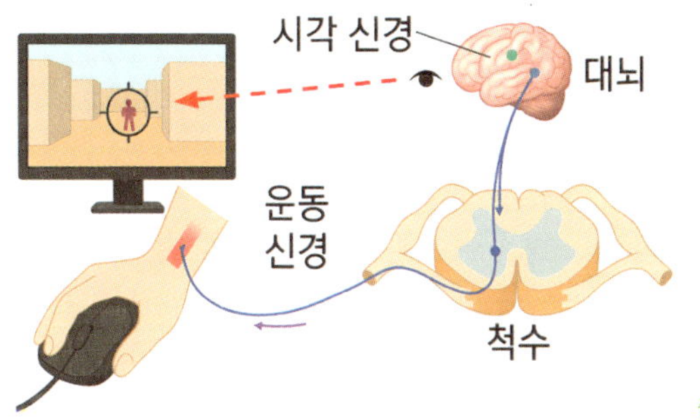

■ 기본 개념: 슈팅 게임에서 마우스를 클릭하는 과정

게임 화면에서 적이 나타나면 눈의 망막에서 빛 자극이 전기 신호로 바뀌어 시각 신경을 통해 대뇌의 시각 관련 부분으로 전달됩니다. 대뇌는 목표를 인식하고, 마우스를 눌러야 한다는 결정을 내린 뒤 운동 명령을 만들어 냅니다. 이 신호는 손을 지배하는 척수 신경으로 전달되며, 다시 운동 신경을 통해 손가락 근육에 도달합니다. 운동 신경 끝에서 아세틸콜린이라고 하는 화학 물질이 방출되면서 손가락 근육이 수축하고, 그 결과 집게손가락이 마우스를 눌러 클릭 동작이 일어납니다. 이때 손가락이 누르는 힘과 손가락이 이동하는 거리가 충분할 때 마우스가 클릭됩니다. 그 양은 '일'이라는 과학적인 양으로 측정될 수 있습니다.

■ 기본 개념: 마우스를 클릭하는 데 필요한 일의 크기는?

과학에서의 일은 물체에 힘이 작용하여 이동시키는 것을 말하며, 일의 양은 다음과 같이 측정할 수 있습니다.

일 = 힘 × 이동 거리

따라서 마우스를 클릭할 때 필요한 일의 크기는 마우스를 누르는 힘과 버튼이 눌릴 때 이동한 거리의 곱입니다.

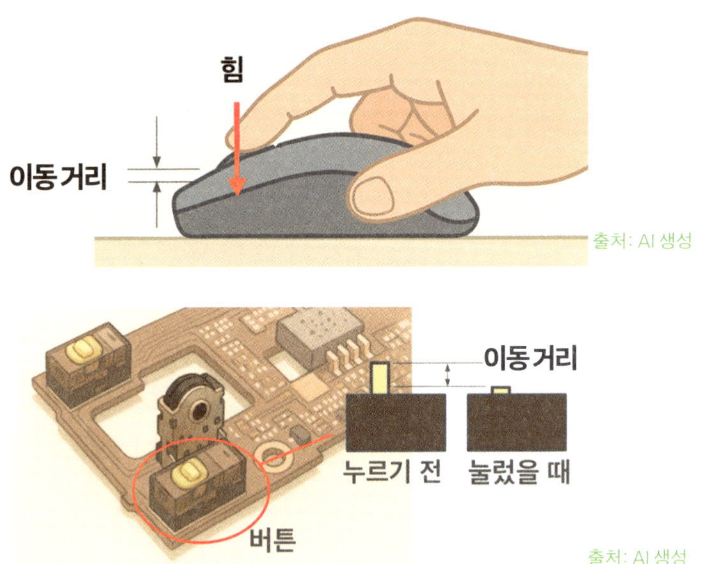

일반적인 마우스를 클릭하는 데 필요한 힘의 크기는 0.7N 정도이며, 이동 거리는 0.3mm정도로 알려져 있습니다. 따라서 마우스를 클릭하는 데 필요한 일의 크기는 다음과 같습니다.

$$0.7 \, \text{N} \times 0.0003 \, \text{m} = 0.00021 \, \text{J} = 0.21 \, \text{mJ}$$

이때 마우스 버튼을 클릭하는 데 필요한 힘의 크기를 줄일 수는 없으므로, 마우스 버튼을 더 빨리 클릭하기 위해서는 버튼을 누르는 이동 거리를 줄여서 일의 크기를 줄일 수 있습니다.

■ **심화 해설: 신경계의 구성과 기능**

신경계는 크게 중추 신경계과 말초 신경계로 나뉩니다. 중추 신경계는 뇌와 척수로 구성되며, 자극을 수용하고 판단하고 자극에 대한 적절한 반응을 명령하는 역할을 합니다.

말초 신경계는 감각 신경과 운동 신경으로 구성되며 뇌와 척수에서 나와 온몸에 퍼져 있습니다. 중추 신경계의 명령 수행, 내장 기관의 기능을 자율적으로 조절합니다. 운동 신경은 체성 신경과 자율 신경으로 구분되는데, 체성 신경은 대뇌의 명령을 얼굴, 팔, 다리 등의 골격에 있는 근육으로 전달하여 의식적인 반응을 하는 역할을 합니다. 반면에 자율 신경은 심장, 소화 기관, 혈관 등 사람의 의지와는 상관없이 말초 신경에 의해 자율적으로 조절하는 역할을 합니다.

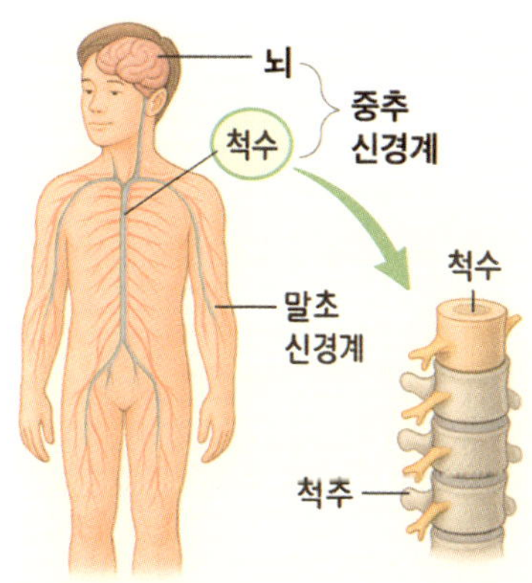

출처: AI 생성

●탐구 설계

■ **탐구의 필요성 및 목적**

많은 사람이 슈팅 게임에서 자신의 반응 속도가 느리다고 느낄 때 단순히 선천적인 능력 탓으로 생각하는 경우가 많습니다. 그러나 마우스를 클릭하는 과정을 외부 자극이 전달되고, 근육과 마우스 버튼이 실제로 작동하는 과정이라는 생물학적 과정으로 살피고, 마우스의 구조와 원리를 이해하면 새로운 것을 탐구할 수 있습니다. 실제로 반응 속도는 시각, 청각 자극의 처리 속도, 신경 전달 경로, 근육 수축 속도뿐만 아니라 마우스 버튼의 이동 거리와 같은 기계적 요인에도 영향을 받습니다.

따라서 마우스 버튼의 물리적 조건과 인간 신경계의 반응 원리를 함께 고려하여 마우스의 구조를 분석하고 과학적으로 탐구함으로써 보다 효율적인 마우스 작동법을 탐구할 수 있습니다.

■ 가설 설정

마우스 버튼이 눌리는 이동 거리를 줄이면 반응 속도가 빨라질 것이다.

■ 변인 설정

변인 종류	내용
조작 변인 (바꿔 주어야 하는 것)	마우스 버튼이 눌리는 이동 거리
종속 변인 (결과로 나오는 것)	반응 시간
통제 변인 (같게 해 주어야 하는 것)	실험 참가자, 측정 장비 및 측정 조건
대조군 (아무 변화도 주지 않은 기준이 되는 것)	마우스 버튼이 눌리는 이동 거리를 변화시키지 않은 것

■ 실험 준비물

- 마우스

- 투명 테이프

- 스마트폰 및 애플리케이션

■ 실험 과정

1. 반응 속도 측정 사이트에서 '시각' 반응 속도를 측정하고, 평균 값을 기록하는 것을 총 5회 실시한다.

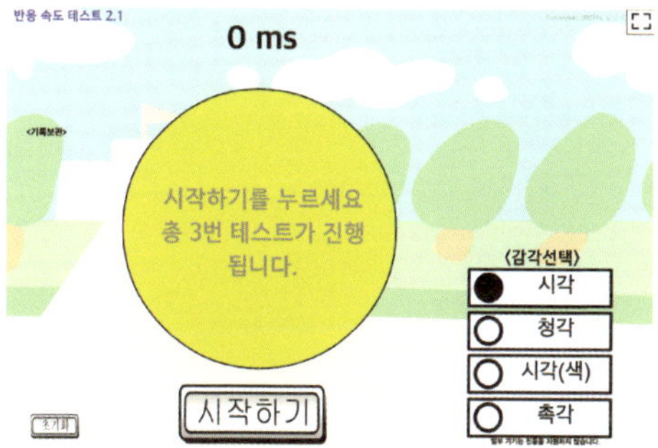

출처: https://sciencej.cafe24.com/html5/reflextest/reflextest1.html

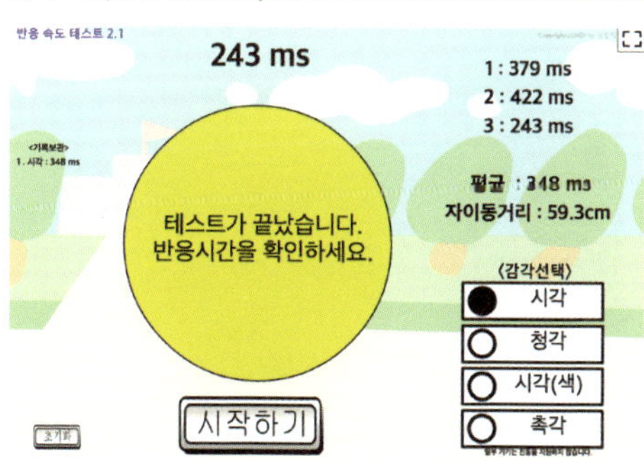

출처: https://sciencej.cafe24.com/html5/reflextest/reflextest1.html

2. 마우스의 왼쪽 버튼을 테이프로 살짝 눌리게 붙인 후, 반응 속도 를 측정하고, 평균값을 기록하는 것을 총 5회 실시한다.

마우스 버튼을 테이프로 너무 세게 누르면, 버튼이 완전히 클릭된 상태로 될 수 있으므로 마우스 버튼이 약간만 눌리는 상태로 테이프로 붙일 수 있도록 주의한다.

3. 충분히 익숙해질 수 있도록 여러 번 반복 실험을 하여 평균값을 구한다. 실험하는 동안 집중도를 일정하게 유지하도록 한다.

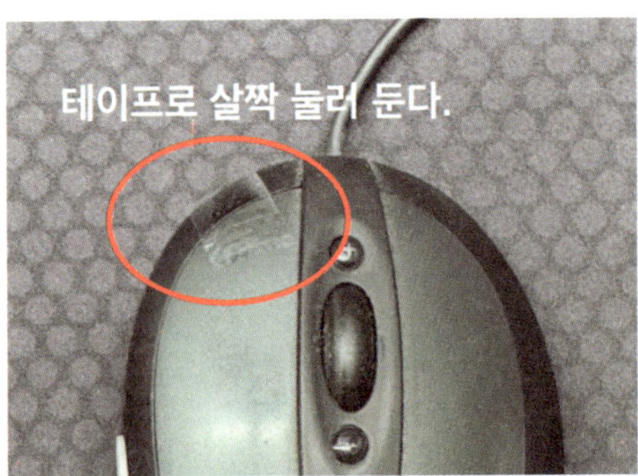

버튼을 살짝 눌리게 한 마우스

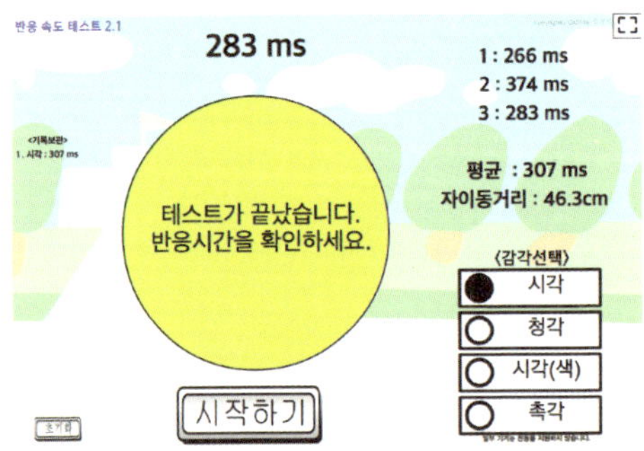

출처: https://sciencej.cafe24.com/html5/reflextest/reflextest1.html

●실험 결과

■ 결과 기록

반응 시간(초)	1회	2회	3회	4회	5회	평균
대조군	0.348	0.369	0.401	0.269	0.28	0.3334
버튼 이동 거리 줄임	0.307	0.3	0.249	0.255	0.244	0.271

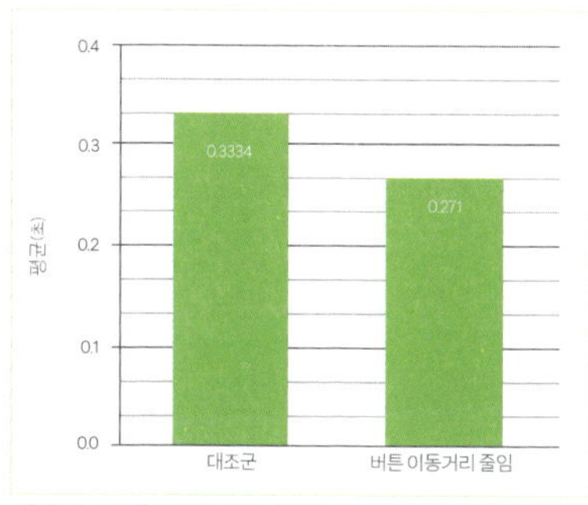

마우스 클릭 반응 시간 비교

■ 결과 해석

마우스 버튼 이동 거리를 줄이지 않은 경우 반응 시간이 0.333초였고, 테이프를 붙여서 버튼 이동 거리를 감소시킨 것은 반응 시간이 0.271초였습니다. 따라서 버튼 이동 거리를 감소시킨 것이 반응 속도가 더 빠른 것을 확인할 수 있었습니다.

● 일반화

■ 탐구의 결론

이번 탐구는 "마우스 버튼이 눌리는 이동 거리를 줄이면 반응 속도가 빨라질 것이다."라는 가설을 검증하기 위해, 마우스 버튼을 그냥 눌렀을 때와 마우스 버튼에 테이프를 붙여 버튼이 눌리는 이동 거리를 줄인 2가지 경우 시각적인 반응 속도를 비교한 실험입니다. 실험 결과, 마우스 버튼이 눌리는 이동 거리를 줄인 경우가 반응 속도가 더 빠르게 측정되었습니다

이번 실험은 특정 마우스와 개인에게 한정된 결과이지만, 다음과 같은 결론을 추론할 수 있습니다.

반응 시간에는 신경 전달 속도나 근육 반응 속도뿐 아니라 입력 장치의 물리적 구조적 특성이 중요한 영향을 준다.

즉, 같은 사람이라도 마우스 버튼의 이동 거리가 짧을수록 자극에 대한 반응 실행 시간이 단축될 수 있습니다.

이는 단순히 마우스에 국한된 현상이 아니라, 스위치-버튼-키보드 등 다양한 입력 장치 전반에도 적용될 수 있습니다. 이동 거리가 줄어들면 사용자가 입력 동작을 완료하는 데 걸리는 시간이 줄어들 가능성이 큽니다. e스포츠나 항공, 의료 산업 등 빠른 반응이 중요한 작업 환경에서는 이러한 입력 장치의 미세한 구조 차이가 성능 차이로 이어질 수 있음을 보여 줍니다.

■ **예상 오차**

이 실험은 개인적인 탐구에 유용하지만, 다음과 같은 한계를 가집니다.

첫째는 신체적, 심리적 요인입니다. 반응 속도는 실험자의 집중력, 피로도, 긴장감 등에 따라 쉽게 달라질 수 있습니다. 같은 조건에서도 측정 시점에 따라 값이 변동할 가능성이 큽니다. 따라서 신체 심리적 조건을 일정하게 유지하려고 노력하고, 여러 번 측정할 필요가 있습니다.

둘째는 기대 효과입니다. 실험자가 "버튼 이동 거리를 줄인 경우가 더 빠를 것이다."라는 가설을 세웠기 때문에, 무의식적으로 그 조건에서 더 빨리 반응하려는 심리적 편향이 작용할 수 있습니다. 따라서 다른 사람과 함께 실험하며, 자신이 어떤 마우스를 사용하는지 모르게 하는 방법을 쓸 수도 있습니다.

셋째는 수행의 일관성 부족입니다. 마우스를 클릭하는 손가락 힘, 위치, 눌림 각도 등이 매번 동일하지 않을 수 있으며, 이는 반응 시간 차이를 발생시킬 수 있습니다. 이는 여러 번 반복 연습을 통해 개선할 수 있습니다.

따라서 이 실험의 신뢰도를 높이려면, 더 많은 참가자를 대상으로 반복 측정을 하고, 측정 환경을 통제하며, 장기간 데이터의 추세를 살펴보는 것이 필요합니다. 한두 번의 차이로 결론을 단정하기보다는, 입력 장치 구조 변화가 반응 속도에 주는 영향을 경향성으로 파악하는 과정 자체가 의미 있는 탐구가 될 것입니다.

■ **탐구의 가치**

이 탐구는 단순히 '마우스를 더 빨리 클릭하는 법'을 찾는 데 그치지 않고, 인간의 반응 속도가 실제 상황에서 어떻게 나타나는지를 보여 줍니다. 많은 사람이 '반응 속도'라는 것을 타고난 신경 능력이나 단순한 집중력의 문제로만 생각하지만, 실제로는 입력 장치의 구조적 특성과 물리적 제약이 함께 작용하는 과학적 현상임을 이해하게 합니다.

'게임에서 지는 이유는 손이 느려서일 뿐'이라는 막연한 단정을 넘어서, 문제를 '신경 전달', '근육 반응', '버튼 이동 거리'라는 작은 단위로 분해하고 각각을 탐구하는 과정은 매우 과학적인 문제 해결 방식입니다.

우리는 이 탐구를 통해 '더 열심히 클릭해야 한다'는 비효율적인 접근법에서 벗어나, '어떻게 하면 반응 체계를 개선할 수 있을까?'라는 지적인 질문으로 전환하는 법을 배우게 됩니다. 이것은 단순한 반복 연습이 아니라, 원리를 파악하고 도구의 조건을 조정하여 효율을 높이는 '과학적 훈련'의 시작입니다.

결국 이 탐구가 주는 가장 큰 가치는, 우리의 몸과 우리가 사용하는 도구가 하나의 시스템으로 연결되어 과학적 원리에 따라 움직인다는 사실을 체감하게 하는 데 있습니다. 이러한 과학적 사고방식은 게임 속 반응 속도뿐만 아니라 학습, 작업, 스포츠, 나아가 삶의 여러 영역에서 불필요한 노력을 줄이고 문제의 핵심을 꿰뚫어 효율적으로 성장할 수 있게 만드는 태도가 될 것입니다.

●아이디어 뱅크

■ 톡톡 튀는 상상

슈팅 게임에서는 누가 먼저 방아쇠를 당기느냐가 승패가 달라집니다. 그런데 한 번 상상해 보세요. 지금 우리가 쓰는 마우스 안에 숨겨진 '지름길 스위치'가 있다면요? 손가락이 닿는 순간, 버튼이 움직이지 않아도 바로 반응하는 '무이동 클릭' 같은 장치 말입니다. 그 순간, 반응 속도는 더 이상 손가락의 물리적 이동에 좌우되지 않고, 뇌에서 신호가 나온 즉시 화면에 반영될 수 있을지도 모릅니다.

어쩌면 미래에는 버튼 대신 뇌파나 근육의 미세한 전기 신호를 직접 읽어 내는 '생체 마우스'가 등장할지도 모릅니다. 손가락이 움직이기도 전에, "눌러야지."라는 생각만으로 캐릭터가 움직이는 세상. 나의 의도와 기계가 거의 동시에 이어지는 순간, 우리는 지금보다 훨씬 더 '즉각적인 세계' 속에서 살아가게 되겠지요. 그런 상상을 하다 보면, 단순한 클릭 속도 실험도 미래를 향한 작은 발판처럼 느껴지지 않나요?

■ 확장된 탐구 질문

1. 버튼 구조의 차이: 클릭 압력이 가벼운 마우스와 무거운 마우스를 비교했을 때, 반응 속도에 얼마나 차이가 생길까?

2. 손가락의 위치: 같은 마우스라도 검지와 중지를 번갈아 사용했을 때 반응 시간은 달라질까?

3. 피로의 영향: 연속적으로 10번 이상 클릭했을 때와 처음 클릭했을 때, 반응 속도는 어떻게 변화할까?

4. 자극의 종류: 시각적 자극 대신 청각 자극(소리 신호)을 사용했을 때, 시각의 반응 시간이 짧은 사람이 청각 반응 시간도 짧을까?

5. 나이와 반응: 청소년, 성인, 노년층이 동일한 조건에서 실험을 했을 때 반응 속도 차이가 어떻게 나타날까?

6. 도구의 크기: 작은 마우스와 큰 마우스를 사용할 때, 손가락 이동 거리와 반응 속도의 관계는 달라질까?

7. 게임 환경의 효과: 단순 실험 화면과 실제 슈팅 게임 상황에서의 반응 속도는 얼마나 차이가 있을까?

8. 훈련 효과: 매일 일정 시간 반응 속도 훈련을 하면, 버튼 이동 거리와 무관하게 전반적인 반응 시간이 빨라질까?

9. 미래 입력 방식: 버튼을 누르지 않고 근전도 센서나 뇌파를 이용해 반응을 입력한다면, 물리적 클릭보다 얼마나 빠른 반응이 가능할까?

6. 스마트폰의 야간 모드는 일반 모드보다 수면의 질 향상에 도움이 될까?

출처: AI 생성

■ 잠자리에 들기 전, 불은 껐고 이불은 따뜻합니다.

"조금만 보고 자야지."

손에 든 스마트폰을 켭니다. 시계는 밤 11시 40분.

짧은 영상 하나만 보려던 게, 알고리즘이 끌고 간 영상, 댓글, 뉴스, SNS까지 이어집니다. 몸은 피곤한데 눈은 말똥말똥. 그나마 위안 삼는 건 화면이 야간 모드로 바뀌었다는 사실입니다. "그래도 눈은 덜 피로하겠지, 덜 자극적일 거야."라는 자기 위안도 곁들입니다. 시계를 보니 벌써 1시.

"내일 7시에 일어나야 하니까…… 지금 자면 6시간은 자겠군."

화면을 끄고 눈을 감아 보지만, 방금 본 영상 장면과 음악, 댓글이 머리를 맴돕니다. 결국 뒤척이다 겨우 잠이 들고, 다음 날 아침 거울 속엔 퀭한 눈과 짙은 다크서클이 반깁니다. 야간 모드라는 이름 아래, 안심하고 들여다보는 그 빛. 그런데 이 습관, 정말 괜찮은 걸까요?

'야간 모드로 스마트폰을 사용하는 건 수면에 정말 덜 해로울까?'

● 일상에서 마주치는 궁금증

■ 여기서 질문!

스마트폰에는 블루라이트를 줄여 준다는 '야간 모드' 기능이 있습니다. 화면이 누렇게 바뀌며 눈의 피로를 줄여 준다는 설명이 따라붙습니다. 그렇다면 자기 전에 야간 모드로 스마트폰을 사용하면 정말 괜찮은 걸까요?

● 과학 개념 설명

■ 기본 개념: 수면과 호르몬

우리 몸은 밤이 되면 멜라토닌이라는 호르몬을 분비합니다. 이 호르몬은 졸음을 유도하고 수면 리듬을 조절하죠. 그런데 스마트폰에서 나오는 블루라이트(청색광)는 이 멜라토닌의 분비를 억제합니다.

즉, 스마트폰을 오래 볼수록 잠드는 시간이 늦어지고, 수면의 질이 떨어질 수 있습니다.

■ 기본 개념: 블루라이트란?

블루라이트는 말 그대로 푸른색 빛, 청색광을 의미합니다. 빛의 3원색 중 하나이기도 하지요. 스마트폰과 같은 액정(LCD)화면은 적색광, 녹색광, 청색광의 조합으로 여러 가지 색상을 표현할 수 있습니다. 이 중 청색광은 특별히 시력에 좋지 않다던가, 수면을 방해한다든가 하는 연구 결과들이 있어 시중에서 블루라이트 차단 안경을 판매하기도 하지요. 스마트폰 설정의 '야간 모드'도 이 블루라이트의 세기를 대폭 낮추는 것입니다.

빛의 3원색

■ 기본 개념: 수면의 깊이와 수면 분석

수면 분석은 우리가 자는 동안 어떤 상태로 얼마나 자는지를 기록하고 분석하는 것입니다. 사람이 잠을 잘 때, 수면의 깊이에 따라 다음과 같이 단계를 나눌 수 있습니다.

단계	이름	설명	한 번에 유지되는 평균 시간
0	깨어 있음	아직 잠들지 않았거나, 자는 중에 살짝 깼을 때 상태	보통 몇 분, 전체 수면 중 5~10%
1	얕은 수면 1단계	막 잠에 들기 시작한 상태. 눈이 천천히 움직이고, 쉽게 깰 수 있음	약 5~10분
2	얕은 수면 2단계	몸이 더 깊이 쉬기 시작하고, 숨쉬기 · 심장이 느려짐	약 10~25분
3	깊은 수면 3, 4단계	몸과 뇌가 푹 쉬는 단계. 성장 호르몬이 나와서 키와 회복에 도움 됨	약 20~40분
4	렘(REM) 수면	눈이 빠르게 움직이고, 꿈을 많이 꾸는 단계. 뇌가 깨어 있을 때처럼 활동함	약 10~40분, 새벽으로 갈수록 길어짐

보통 수면 단계의 변화는 90분 주기로 '1단계(렘 수면)→2단계
→3단계→4단계(깊은 수면)→깨어남 또는 1단계(렘 수면)' 순서로 반복
됩니다. 초반에는 깊은 수면이 많고, 후반에는 렘 수면이 길어지는
것이 특징입니다. 렘 수면 단계에서 우리는 꿈을 꾸게 됩니다.

보통 수면에 관한 연구에서 수면의 질은 '총 수면 시간 중 깊은 수
면의 시간이 차지하는 비율'이 높을수록 좋다고 판단합니다.

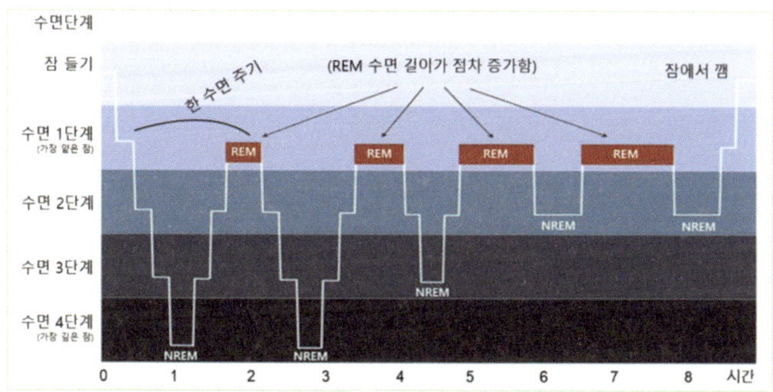

수면 시간대별 수면의 깊이와 길이의 변화(출처: Kirstin Apel, 2018)
REM: Rapid Eye Movement(급속 안구 운동 수면), 눈이 빠르게 움직이고, 꿈을 많이 꾸는 단계. 뇌가 깨
어 있을 때처럼 활동함
NREM: non-REM(급속 안구 운동이 없는 수면)

■ 심화 해설

　블루라이트가 수면을 방해하는 원리: 햇빛(백색광)에는 우리가 흔히 '무지개색'이라 부르는, 빨강~보라에 이르는 모든 색이 담겨 있습니다. 이 색들은 '파장'이라는 길이로 구분되고, 파장이 짧을수록 푸른색, 길수록 빨간색을 띄게 됩니다. 먼 옛날 우리의 조상들은 모닥불과 같은 붉고 노란색의 빛 외에는 밤에 밝은 빛을 볼 일이 거의 없었으므로, 스마트폰에서 나오는 블루라이트를 우리 몸이 낮의 햇빛으로 착각하게 됩니다. 이 때 잠을 부르는 호르몬인 '멜라토닌'의 분비가 줄어들어, 잠이 오지 않게 되는 것입니다.

가시광선의 스펙트럼 색깔(출처: 위키백과)

색깔	파장	주파수
보라색(보통 410nm 영역에서 보라색으로 인식한다)	380~450nm	668~789THz
파란색(보통 454nm 영역에서 파란색으로 인식한다)	450~495nm	606~668THz
초록색(보통 555nm 영역에서 녹색으로 인식한다)	495~570nm	526~606THz
노란색(보통 587nm 영역에서 노란색으로 인식한다)	570~590nm	508~526THz
주황색(보통 600nm 영역에서 주황색으로 인식한다)	590~630nm	484~508THz
빨간색(보통 660nm 영역에서 빨간색으로 인식한다)	630~750nm	400~484THz

　그러나 최근 연구에 따르면, 스마트폰에서 나오는 블루라이트의 양이 멜라토닌 분비에 영향을 줄 만큼 많지 않다는 실험 결과도 보고되고 있습니다.

　이처럼 과학적 지식은 새로운 실험 결과에 따라 수정되기도 합니다. 우리가 '이렇게 될 거야'라고 막연히 예상했던 것이 실제 실험에서는 다르게 나타난다면, 그 결과를 받아들이고 설명을 바꾸는 것이 바로 과학의 태도입니다.

●탐구 설계

■ 탐구의 필요성 및 목적

잠자기 전 스마트폰을 사용하는 것은 이제 대부분의 사람에게 익숙한 일상이 되었습니다. 특히 청소년과 청년층은 자기 전 영상 시청, 메시지 확인, 뉴스 읽기 등 다양한 이유로 화면을 들여다보곤 합니다. 그런데 이 습관이 수면의 질에 좋지 않다는 이야기는 많이 들어보셨을 겁니다. 스마트폰에서 나오는 블루라이트가 뇌를 각성시키고, 멜라토닌 분비를 억제해 숙면을 방해한다는 것이죠.

이런 문제를 해결하기 위한 기능 중 하나가 바로 '야간 모드(Night Shift)'입니다. 화면의 색 온도를 낮추어 눈의 피로를 줄이고, 수면에 덜 영향을 주도록 설계된 기능입니다. 스마트폰을 제작하는 대기업들은 이 기능이 수면에 긍정적인 영향을 줄 수 있다고 말하지만, 정말 그럴까요? 실제로 야간 모드를 사용하면 일반 화면보다 수면의 질이 좋아지는 설까요? 아니면 단지 '심리적인 안심 효과'에 불과한 걸까요?

이 탐구는 그 질문에서 출발합니다. 스마트폰을 아예 사용하지 않았을 때와, 일반 모드 혹은 야간 모드로 사용했을 때를 비교하여, 수면의 질에 어떤 차이가 나타나는지 과학적으로 확인하고자 합니다.

이를 통해 야간 모드 기능의 실제 효과를 검증하고, 정말로 깊은 수면에 도움이 되는지를 직접 확인해 보는 것이 이 탐구의 목적입니다.

■ 가설 설정

스마트폰의 '야간 모드' 설정이 수면의 질에 도움을 줄 것이다.

■ 변인 설정

변인 종류	내용
조작 변인 (바꿔 주어야 하는 것)	취침 전 스마트폰 화면 모드(야간/일반) 야간 모드로 1시간 사용 후 수면 일반 모드로 1시간 사용 후 수면
종속 변인 (결과로 나오는 것)	수면의 질 (수면 시작까지 걸린 시간, 깊은 수면 시간, 총 수면 시간 등)
통제 변인 (같게 해 주어야 하는 것)	스마트폰 사용 시간 (1시간), 카페인 섭취 여부, 사용 콘텐츠 유형(게임, 영상, 문자 등), 실험자의 수면 습관, 실내 조명 밝기 및 색온도, 실험 요일, 스마트폰 화면 밝기, 스마트폰 사용 자세
대조군 (아무 변화도 주지 않고 기준이 되는 것)	스마트폰을 사용하지 않고 수면

■ 실험 준비물

- 수면 기록 앱 (Sleep Cycle, SnoreLab 등)

- 스마트폰(야간 모드 기능 포함)

- 알람 시계

- 실험 참가자

■ 실험 과정

1. 참가자들을 세 그룹으로 나눈다.

2. 첫 번째 그룹은 스마트폰을 사용하지 않고 11시에 수면 분석을 켜고 눕는다.

3. 두 번째 그룹은 10시부터 자기 전 1시간 스마트폰을 야간 모드로 사용하고 11시에 수면 분석을 켜고 눕는다.

4. 세 번째 그룹은 같은 시간 일반 모드로 사용하고 수면 분석을 켜고 눕는다.

5. 모든 참가자는 수면 기록 앱으로 수면의 깊이와 시간을 포함하는 수면 패턴 측정한다.

6. 1주일 동안 데이터를 수집하여 비교 분석한다.

안전 수칙

① 자기 전 스마트폰 사용 시간은 1시간을 넘기지 않도록 유의해요.

② 실험 참가자는 수면 장애 이력이 없어야 해요.

③ 실험 중 카페인, 격한 운동을 자제하고, 피로가 쌓인 날은 실험을 쉬고 회복해야 해요.

● 실험 결과

■ 결과 기록

그룹		수면 시작까지 걸린 시간 (분)	깊은 수면 시간 (분)	총 수면 시간 (분)
1	스마트폰 미사용	9.25	130.75	428.00
2	일반 모드 사용	10.50	125.50	431.50
3	야간 모드 사용	9.75	122.25	426.00

■ 결과 해석

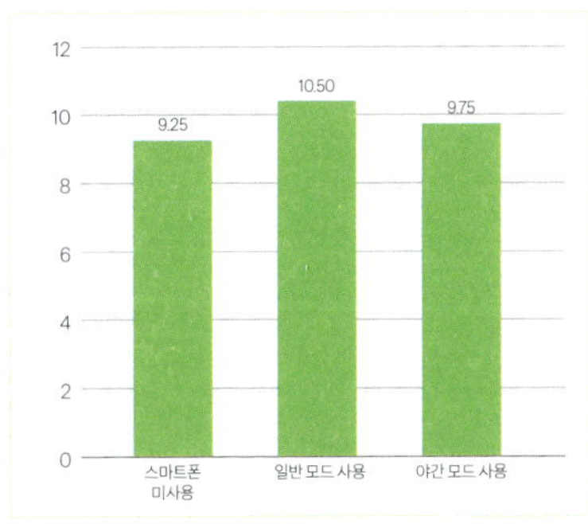

수면 시작까지 걸린 시간(분)

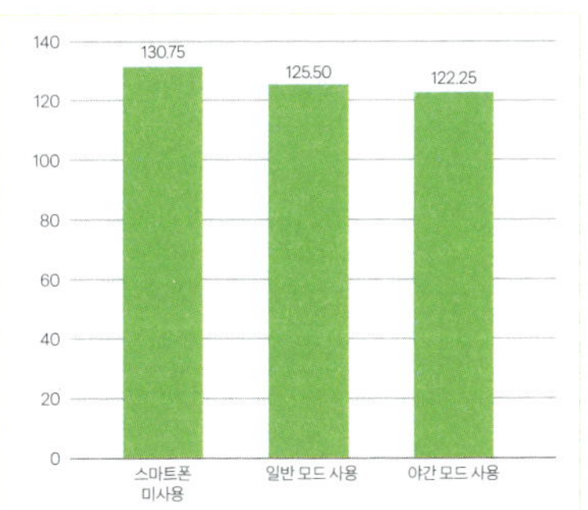

깊은 수면 시간(분)

총 수면 시간

수면 시작까지 걸린 시간(분)

●일반화

■ 탐구의 결론

이번 탐구는 "스마트폰의 '야간 모드' 설정이 수면의 질에 도움을 줄 것이다."라는 가설을 검증하기 위해, 스마트폰을 사용하지 않았을 때, 일반 모드로 스마트폰을 사용했을 때, 야간 모드로 스마트폰을 사용했을 때의 수면의 질(수면 시작까지 걸린 시간, 깊은 수면 시간, 총 수면 시간)을 비교한 실험입니다.

실험 결과는 다음과 같았습니다.

수면 시작까지 걸린 시간: 스마트폰 미사용(9.25분) 〈 야간 모드 사용(9.75분) 〈 일반 모드 사용 (10.50분)

스마트폰을 사용하지 않았을 때 가장 일찍 잠들긴 하지만, 야간 모드를 사용하면 일반 모드보다는 일찍 잠에 들 수 있었습니다.

깊은 수면 시간: 스마트폰 미사용(130.75분) 〉 일반 모드 사용

〈125.50분〉 야간 모드 사용〈122.25분〉

깊은 수면 시간은 스마트폰을 사용하지 않은 경우 가장 길었습니다. 야간 모드를 켰다고 해서 일반 모드보다 더 나은 수면 깊이를 보장하진 않았습니다.

총 수면 시간: 일반 모드 사용〈431.50분〉 〉 스마트폰 미사용〈428.00분〉 〉 야간 모드 사용〈426.00분〉

총 수면 시간은 일반 모드가 오히려 가장 길었지만, 수면의 질을 반영하는 깊은 수면 시간이나 수면 시작 속도 측면에서는 불리했습니다.

이 결과를 통해 다음과 같은 사실을 확인할 수 있습니다.

1. 스마트폰을 사용하지 않을 때 가장 빨리 잠들 수 있습니다. 수면 시작까지 걸린 시간은 스마트폰 미사용 시 가장 짧았으며, 야간 모드가 일반 모드보다는 약간 나은 수준이었습니다.

2. 깊은 수면 시간은 스마트폰 미사용 그룹이 가장 많았습니다. 수면의 질을 좌우하는 깊은 수면 시간이 스마트폰을 전혀 사용하지 않은 경우 가장 길었으며, 스마트폰을 사용할 경우 야간 모드보다 오히려 일반 모드에서 더 길었습니다.

3. 총 수면 시간만 보면 일반 모드가 가장 길었지만, 질 좋은 수면과는 거리가 있었습니다. 스마트폰을 사용하지 않은 경우 총 수면 시간이 가장 길지는 않았지만, 깊은 수면 시간과 수면 시작 속도 모두 가장 우수한 결과를 보였습니다. 어쩌면 총 수면 시간이 가장 길었다는 것이 피로가 채 풀리지 않았음을 보여 주는 것일지도 모릅니다.

4. 야간 모드는 일반 모드에 비해 약간의 개선 효과는 있지만, 스마트폰 미사용만큼의 효과는 없습니다. 야간 모드를 쓴다고 해서 수면의 질이 확연히 좋아지는 것은 아니며, 여전히 스마트폰 미사용보다 수면의 질이 낮습니다.

따라서 이 실험의 결론은 다음과 같습니다.

스마트폰을 사용하지 않는 것이 수면의 시작, 깊이, 전반적인 질 측면에서 가장 좋은 선택이며, 야간 모드는 일반 모드보다는 낮지만 충분한 대안은 되지 못한다.

즉, 야간 모드를 사용하는 것이 기대한 만큼의 수면 개선 효과를 보여 주지 못한다는 것이 이번 탐구의 핵심 결론입니다.

■ 예상 오차

스마트폰이 수면에 영향을 주는지를 확인하는 이번 실험은 얼핏 보면 단순한 비교처럼 보일 수 있습니다. 스마트폰을 썼는가, 안 썼는가. 또 썼다면 일반 모드였는가, 야간 모드였는가. 하지만 그 이면에는 꽤 다양한 변수가 숨어 있습니다.

먼저, 스마트폰을 어떻게 썼는지가 다를 수 있습니다. 누군가는 영화를 보면서 눈을 혹사했을 수도 있고, 누군가는 그냥 메시지를 주고받다가 잠든 걸지도 모릅니다. 같은 '스마트폰 사용'이라도 자극의 강도는 전혀 다르죠. 그런데 그걸 하나로 묶어 비교한 결과라면, 정확한 차이를 잡아내기 어렵습니다.

또한 사람마다 원래 갖고 있던 수면 습관이 다릅니다. 평소에 쉽게 잠드는 사람도 있고, 잠이 들기까지 오래 걸리는 사람도 있습니다. 이런 개인차가 결과에 영향을 줬을 수 있습니다. 실험 전 며칠 간은 같은 조건을 지키도록 했다고는 하지만, 몸에 밴 수면 패턴까지 바꾸긴 어려웠을 겁니다.

심리적인 요인도 무시할 수 없습니다. '오늘은 실험이니까 스마트폰을 안 써야 해!'라는 생각 자체가 오히려 스트레스로 작용했을 수 있고, 반대로 스마트폰을 사용할 수 있게 된 참가자는 오히려 편안함을 느꼈을 수도 있습니다. 결과에 영향을 준 게 빛인지, 마음인지 구분하기 어렵다는 이야기죠.

그리고 이런 실험은 참가자가 자는 자신의 방에서 이루어졌습니다. 당연히 방마다 조명의 밝기나 커튼 상태, 침구의 온도나 주변 소음 등이 다르겠지요. 그 차이도 수면의 질에 작게나마 영향을 줄 수 있습니다. 실험을 완벽히 통제하기 어려운 이유입니다.

측정 기기 역시 완벽하진 않습니다. 손목에 차는 스마트워치나, 머리맡에 두고 자는 수면 분석 앱은 실용적이고 비교적 정확한 도구이긴 하지만, 뇌파를 직접 측정하는 장비만큼 정밀하진 않습니다. 특히 깊은 수면을 얼마나 잤는지에 대한 수치에서는 약간의 오차가 있을 수 있겠죠.

결국 이 실험도 한 번만으로 결론을 내리긴 어렵습니다. 스마트폰 사용 방식, 사람의 특성, 환경, 심리, 측정 도구 등 복잡한 요소들이 얽혀 있기 때문입니다. 같은 실험을 여러 번 반복하고, 그 평균을 봐야 진짜 정확한 결론에 다가갈 수 있습니다. 스마트폰과 수면, 생각보다 훨씬 복잡한 관계입니다.

■ 탐구의 가치

이 탐구는 단순히 스마트폰이 수면에 어떤 영향을 주는지를 확인하는 데서 끝나지 않습니다. 우리가 기술을 얼마나 비판적으로 받아들이고, 스스로 실험하며 검증할 줄 아는지를 되돌아보게 하는 과정입니다. 특히, 대기업이 내세우는 광고 메시지를 그냥 믿어도 되는지를 묻는 데서, 이 탐구의 진짜 가치가 드러납니다. 우리는 자주 이런 말을 듣습니다.

"야간 모드를 켜면 숙면에 도움이 됩니다."

"블루라이트만 줄이면 문제없어요."

그럴듯한 이야기죠. 마치 기술이 모든 문제를 해결해 줄 것처럼 포장되어 있습니다. 스마트폰을 생산하는 대기업들은 야간 모드 기능이 수면의 질을 높인다고 말하고, '눈에 편한 화면'을 강조합니다. 그런데, 정말 그럴까요?

'야간 모드를 쓰면 정말 더 잘 잘까?'

말로 듣고 믿기보다, 실제로 실험을 해 본 겁니다. 그리고 스마트폰을 아예 사용하지 않은 경우, 수면의 질이 확연히 가장 높게 나타났습니다. 야간 모드는 기대만큼의 효과를 보이지 않았고, 때로는 일반 모드와 별 차이도 없었습니다. 결국, 광고에서 말하는 기술의 효과는 실제 생활에서는 생각만큼 뚜렷하지 않았던 거죠.

광고는 언제나 기술을 마법처럼 소개합니다. 하지만 과학은 그렇게 단순하지 않습니다. 수면이라는 복잡한 생리적 현상은 화면 색 하나 바꾼다고 쉽게 달라지지 않습니다. 수면에 영향을 주는 건 빛뿐 아니라, 콘텐츠의 자극성, 뇌의 각성 상태, 심리적 긴장까지 모두 포함됩니다. 그러니 '화면 색을 따뜻하게 바꿨으니 괜찮다'는 말은 너무 단순한 결론입니다.

이 탐구가 보여 준 건, 결국 '과학은 의심에서 출발한다'는 사실입니다. 우리는 기술이 좋다고 하면, 일단 믿고 사용하기 쉽습니다. 하지만 정말 중요한 건, 그 기술이 나에게 어떤 실제 영향을 주는지 직접 실험하고 판단할 수 있는 힘입니다. 기술이 아무리 발달해도, 그런 판단 능력이 없다면 우리는 결국 광고에 휘둘리게 됩니다.

기술은 편리하지만 맹신해서는 안 됩니다. 과학은 복잡하지만, 진실에 가깝습니다. 그리고 그 진실은 언제나 스스로 실험할 때 드러납니다.

"진짜 그런가?"

이 질문을 던질 줄 아는 것, 그게 과학의 시작입니다.

●아이디어 뱅크

■ 톡톡 튀는 상상

상상해 봅시다. 이제 막 잠들 준비를 마치고 누웠는데, 문득 스마트폰이 생각납니다. "조금만 볼까?" 하며 집어 든 그 순간, 어느새 40분이 지나 있습니다. 분명히 쉬려고 했는데, 뇌는 다시 각성하고 말았죠.

그렇다면 이런 상상은 어떨까요?

"스마트폰이 수면 환경 전체를 조절하는 중심 장치가 된다면?"

스마트폰이 단순한 기기가 아니라, 잠들 시간임을 인식하고 주변 기기들과 함께 작동하는 '수면 전환 장치'가 되는 겁니다. 일정 시간에 맞춰 조명이 점점 어두워지고, 커튼이 자동으로 닫히고, 백색 소음이나 은은한 자연의 소리가 켜지죠. 스마트폰 화면도 자동으로 흑백 전환되며 사용 욕구를 줄이고, 화면 위에는 오늘 하루 평균 수면 시간과 피로도를 바탕으로 스마트폰이 신체의 생체 리듬과 연동되는 기술을 탑재한다면 어떨까요? 예를 들어 웨어러블 기기와 연동해, 사용자의 맥박·체온·움직임을 분석해 오늘의 최적 수면 시점을 예측합니다. 그리고는 그 시간 30분 전부터 스마트폰 기능이 하나씩 줄어듭니다. 알림이 꺼지고, SNS는 열리지 않고, 화면 밝기는 자동으로 최소화됩니다. '끄고 싶어서 끄는 게 아니라, 자연스럽게 놓게 되는 스마트폰'이 되는 겁니다.

우리는 늘 "기술이 잠을 방해한다."라고 말합니다. 그렇다면 이제, 기술이 직접 '잠을 도와주는' 방향으로 진화한다면 어떨까요? 잠을 방해하는 기기가 아니라, 잠으로 이끄는 기기. 그게 스마트폰의 다음 역할일 수도 있습니다.

■ 확장된 탐구 질문

1. 취침 2시간 전 스마트폰 사용은 수면에 어떤 영향을 줄까?

2. 영상 시청과 텍스트 채팅 중 어떤 활동이 수면에 더 영향을 줄까?

3. 소리 없이 화면만 보는 경우도 수면에 영향을 줄까?

4. 스마트폰 사용 시간이 길어질수록 수면 질은 어떻게 변할까?

5. 다른 블루라이트 차단 기술은 어떤 효과가 있을까?

6. 야간 모드를 하루 종일 켜면 수면 질이 달라질까?

7. 전자책 리더기와 스마트폰을 비교하면 어떤 차이가 있을까?

8. 밝기 설정을 더 낮추면 수면에 도움이 될까?

9. 스마트폰이 아닌 TV 사용은 수면에 어떤 영향을 줄까?

10. 음악만 틀고 화면을 끈 상태의 스마트폰 사용은 괜찮을까?

4장
자연의 신비를 질문&탐구

1. 칭찬은 식물의 성장에 얼마나 영향을 줄까?

2. 세상이 뒤집히면 식물은 뿌리를 이떻게 내릴까?

3. 모기는 어떤 색을 좋아할까?

4. 귓바퀴는 동물의 소리 감지에 얼마나 영향을 줄까?

5. 무지개의 빨간색은 보라색보다 아래일까 위일까?

6. 태양은 겨울보다 여름에 더 지구와 가까울까?

1. 칭찬은 식물의 성장에 얼마나 영향을 줄까?

출처: AI 생성

■ 누군가의 "잘했다!"라는 칭찬 한마디가 기분을 바꾸는 경험, 다들 있으실 겁니다. 그런데 이런 칭찬이 식물에게도 통할까요? 학교 복도에 작은 통 속에서 자라고 있는 보리 싹이 있었습니다. 쉬는 시간마다 학생들이 지나가면서 "우와, 많이 컸다!", "잘 자라라!" 하고 말을 건네곤 했습니다. 그런데 며칠이 지나자, 어떤 싹은 유독 더 푸르고 길게 뻗어 있는 듯 보였습니다. '정말 우리가 해 준 칭찬 덕분일까?' 하는 생각이 들었지요. 사람의 말이 단순한 소리가 아니라 식물에게도 영향을 줄 수 있다는 게 궁금해졌습니다.

●일상에서 마주치는 궁금증

■ 여기서 질문!

사람의 칭찬이 식물의 생장에도 효과가 있을까요? 칭찬이라는 '소리 자극'이 보리 싹에게 특별한 생장 신호로 작용할 수 있을까요? 만약 그렇다면, 우리도 과학적으로 '칭찬의 힘'을 확인할 수 있을 것 같았습니다.

●과학 개념 설명

■ 기본 개념 : 식물은 소리를 어떻게 들을까?

식물은 귀가 없으니 사람의 말을 이해하지 못할 것 같지만, 사실 소리를 '진동'으로 받아들일 수 있습니다. 우리가 칭찬을 할 때 나오는 소리도 공기를 흔드는 파동(음파)이기 때문에, 식물 세포에도 물리적 자극을 줄 수 있는 거죠. 즉, 식물에게는 단어의 의미가 아니라, 그 소리가 가진 파동이 영향을 미칠 수도 있는 것입니다.

■ 심화 해설

식물은 동물처럼 자유롭게 움직이지 않지만, 외부 환경 변화에는 놀라울 만큼 민감합니다. 빛을 따라 잎을 움직이거나, 온도와 습도에 맞춰 기공을 열고 닫습니다. 심지어 뿌리는 미세한 진동을 감지해 물이 있는 방향을 찾아 뻗어 나간다는 연구도 있습니다.

소리 역시 이런 자극 중 하나입니다. 특정한 주파수의 음파는 식물의 세포벽과 세포막을 흔들어 이온의 이동을 촉진하고, 효소 반응이나 대사를 더 활발하게 만들 수도 있습니다. 예를 들어 100~1,000Hz 범위의 부드러운 소리는 뿌리와 잎의 성장을 자극하는 효과가 있다는 연구 결과도 보고되어 있습니다. 반대로 너무 강하거나 불규칙한 소리는 식물에 스트레스로 작용할 수 있지요.

보리 싹은 성장 속도가 빠르고 환경 반응이 뚜렷하게 나타나는 식물이라, 소리 실험에 자주 사용됩니다. 사람의 칭찬 소리("잘 자라!", "예쁘다!" 등)는 대체로 200~3,000Hz 사이에 해당합니다. 이 음역대는 식물이 비교적 잘 감지하는 영역과 겹치기 때문에, 칭찬을 들려주면 실제로 성장에 영향을 줄 가능성이 있습니다.

즉, 식물은 용어의 의미로 칭찬을 이해하는 것이 아니라, 그 소리가 가진 물리적 에너지와 진동을 받아들이는 것입니다. 이 점에서 '칭찬이 보리 싹을 자라게 한다'는 말은 단순한 은유가 아니라, 과학적으로 탐구해 볼 만한 흥미로운 주제라 할 수 있습니다.

● 탐구 설계

■ 탐구의 필요성 및 목적

"칭찬은 고래도 춤추게 한다."는 말이 있습니다. 그렇다면 식물도 사람의 말에 반응할 수 있을까요? 식물은 귀가 없지만 소리를 진동으로 감지할 수 있다고 알려져 있습니다. 특히 칭찬처럼 부드럽고 규칙적인 소리는 보리 싹의 생장에 영향을 줄지도 모릅니다. 그리고 단순히 칭찬 여부에 대한 확인 실험을 좀 더 심화하여, 칭찬의 횟수를 점점 늘리면 식물의 생장 속도도 증가하는지 탐구해 보고자 합니다.

■ 가설 설정

칭찬을 많이 들을수록 보리 싹은 더 잘 자랄 것이다.

■ 변인 설정

변인 종류	내용
조작 변인 (바꿔 주어야 하는 것)	칭찬 횟수(3회, 6회, 9회)
종속 변인 (결과로 나오는 것)	보리 싹 평균 길이(임의로 정한 5개 싹)
통제 변인 (같게 해 주어야 하는 것)	씨앗 수(각 20개), 그릇, 물 주는 양과 시간, 빛, 온도, 습도, 칭찬 문장, 말 소리의 크기, 측정 시간, 측정 방법(수직 높이 기준)
대조군 (아무 변화도 주지 않고 기준이 되는 것)	칭찬 0회

■ 실험 준비물

- 보리 씨앗 100개

- 그릇 4개 (실험군 3개, 대조군 1개)

- 물뿌리개

- 자, 기록지

- 온도계, 습도계

■ 실험 과정

1. 동일한 그릇 4개에 보리 씨앗을 각 20개씩 같은 조건으로 발아

시킨다.

  2. 그릇 4개를 약 1m 거리를 둔다.

  3. 각 그릇 앞에서 '보리야 사랑해!'를 횟수를 달리 말한다.

  4. 각 그릇에서 제일 길이가 긴 보리 싹 5개를 골라 싹의 길이를 잰다.

  5. 5개의 평균 길이를 계산한다.

  6. 같은 방법으로 2주간 실험을 하여 식물의 길이를 기록한다.

보리 씨앗 발아

● 실험 결과

■ 결과 기록

칭찬 횟수 시간	보리 싹의 길이(cm)					
	1일 차 (A)	3일 차	5일 차	10일 차	15일 차 (B)	보리 싹 길이 변화 (B-A)
0회	1.4	2.7	6.8	14.5	17.6	16.2
3회	1.1	2	5	15	17	15.9
6회	1.3	2.3	4.4	14.6	17.4	16.1

칭찬 횟수 \ 시간	보리 싹의 길이(cm)					
	1일 차 (A)	3일 차	5일 차	10일 차	15일 차 (B)	보리 싹 길이 변화 (B-A)
9회	1.2	2	4.1	15.5	17.2	16

칭찬 횟수에 따른 식물의 생장 변화(cm)

■ 결과 해석

보리 싹 길이 변화는 전체적으로 15.9~16.2cm 범위에 분포하였으며, 칭찬 횟수에 따른 뚜렷한 차이는 나타나지 않았습니다. 또한, 칭찬을 하시 않은 대조군(0회)과 실험군(3회, 6회, 9회)을 비교했을 때, 생장량의 차이는 0.3cm 이내로 매우 미미했습니다. 따라서 칭찬 횟수와 보리 싹 길이 사이에 명확한 상관관계가 있다고 보기 어렵습니다.

●일반화

■ 탐구의 결론

이번 탐구는 "칭찬의 횟수가 늘어날수록 보리 싹의 생장이 더 커질 것이다."라는 가설을 검증하기 위해, 칭찬을 하지 않은 경우(0회), 하루에 3회, 6회, 9회 칭찬을 해 준 경우로 나누어 보리 싹을 기르고 그 길이를 비교한 실험입니다.

이 결과를 통해 보리 싹의 생장은 칭찬 횟수와 직접적인 관련성이 크지 않다는 사실을 알 수 있습니다. 0회, 3회, 6회, 9회 집단 모두 비슷한 생장 결과를 보였으며, 이는 칭찬보다는 빛, 물, 온도, 토양 등의 환경 요인이 생장에 더 큰 영향을 미친다는 점을 시사합니다. 따라서 "칭찬 횟수가 늘어날수록 보리 싹이 더 잘 자랄 것이다."라는 가설은 기각되었습니다.

이 실험의 결론은 이렇습니다.

보리 싹은 칭찬의 횟수에 따라 뚜렷한 생장 차이를 보이지 않으며, 칭찬과 보리 싹의 생장은 직접적인 관련이 없다.

■ 예상 오차

보리 싹이 칭찬에 반응하는지를 확인하는 이번 실험은 얼핏 보면 단순한 비교처럼 보일 수 있습니다. "칭찬을 했는가, 하지 않았는가? 또 했다면 하루에 몇 번 했는가?" 하지만 그 이면에는 다양한 변수가 숨어 있습니다.

먼저, 보리 싹 개체 자체의 차이를 배제하기 어렵습니다. 같은 시기에 발아한 보리 싹이라 하더라도 어떤 개체는 원래 더 튼튼하게 자라는 성질을 가졌을 수 있고, 어떤 개체는 상대적으로 약했을 수 있습니다. 이런 개체 차이를 모두 하나로 묶어 비교했기 때문에, 실제로 칭찬의 효과만을 분리해 내기는 쉽지 않았습니다.

둘째, 환경 요인 역시 큰 영향을 줄 수 있습니다. 같은 교실이나 실험실에서 키웠다고 해도 햇빛이 드는 정도, 바람이 통하는 위치, 물 주는 방식의 아주 작은 차이만으로도 성장 속도는 달라질 수 있습니다. 같은 온도·습도를 유지하려 했지만, 공간 전체가 완전히 균일하게 유지되기는 어렵습니다.

셋째, 칭찬이라는 자극의 방식도 변수가 됩니다. 목소리의 크기, 높낮이, 말하는 거리와 시간 등이 매번 동일했다고 보장하기 어렵습니다. 어떤 날은 더 큰 목소리로, 어떤 날은 짧게 칭찬했을 수도 있지요. 그 차이가 실제 식물 성장에 영향을 줬을 가능성도 배제할 수 없습니다.

넷째, 전체 개체(20개)의 길이를 모두 측정하지 않고, 샘플로 5개만 골라 측정한 점입니다. 그리고 5개체를 어떤 기준으로 선정하느냐도 좀 더 고민해야 합니다.

마지막으로 측정 방식의 한계도 있습니다. 길이를 자로 잴 때 잎의 휘어진 정도나 측정자의 눈높이에 따라 조금씩 차이가 날 수 있습니다. 특히 1~2mm 수준의 차이는 측정 과정에서 발생한 오차일 가능성이 있습니다.

결국 이 실험도 한 번만으로 결론을 내리긴 어렵습니다. 보리 싹 개체의 상태, 환경의 미세한 차이, 칭찬 방법, 길이 측정 방식 등 여러 요소가 얽혀 있기 때문입니다. 같은 실험을 여러 차례 반복하고, 그 평균을 내야만 보다 정확한 결론에 다가갈 수 있습니다.

■ 탐구의 가치

이 탐구는 단순히 칭찬이 식물 생장에 어떤 영향을 주는지를 확인하는 데서 끝나지 않습니다. 우리가 일상 속에서 흔히 듣는 말, 그리고 눈앞에서 쉽게 지나칠 수 있는 현상들을 얼마나 과학적으로 검증할 수 있는지를 돌아보게 하는 과정이었습니다.

"식물도 말을 알아듣는다."

"욕을 하면 식물이 안 자라고, 칭찬을 하면 잘 자란다."

많이 들어 본 이야기이지요. 얼핏 들으면 정말 그럴듯합니다. 하지만 정말 그럴까요?

'칭찬의 횟수가 늘어날수록 식물이 더 잘 자랄까?'

말로만 듣고 믿는 대신, 직접 실험을 해 본 겁니다. 보리 싹을 여러 그룹으로 나누고 칭찬의 횟수를 달리해 보았습니다. 그러나 결과는 단순하지 않았습니다. 칭찬을 많이 했다고 해서 꼭 더 잘 자란 것도 아니고, 결국 떠도는 이야기가 언제나 사실과 일치하지는 않는다는 점을 과학적으로 확인할 수 있었습니다.

속설이나 경험담은 언제나 간단하고 직관적으로 들립니다. 하지만 실제 생명 현상은 그렇게 단순하지 않습니다. 식물의 생장은 햇빛, 물, 토양, 영양분, 온도, 소리 자극 등 수많은 요인이 얽혀 있기 때문에, 칭찬이라는 하나의 요인만으로 생장의 차이를 단정 짓기는 어렵습니다. 따라서 "칭찬하면 무조건 잘 자란다."라는 말은 지나치게 단순화된 결론일 수 있습니다.

진실은 언제나 스스로 질문을 던지고, 탐구를 실행할 때 드러납니다.

"정말 그런 걸까?"라는 질문을 멈추지 않는 것, 그것이 바로 과학의 시작입니다.

●아이디어 뱅크

■ 톡톡 튀는 상상

매일 아침 교실 창가에 놓인 화분 속 보리 싹을 바라보며 물을 주고 인사를 건넵니다. "잘 자라!", "참 예쁘다!" 하고 칭찬을 해 주지요. 그런데 만약, 이 칭찬이 단순히 소리가 아니라 진짜 '영양분'처럼 작용한다면 어떨까요?

"말 한마디가 비료가 된다면?"

즉, 사람이 건네는 긍정적인 말과 따뜻한 목소리가 식물의 생장 신호를 자극하는 일종의 에너지로 작용하는 겁니다. 칭찬을 많이 받은 보리 싹은 뿌리가 더 튼튼해지고 잎은 더 파랗게 자라납니다. 나아가 '감정 친화형 농법'이 개발되어, 농부가 매일 농작물에 긍정적인 언어를 들려주는 것만으로도 수확량이 늘어나고 품질이 좋아진다면 어떨까요?

더 나아가, 도시의 공원이나 학교, 아파트 단지 곳곳에 자동 '칭찬 스피커'가 설치됩니다. "넌 정말 싱그럽구나!", "오늘도 잘 자라고 있구나!"라는 말이 주기적으로 흘러나와 나무와 화초들이 더 건강하게 자라게 하는 겁니다. 화학 비료나 농약 대신, 따뜻한 언어와 소리로 식물을 키우는 새로운 방식이지요.

우리는 흔히 "식물도 말을 알아듣는다."라는 속설을 가볍게 넘기곤 합니다. 하지만 만약 과학이 이를 증명할 수 있다면, 식물 재배 방식은 완전히 달라질 수 있습니다. 기술보다 한 단계 앞서는 '칭찬의 힘'을 활용하는 농업. 그 속에서 식물은 더 건강하게 자라고, 사람은 자연과 더욱 따뜻하게 교감할 수 있을 것입니다.

"좋은 말 한마디가 세상을 바꿀 수 있다."

어쩌면 그 시작은 작은 보리 싹에게 건네는 칭찬일지도 모릅니다.

■ 확장된 탐구 질문

1. 같은 칭찬이라도 녹음된 소리 vs 직접 사람 목소리가 식물 생장에 미치는 효과가 다를까?

2. 칭찬의 지속 시간(10초 vs 2분)이 식물 생장에 차이를 만들까?

3. 칭찬을 받은 식물에서 꽃이나 열매의 개수도 더 많이 나타날까?

4. 칭찬이 식물에 미치는 영향이 단순한 소리 효과인지, 아니면 사람의 입에서 배출되는 기체나 열이 작용한 결과인지 어떻게 구분할 수 있을까?

5. 몇 개(5개)의 보리 싹의 길이를 측정하지 않고, 전체(20개) 보리 싹의 길이를 쉽게 측정할 수 있는 방법은 무엇일까?

6. 칭찬 대신 음악(클래식, 대중가요, 소음 등)을 들려주었을 때 식물의 생장은 어떻게 달라질까?

7. 애정 어린 눈빛으로만 바라봐도 식물이 잘 자랄까?

8. 칭찬의 시간대(아침 vs 저녁)에 따라 식물 성장에 차이가 있을까?

9. 칭찬의 목소리 크기(작게 말하기 vs 크게 말하기)가 식물 반응에 영향을 줄까?

10. 칭찬의 목소리 톤(높은 음, 낮은 음)이 다르게 작용할까?

2. 세상이 뒤집히면 식물은 뿌리를 어떻게 내릴까?

출처: AI 생성

■ 영화 〈인터스텔라〉. 쿠퍼는 병실 창 너머로 회전하는 인공 중력 공간, '쿠퍼 스테이션'을 봅니다.

그 안에서는 회전으로 만들어진 원심력이 중력처럼 작용해 사람들이 거꾸로 걷고 있었지요.

이런 풍경은 집에서도 볼 수 있습니다. 바로 세탁기 안입니다. 탈수가 끝난 세탁기에는 세탁물이 모두 드럼 벽에 달라붙어 있죠. 안으로 떨어져야 할 것들이 바깥으로 붙어 버린 겁니다.

식물을 그 안에 넣으면 뿌리는 어디로 자랄까요? 지구 중심으로 자랄까요, 아니면 회전하는 벽 쪽으로 자라게 되는 걸까요?

●일상에서 마주치는 궁금증

■ 여기서 질문!

평소에는 뿌리는 아래로, 줄기는 위로 자라는 식물. 그런데 회전하는 공간 안에서는 '아래'라는 개념이 완전히 바뀌게 됩니다. 지구 중심 방향뿐만 아니라, 회전의 중심에서 바깥쪽으로도 힘이 작용하니까요. 그렇다면 자연스럽게 이런 궁금증이 생깁니다.

회전하는 공간 안에 식물을 놓으면, 식물의 뿌리는 어디를 향해 자랄까요?

●과학 개념 설명

■ 기본 개념: 식물이 자라는 방향

지구에서는 모든 것이 지구 중심 방향으로 끌려갑니다. 이 힘을 중력(重力)이라고 부릅니다. 식물은 뿌리를 중력 방향으로 자라게 합니다. 이걸 양의 굴중성이라 합니다. 줄기는 중력 반대 방향으로 자라죠. 음의 굴중성입니다. 그런데 회전하는 공간에선 바깥쪽으로 힘이 작용합니다. 이 힘을 원심력이라고 합니다. 식물은 이 원심력의 방향을 '아래'로 착각할까요?

■ 심화 해설: 식물의 방향감각— 뿌리골무와 녹말체

식물이 방향을 인식하는 부위는 뿌리 끝에 있는 뿌리골무(root cap)입니다. 뿌리골무 세포 안에는 평형을 감지하는 무거운 알갱이인 녹말체(Amyloplasts)가 들어 있습니다. 중력이나 원심력이 작용하면 이 알갱이들이 힘의 방향으로 가라앉으며 세포벽을 자극합니다. 식물은 이 자극을 통해 '아래'가 어디인지 판단하고 뿌리를 그 방향으로 자라게 합니다.

■ 심화 해설: 중력의 크기

지구에서는 물체가 지구 중심 방향으로 끌려갑니다. 이 힘을 중력이라 하고, 보통 1초에 9.8 m/s² 만큼 속력을 증가시키는 크기를 가집니다. 이걸 1G라고 합니다.

■ 심화 해설: 원심 가속도

회전하는 물체는 바깥 방향으로 밀리는 힘을 받습니다. 이걸 원심력(원심 가속도×질량)이라고 하고, 식물은 이를 중력처럼 받아들일 수 있습니다. 원심 가속도를 구하는 공식은 다음과 같습니다.

$$a = \omega^2 \times r$$

a: 원심 가속도 (m/s²)

ω: 각속도 (rad/s, 라디안/초)

r: 회전 반경 (m)

■ 심화 해설: 각속도와 RPM

회전 속도를 나타내는 단위는 RPM입니다. 1분에 몇 바퀴 도는지를 나타내죠. 레코드판을 돌리는 턴테이블은 보통 33RPM 또는 45RPM으로 일정하게 회전하여 정밀한 실험에 아주 적합합니다.

45RPM의 각속도는 다음과 같이 계산합니다.

$$\omega = \frac{2\pi \times 45}{60} = 4.71 \, \text{rad/s} \, z$$

■ 심화 해설: 턴테이블 (45rpm) 위의 원판 반경에 따른 원심 가속도

반경(cm)	반경(m)	원심 가속도 a(m/s²)	중력 대비
10	0.10	2.22	약 0.23G
20	0.20	4.44	약 0.45G
30	0.30	6.66	약 0.68G
44	0.44	9.8	약 1.00G

턴테이블 위에서 지구 중력만큼의 원심력을 만들려면 지름이 약 88cm나 되는 원판을 연결해야 하지만 식물(애기장대 등)의 뿌리는 0.01G의 작은 변화에도 민감하게 반응합니다.

■ 심화 해설: 식물이 느끼는 '진짜 힘'의 정체, 합력

식물은 지구 중력과 턴테이블의 원심력을 각각 따로 느끼는 것이 아닙니다. 두 힘은 서로 수직 방향(중력은 아래로, 원심력은 옆으로)으로 작용하며, 식물은 이 두 힘이 합쳐진 대각선 방향의 힘을 최종적으로 느끼게 됩니다.

1. 새로운 아래의 결정식물 뿌리 속의 녹말체(Amyloplasts)는 중력과 원심력이 합쳐진 대각선 방향으로 가라앉습니다. 이때 수직(중력 방향)과 대각선(합력 방향) 사이의 각도(θ)가 바로 우리가 관찰하는 '뿌리가 휘어지는 각도'가 됩니다.

2. 수학적으로 계산해 보기

휘어지는 각도(θ)는 두 힘의 비율로 결정됩니다.

$$tan(\theta) = \frac{원심력(수평방향)}{중력(수직방향)} = \frac{a}{g}$$

-원심력이 0일 때: 각도는 $0°$ (수직 아래)

-원심력이 중력과 같을 때: 각도는 $45°$ (정확히 대각선)

-원심력이 중력보다 훨씬 강할 때: 각도는 $90°$에 가까워져 뿌리는 거의 수평으로 자라게 됩니다.

■ 심화 해설: 왜 천천히 돌리면 안 되나요? (클리노스탯)

우주 무중력 상태를 연구할 때는 '클리노스탯'이라는 장치를 써서 1~2RPM으로 아주 천천히 돌립니다. 이렇게 하면 녹말체가 한 방향으로 가라앉기도 전에 식물의 몸이 뒤집혀서, 식물은 어디가 아래인지 몰라 혼란에 빠집니다(중력 무력화). 반면 우리 실험은 45RPM으로 빠르게 돌려, 녹말체를 바깥쪽으로 확실히 밀어내어 '인공 중력'을 만들어 주는 것이 목적입니다.

●탐구 설계

■ 탐구의 필요성 및 목적

지구 위에서 살아가는 모든 생물은 중력의 영향을 받습니다. 특히 식물은 움직일 수 없기 때문에, 주변 환경에 따라 어디로 자랄지를 스스로 판단해야 합니다. 줄기와 뿌리가 서로 반대 방향으로 자라는 이유는 바로 중력을 감지하는 능력 덕분입니다. 이러한 현상을 과학적으로는 '굴중성'이라고 합니다.

하지만 우주 공간에서는 중력이 거의 없거나 미세하게 작용합니다. 미래에는 우주에서 농사를 짓고 식량을 자급해야 할 수도 있습니다. 그렇다면 식물은 중력이 없는 공간에서 방향을 인식할 수 있을까요? 혹은 중력 대신 원심력처럼 다른 힘을 중력처럼 받아들일 수 있을까요? 이 탐구는 바로 그 물음에서 출발합니다.

회전하는 환경에서는 중심에서 멀어질수록 바깥쪽으로 밀려나는 힘이 생깁니다. 이것이 바로 원심력입니다. 사람도 세탁기처럼 빠르게 돌면 벽으로 밀려나듯, 식물도 일정한 속도로 회전하면 바깥을 '아래'로 착각할 수 있습니다. 특히 뿌리는 중력 방향을 가장 민감하게 감지하는 기관입니다. 만약 뿌리가 중력이 아닌 원심력 방향으로 자란다면, 식물이 환경에 어떻게 반응하는지를 아주 정밀하게 측정할 수 있다는 뜻입니다. 그리고 이는 단순한 호기심을 넘어서 우주 식물 재배, 미세 중력 환경 적응성 연구, 식물의 감각 기관 이해까지 연결될 수 있는 주제입니다.

■ 가설 설정

회전 반경이 클수록 원심력도 커져서, 식물이 바깥쪽으로 뿌리를 자라게 할 것이다.

■ 변인 설정

변인 종류	내용
조작 변인 (바꿔 주어야 하는 것)	회전 반경 (0cm, 10cm, 20cm, 30cm)
종속 변인 (결과로 나오는 것)	뿌리가 휘어져 자라는 정도 (중력방향에서 원심력 방향으로 얼마나 휘어지는가)
통제 변인 (같게 해 주어야 하는 것)	회전 속도, 식물의 종류, 조도, 빛의 방향, 습도 등
대조군 (아무 변화도 주지 않고 기준이 되는 것)	회전 반경 0cm

■ 실험 준비물

-모듬 새싹 채소 (무순, 알팔파 등 뿌리 있는 것)

-턴테이블 (전동 모빌, 전동 낚시 릴, 카세트 플레이어 등 일정하게 회전하는 장치)

-A1사이즈 우드록

-키친타월

-소형 지퍼백

-빵끈

■ 실험 과정

1. 일직선으로 자란 동일한 크기의 새싹을 촉촉한 키친타월이 들어있는 지퍼백에 수직으로 넣는다.

2. 넓은 책상 중앙에 책을 여러 권 겹치고 그 위에 턴테이블을 얹어 책상 상판에서부터의 높이가 20cm 이상 떠 있게 설치한다.

3. 우드록을 반지름 30cm로 잘라 원판을 만든다.

4. 원판 중심에 지퍼백에 든 새싹을 수직으로 세워 붙인다. (대조군)

5. 원판 바닥에 반경 10, 20, 30cm 지점마다 지퍼백에 든 새싹을 빵끈으로 매달아 고정한다. 이때, 회전 균형을 맞추기 위해 새싹을 원판에 대칭되도록 달고 통계를 위해 가능한 많이 달아 준다. 단, 너무 무거워져서 회전 속도가 느려지지 않도록 주의한다.

6. 원판을 턴테이블의 회전 중심에 정확히 맞추어 얹고 고정시켜 준다.

7. 턴테이블을 작동시켜 4일간 뿌리가 자라는 방향을 기록하고 비교한다.

안전 수칙

① 우드록을 자를 때 칼에 다치치 않도록 조심해요.
② 전선이 생활 동선에 걸리지 않도록 주의해요.

●실험 결과

■ 결과 기록

반경 (cm)	원판 바깥쪽으로 뿌리가 휘어진 각도 (°)
0 (대조군)	0
10	약 10 ~ 15
20	약 20 ~ 25
30	약 30 이상

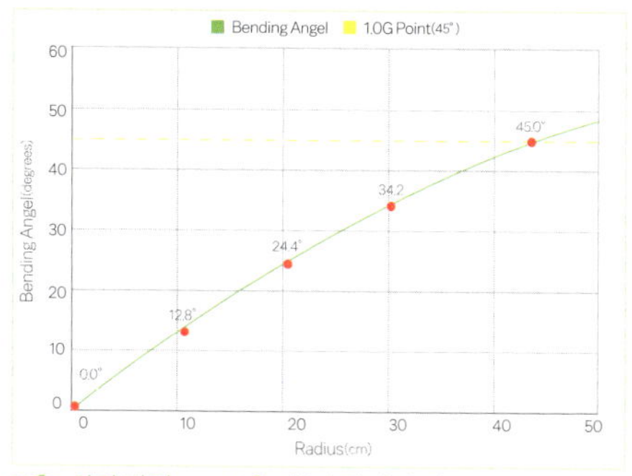

X축: 회전 반경 (cm) Y축: 뿌리 휘어짐 각도 ( )

■ 결과 해석

그래프에서 볼 수 있듯이 반경이 클수록 원심력이 커지고, 뿌리는 더 바깥쪽으로 휘는 경향을 보입니다. 회전 반경이 증가함에 따라 뿌리가 바깥쪽으로 휘어지는 각도도 점진적으로 증가하는 것을 확인할 수 있습니다.

● 일반화

■ 탐구의 결론

이번 실험에서는 다음과 같은 결론을 얻을 수 있습니다.

회전 반경이 클수록 원심력도 커져서, 식물이 바깥쪽으로 뿌리를 자라게 한다.

턴테이블처럼 느리게 회전하는 원판에 식물을 배치했을 때, 그 반경이 일정 수준 이상 커지면 뿌리는 점점 더 회전 중심에서 멀어지는 방향, 즉 원심력 방향으로 자라기 시작했습니다.

이는 식물 뿌리가 단지 '중력'이라는 물리적 자극에 반응하는 것이 아니라, 자신이 느끼는 힘(가속도)의 방향을 중력처럼 해석하고 반응한다는 뜻입니다. 회전하면서 생기는 원심 가속도를 '새로운 아래'로 인식한 것입니다.

이 현상은 뿌리가 단순한 조직이 아니라, 공간을 감지하고 방향을 판단하는 생명체의 센서 역할을 한다는 강력한 증거입니다.

■ 예상 오차

이 실험은 몇 가지 오차 가능성을 가지고 있습니다.

원판의 크기가 너무 커지거나 식물의 무게가 너무 커지면 회전 속도가 일정하지 않거나 구조적 안정성이 떨어질 수 있습니다. 천장형 실링 팬이 있다면 원판을 따로 제작하지 않고 실링 팬 날개에 식물을 매달아 구조적 안정성을 더욱 확보할 수 있습니다.

실험 시간이 충분하지 않거나, 물 공급과 습도 유지가 잘되지 않으면 식물의 자람 반응이 완전히 드러나지 않을 수 있습니다.

식물마다 중력 감지 민감도가 다르기 때문에, 일부 식물에서는 반응이 전혀 나타나지 않을 수도 있습니다. 특히, 시중에서 구매한 새싹 채소의 상태나 뿌리 손상 여부에 따라 결과가 달라질 수 있습니다.

회전 속도가 너무 빠르면 식물이 들어 있는 지퍼백 자체가 원심력 방향으로 기운 채 돌아갈 수 있습니다. 식물체 전체가 기울어지면 뿌리 스스로 방향을 꺾는 '굴중성'을 순수하게 측정하기 어렵습니다. 따라서 지퍼백을 원판에 단단히 고정해야 합니다.

측정 팁: 뿌리가 휘어지는 각도를 정확히 측정하기 위해, 지퍼백 뒷면에 모눈종이를 덧대거나 네임펜으로 격자무늬 기준선을 그려 두는 것이 좋습니다. 이렇게 하면 실험 전후의 뿌리 각도 변화를 모눈의 칸수를 이용해 훨씬 정밀하게 비교할 수 있습니다.

■ 탐구의 가치

이 실험은 '모든 물체는 땅으로 떨어진다'는 당연하다고 생각한 상식을 '뒤집는' 계기가 되어 여러분의 생각을 확장시켜 줍니다. 뿐만 아니라 이번 실험을 통하여 중력과 원심력을 별개의 것으로만 생각하지 않게 되고, 그렇다면 과연 '힘'이란 무엇인가에 대한 근본적인 질문으로 여러분을 이끌어 줄 것입니다.

식물의 중력 감지 방식은 전문연구기관에서 '우주 생물학'이라는 주제로 오랫동안 연구돼 왔지만, 이처럼 주변에서 쉽게 구할 수 있는 재료로 십에서 원심력 환경을 구현해 식물의 방향성 반응을 눈으로 확인할 수 있다는 점은, 앞으로도 값비싼 실험 장비가 없어도 생활 속에서 탐구를 스스로 할 수 있다는 용기를 줍니다. 또한, 중력과 원심력이라는 물리학적 개념을 생명체의 반응과 연결해 설명할 수 있기 때문에, 여러 과학 분야를 통합적으로 사고하는 경험을 제공해 줍니다.

앞으로 우주에서의 장기 체류나 식량 생산을 고려할 때, 식물이 중력이 없는 공간에서도 제대로 자랄 수 있는지가 중요한 과제가 됩니다. 그 해결책 중 하나가 바로 '회전을 통한 인공 중력 환경'입니다. 이번 실험은 그 가능성을 작게나마 보여 줍니다. 즉, 식물은 회전만으로도 자람의 방향을 바꿀 수 있으며, 우주 정거장이나 우주선 안에서도 자라게 할 수 있다는 의미입니다. 따라서 이번 탐구는 단지 식물이 어떻게 자라는지를 넘어서, 미래 우주 농업, 인공 생태계 설계, 무중력 공간에서의 생명 유지 방법 등 다양한 분야에 확장될 수 있는 기반 지식을 제공합니다.

● 아이디어 뱅크

■ 톡톡 튀는 상상

만약 식물이 회전하는 환경에서 진짜로 바깥쪽을 '아래'라고 느낀다면, 하나 더 말도 안 되는 상상을 해 볼 수 있습니다.

비는 언제나 위에서 아래로 내립니다. 그게 너무 당연하죠. 왜냐하면 중력이 지구 중심 방향으로 끌어당기니까요. 그런데 이 실험처럼 회전하는 세상이라면 어떨까요? 중심에서 바깥으로 작용하는 원심력이 중력보다 더 크게 작용하게 된다면? 그럼 물방울도 아래로 떨어지지 않고, 비도 '방사형'으로 퍼질 수 있는 거 아닐까요?

식물들이 원판 가장자리에 자리 잡고, 물은 회전판의 중앙에 위치한 스포이트에서 한 방울씩 톡, 톡 떨어지고. 그 물방울이 아래로 '뚝' 떨어지지 않고 밖으로 쫙 퍼지며 둥글게 내리는 모습. 그리고 식물은 그 '비'를 바깥에서 맞으며, 중심에서 밖으로 자라는 뿌리를 내려가겠죠.

　지구에서 비는 위에서 아래로 내리지만, 회전하는 세계에서는 안에서 밖으로 내릴지도 몰라요. 식물도, 비도, 방향을 스스로 정할 수 있다면, 우리가 알고 있는 자연의 법칙도 아주 조금은 뒤집어 볼 수 있지 않을까요?

■ 확장된 탐구 질문

1. 원판 회전 속도를 2배로 올리면 어떻게 될까?

2. 12시간은 회전시키고, 12시간은 정지시켜 키우면 어떻게 될까?

3. 원판의 반경을 50cm 이상으로 늘리면 어떻게 될까?

4. 식물을 거꾸로 매달아도 같은 반응이 나타날까?

5. 빛이 없으면 반응은 달라질까?

6. 발아되기 전 씨앗 상태에서도 원심력을 감지할 수 있을까?

7. 식물 종류별 반응이 다를까?

8. 원심력 방향과 빛이 반대면 어디로 자랄까?

9. 뿌리와 줄기의 회전 반응 차이를 비교할 수 있을까?

10. 회전판을 턴테이블 대신 선풍기에 붙이면 어떻게 될까?

3. 모기는 어떤 색을 좋아할까?

출처: AI 생성

■ 무더운 여름, 가족들과 계곡으로 피서를 갔던 적이 있습니다. 계곡 주변에서 모기들이 윙윙거리며 몰려들었습니다. 그런데 신기하게도, 가족 중에 유독 나에게만 모기가 집중적으로 달라붙네요. "왜 나만 이렇게 많이 물릴까?" 하는 생각이 들었죠. 혹시 내가 무언가, 다른 사람과 다르게 하고 있는 게 있을까? 내가 입은 옷 색깔이랑 관련이 있을까? 그런 궁금증이 머릿속에 가득 찼습니다.

■ 여기서 질문!

같은 장소, 같은 시간인데 왜 모기는 사람마다 다르게 모일까요? 혹시 모기가 좋아하는 색이 따로 있어서 그런 건 아닐까요? 이걸 확인해 보면, 앞으로 모기에게 덜 물리는 방법도 찾을 수 있을 것 같습니다.

● 과학 개념 설명

■ 기본 개념: 모기의 감각

모기는 사람을 찾을 때 여러 가지 감각을 씁니다. 주로 냄새, 온도, CO_2 같은 요소들이 많이 알려져 있지만, 색깔도 중요한 역할을 합니다. 색에 따라 모기가 더 잘 보거나, 더 끌릴 수 있는 거죠.

■ 심화 해설: 모기가 피를 먹는 이유

모기는 지구상의 거의 모든 곳에서 사는 생존에 성공적인 곤충 중 하나입니다. 모기의 몸은 아주 가볍고, 날개와 다리가 가늘어 좁은 틈도 쉽게 빠져나갈 수 있습니다. 그리고 입(주둥이)은 뾰족하게 튀어나와 있어, 동물이나 사람의 피부를 찔러 피를 빨 수 있게 진화했습니다.

사실 모기는 피를 먹고 사는 곤충이 아닙니다. 대부분의 모기는 꽃에서 나오는 당즙을 빨아 먹으며 살아갑니다. 주둥이를 식물 줄기나 꽃에 꽂아 단백질과 탄수화물을 얻고, 꿀이나 이슬로 배를 채우지요. 그런데 암컷 모기가 알을 낳을 준비를 하면 난자를 성숙시키기 위해 동물성 단백질을 반드시 섭취해야 하고, 그 영양소를 동물의 혈액에 서 얻습니다.

한 번 흡혈에 성공한 암컷 모기는 자기 몸무게의 두세 배에 달하는 피를 빨아들입니다. 작은 몸집에 비하면 믿기 어려운 양이지요. 모기 의 배 안쪽은 주름진 주머니 구조로 되어 있어, 배가 가득 차더라도 남은 혈액을 따로 저장해 둘 수 있습니다.

■ 심화 해설: 모기의 시력

모기는 사람과 다른 '겹눈(복안, compound eye)'을 가지고 있습니다. 이 겹눈은 아주 작은 렌즈가 수백~수천 개나 모여 있는 구조입니다. 각 렌즈가 각각의 이미지를 받아들이고, 뇌에서 합쳐 하나의 화면처 럼 인식합니다. 겹눈의 장점은 주변을 넓게, 그리고 빠르게 감지할 수 있다는 점입니다. 그래서 모기는 작은 움직임, 빛, 색의 변화를 예 민하게 알아차릴 수 있습니다.

모기의 겹눈은 '야간 시력'에도 강점이 있습니다. 모기는 낮보다 밤에 더 활발하게 활동하는데, 이는 빛이 아주 약한 상황에서도 미세 한 밝기 차이와 색 변화를 감지할 수 있게 진화했기 때문입니다. 다 만, 완전히 어두운 곳에서는 색을 거의 구별하지 못하고, 미약한 빛 이라도 있으면 자신이 잘 보는 색깔을 빠르게 구분해 냅니다.

●탐구 설계

■ 탐구의 필요성 및 목적

여름철만 되면 어김없이 찾아오는 모기. 어떤 날은 유독 많이 물리고, 어떤 날은 거의 물리지 않는 경우도 있습니다. 가만히 앉아 있는데도 옆 사람만 집중적으로 물리는 걸 보면, 모기가 사람을 고를 때 뭔가 기준이 있는 게 아닐까 싶어지죠. 흔히들 "검은 옷을 입으면 모기가 더 잘 붙는다."라고 말하지만, 그게 정말 사실인지, 과학적으로 검증된 이야기인지 궁금해집니다.

이번 탐구의 목적은 모기가 색깔에 따라 선호하는 경향이 있는지를 검증하고, 실생활에서 모기에 덜 물리기 위한 색 선택에 과학적 기준을 제시하는 데 있습니다. 이는 야외 활동이 많은 여름철, 모기 매개 질병 예방에도 도움이 될 수 있는 실용적인 탐구입니다.

■ 가설 설정

모기는 식물과 같은 녹색의 빛을 좋아할 것이다.

■ 변인 설정

변인 종류	내용
조작 변인 (바꿔 주어야 하는 것)	셀로판지의 색(빨강, 노랑, 초록, 파랑 등)
종속 변인 (결과로 나오는 것)	각 색깔에 모이는 모기의 숫자
통제 변인 (같게 해 주어야 하는 것)	온도, 습도, 실험 시간(5분), 모기 수

대조군 (아무 변화도 주지 않고 기준이 되는 것)	무색 셀로판지

■ 실험 준비물

- 셀로판지(빨강, 노랑, 녹색, 파랑, 무색)

- 모기 20마리

- 초시계

- 투명 테이프, 가위, 칼

- 기다란 투명 원형 통 5개

- 투명 플라스틱 통 1개

- 온도계, 습도계 등

■ 실험 과정

1. 각 원형 통에 색깔별로 셀로판지를 붙인다.

2. 가운데 투명 통에 구멍을 뚫고, 원형 통을 연결한다.

3. 투명 통에 모기 20마리를 넣는다.

4. 5분 후 각각의 원형 통으로 이동한 모기의 숫자를 기록한다.

5. 실험을 여러 번 반복해 평균값을 낸다.

안전 수칙

① 모기에 직접 물리지 않도록 주의해요.

② 실험 후에는 모기를 자연에 방사하지 않아요.

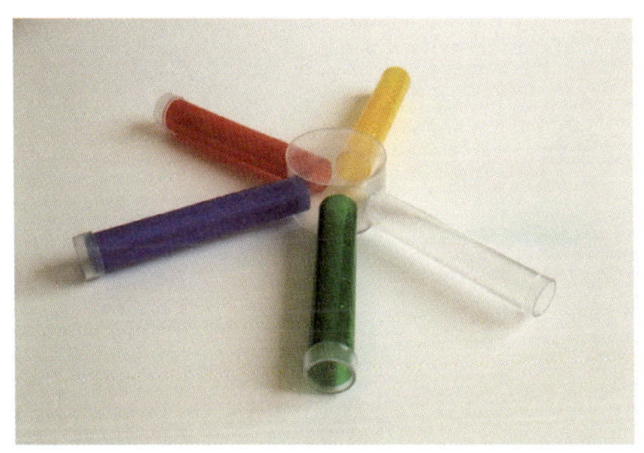

●실험 결과

■ 결과 기록

횟수 구분	1	2	3	4	5	6	7	8	9	10	합계 (마리)	비율 (%)
무색	0	0	0	0	0	0	0	0	0	0	0	0.0
빨강	0	0	0	0	0	0	0	0	0	0	0	0.0
노랑	5	6	3	1	2	0	3	3	1	2	26	13.0
녹색	15	13	16	17	15	18	15	14	17	16	156	78.0
파랑	0	1	1	2	3	2	2	3	2	2	18	9.0
총수	20	20	20	20	20	20	20	20	20	20	200	100

색깔에 따른 모기의 모이는 숫자 (온도(26℃) 습도(42%))

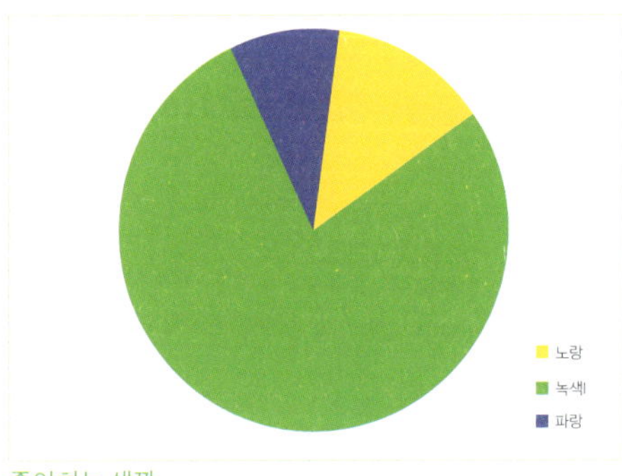

좋아하는 색깔

■ 결과 해석

실험 결과는 다음과 같았습니다.

1. 모기 수집 비율: 녹색(78.0%) > 노랑(13.0%) > 파랑(9.0%) > 무색(0.0%) = 빨강(0.0%)

모기는 녹색 셀로판지에 가장 많이 모였으며, 노랑과 파랑에는 일부만 모였습니다. 무색과 빨강에는 단 한 마리도 가지 않았습니다.

2. 녹색과의 차이: 녹색에 몰린 수는 노랑보다 6배, 파랑보다 8배 많았습니다. 즉, 다른 색들과 비교했을 때 녹색이 모기의 압도적 선호 색이라는 사실이 확인되었습니다.

3. 무색과 빨강의 공통점: 두 경우 모두 모기가 전혀 반응하지 않았습니다. 색 자극이 없는 상태(무색)와 긴 파장대(빨강)는 모기 유인에 전혀 효과가 없었습니다.

● 일반화

■ 탐구의 결론

이번 탐구는 "모기는 특정 색을 더 선호할 것이다."라는 가설을 검증하기 위해, 색을 입히지 않은 경우(무색), 빨강, 노랑, 녹색, 파랑의 셀로판지를 붙인 실험관에 모기를 넣고, 각각 몇 마리가 모이는지를 비교한 실험입니다.

이 결과를 통해 다음과 같은 사실을 확인할 수 있습니다.

1. 모기는 녹색에 압도적으로 반응합니다. 전체의 78%가 녹색에 모였으며, 이는 다른 색에 비해 월등히 높은 수치였습니다.

모기는 주로 풀밭이나 논, 숲, 습지처럼 초록빛 식물이 많은 곳에서 삽니다. 이런 환경은 모기에게 익숙하고 안전한 배경색이지요. 풀잎과 그늘은 모기가 편하게 쉬거나 알을 낳기에 좋은 장소이기도 합니다. 그래서 모기가 초록 계열의 빛을 좋아하는 것은, 결국 살아남고 번식하기에 유리하기 때문이라고 볼 수 있습니다. 또한 과학자들의 연구에 따르면, 모기의 눈은 빛의 색깔 중에서도 특히 500~550nm(초록색 파장)에서 가장 잘 반응한다고 합니다. 결국, 모기의 눈은 초록빛에 가장 민감하게 반응하도록 발달한 것입니다.

2. 노랑과 파랑은 보조적 유인 효과를 가집니다. 하지만 그 비율이 10% 안팎으로, 실질적으로는 녹색에 비해 크게 뒤처졌습니다.

3. 무색과 빨강은 모기 유인 효과가 전혀 없었습니다. 특히 빨강은

사람 눈에 강렬한 색임에도 불구하고, 모기는 전혀 반응하지 않았습니다. 이는 모기의 시각 구조가 빨강 파장을 잘 인식하지 못한다는 사실과도 일치합니다.

4. 녹색의 압도적 선호는 실생활에서 중요한 의미를 가집니다. 녹색 계열의 옷이나 텐트, 모기장은 모기를 더 끌어들일 수 있으며, 반대로 빨강이나 무색 계열을 활용하면 모기에 물릴 가능성을 줄일 수 있습니다.

따라서 이 실험의 결론은 다음과 같습니다.

모기는 색에 따라 뚜렷한 선호를 보이며, 녹색을 가장 좋아한다.

노랑과 파랑은 보조적 효과를 가지지만, 무색과 빨강은 전혀 효과가 없습니다.

즉, 모기에게 잘 물리지 않으려면 녹색 계열은 피하고, 빨강이나 무색 계열을 선택하는 것이 유리하다는 것이 이번 탐구의 핵심 결론입니다.

■ 예상 오차

모기가 색에 반응하는지를 확인하는 이번 실험은 얼핏 보면 단순한 비교처럼 보일 수 있습니다. 셀로판지를 씌웠는가, 씌우지 않았는가. 또 씌웠다면 빨강, 노랑, 녹색, 파랑 중 어떤 색이었는가. 하지만 그 이면에는 꽤 다양한 변수가 숨어 있습니다.

먼저, 모기의 상태가 모두 같았다고 보긴 어렵습니다. 같은 날 같은 통에서 꺼낸 모기라 하더라도 어떤 개체는 배가 부른 상태였을 수도 있고, 어떤 개체는 매우 활발했을 수도 있습니다. 모기의 성별이나 나이도 영향을 줄 수 있습니다. 그런데 이런 차이를 모두 하나의 집단으로 묶어 비교했으니, 실제 색 선호만을 정확히 분리해 내기는 쉽지 않습니다.

또한 모기의 활동성은 빛, 온도, 습도에 따라 크게 달라집니다. 실험에서는 온도와 습도를 통제했다고 했지만, 아주 미세한 차이만으로도 모기의 움직임은 변할 수 있습니다. 같은 26℃라고 해도 방 안의 공기 순환이나 습기의 분포가 일정하지 않으면 결과에 영향을 주었을 수 있습니다.

그리고 모기 역시 곤충이지만 본능적인 회피 행동을 보입니다. 셀로판지의 색깔보다 먼저 사람의 냄새나 움직임에 반응했을 가능성도 있습니다. 연구자가 가까이 다가간 순간, 모기가 흩어졌다가 다시 모였을 수도 있지요. 그렇다면 색 때문인지, 주변 자극 때문인지 구분하기가 어렵습니다.

실험 장치 자체의 구조도 완전히 동일하다고 보긴 힘듭니다. 셀로판지를 붙이는 방식, 테이프의 두께, 셀로판지의 투명도와 재질 차이 등은 모기의 선택에 영향을 줄 수 있습니다. 특히 빛이 통과하는 정도가 색깔마다 달랐다면, 모기가 색뿐 아니라 '밝기 차이'에 반응했을 수도 있습니다.

측정 방식 역시 완벽하지 않습니다. 모기가 어느 색에 "앉았다."라는 기준을 세우는 것은 사람이 눈으로 관찰하는 방식이었습니다. 하지만 아주 짧게 머물렀다 날아간 경우는 기록하지 못했을 수 있습니다. 연구자가 보는 각도에 따라 셀로판지 안쪽과 바깥쪽을 구분하기 어려웠을 가능성도 있습니다.

결국 이 실험도 한 번만으로 결론을 내리긴 어렵습니다. 모기의 개체 상태, 실험 환경, 연구자의 관찰 방식, 셀로판지 재질 등 복잡한 요소들이 얽혀 있기 때문입니다. 같은 실험을 여러 차례 반복하고, 그 평균을 봐야 진짜 정확한 결론에 다가갈 수 있습니다. 모기와 색깔, 생각보다 훨씬 더 복잡한 관계입니다.

■ 탐구의 가치

이 탐구는 단순히 모기가 어떤 색을 좋아하는지를 확인하는 데서 끝나지 않습니다. 우리가 자연을 얼마나 꼼꼼히 관찰하고, 작은 의문도 스스로 실험하며 검증할 수 있는지를 돌아보게 하는 과정이었습니다.

"모기는 검은색 옷에 더 모인다."

"밝은 색 옷을 입으면 덜 물린다."

그럴 듯한 이야기지요. 마치 색깔만 바꾸면 모기를 피할 수 있는 것처럼 단순하게 들립니다. 하지만 정말 그럴까요?

'모기는 특정 색에 확실히 끌릴까?'

말로만 듣고 믿는 대신, 직접 실험을 해 본 겁니다. 그리고 결과는 명확했습니다. 모기는 녹색에 압도적으로 몰렸고, 빨간색이나 무색에는 거의 반응하지 않았습니다. 우리가 막연히 생각하던 '어두운 색은 모기가 좋아한다'라는 말과는 다소 다른 결과였던 셈입니다. 즉, 떠도는 이야기가 언제나 사실과 일치하지는 않는다는 점을 과학적으로 확인한 것입니다.

속설이나 경험담은 언제나 단순하고 직관적입니다. 하지만 과학적 현상은 그렇게 간단하지 않습니다. 모기가 사람을 찾는 데에는 색깔뿐 아니라, 체온, 땀 냄새, 이산화탄소, 습도까지 수많은 요인이 얽혀 있습니다. 단지 옷 색 하나 바꿨다고 해서 모기 문제를 완전히 해결할 수는 없습니다. 따라서 "밝은 옷을 입으면 안전하다."라는 식의 말은 지나치게 단순한 결론입니다.

이 탐구가 보여 준 건, 결국 '과학은 합리적 의심에서 출발한다'는 사실입니다. 우리는 주위 사람들이 하는 말을 쉽게 믿고 따릅니다. 하지만 정말 중요한 건, 그 말이 진짜인지 직접 실험해 보고 판단하는 힘입니다. 과학은 때로는 속설을 깨뜨리고, 우리가 보지 못한 다른 원인을 밝혀 줍니다. 그 진실은 언제나 스스로 질문을 던지고, 직접 탐구해 볼 때 드러납니다.

"중요한 것은 질문을 멈추지 않는 것이다." 라는 아인슈타인의 말처럼 세상에 끊임없이 질문하는 것, 그게 과학의 시작입니다.

●아이디어 뱅크

■ 톡톡 튀는 상상

상상해 봅시다. 여름밤, 모기를 피해 모기장을 치고 누웠는데도 윙윙거리는 소리가 귓가에 맴돕니다. 손으로 쫓아 보아도 소용없고, 결국 모기약을 찾게 되죠. 그렇다면 이런 상상은 어떨까요?

"색깔 자체가 모기를 막아 주는 방패가 된다면?"

즉, 옷이나 텐트, 커튼 같은 생활용품이 단순히 색깔을 띠는 게 아니라, 모기가 싫어하거나 무관심한 색으로 제작된다면 어떨까요? 예를 들어 빨강이나 무색 계열의 원단으로 만든 여름 파자마는 별도의 살충제를 쓰지 않아도 모기 유입을 줄여 줍니다. 캠핑용 텐트는 일부러 모기가 잘 모이지 않는 색상으로 제작되고, 모기장은 아예 모기가 전혀 관심을 갖지 않는 색으로 염색되어 판매되는 겁니다.

더 나아가, 도시 환경 자체를 이런 방식으로 설계한다면 어떨까요? 가로등 불빛에 특정 파장의 색 필터를 씌워 모기의 접근을 최소화하거나, 공원 벤치 주변 시설물에 모기가 기피하는 색 계열을 적용하는 겁니다. 모기를 쫓는 스프레이나 전기 장치 대신, 색깔만으로 공간 전체를 모기로부터 안전하게 만드는 것이지요.

우리는 "모기가 피 냄새와 이산화탄소에 이끌린다."라고 말합니다. 그렇다면 이제, 색깔이라는 시각적 자극을 활용해 모기와 사람 사이의 거리를 조절한다면 어떨까요? 약품에 의존하지 않고, 기술보다 더 단순한 '색의 힘'으로 모기를 통제하는 겁니다. 모기에게 끌리는 색이 아니라, 모기가 외면하는 색을 입는 것. 그것이 모기를 피하는 새로운 방식이 될 수도 있습니다.

■ 확장된 탐구 질문

1. 모기는 빛의 밝기에 따라서 색깔 반응이 달라질까?

2. 녹색 중에서도 진한 녹색과 연한 녹색 중 어느 쪽에 더 많이 모일까?

3. 여러 색이 섞인 무늬(예: 꽃무늬)에는 어떻게 반응할까?

4. 야외(자연광)와 실내(형광등)에서 실험 결과가 다를까?

5. 모기의 종류별로 색깔 선호도가 다를까?

6. 색깔과 동시에 냄새 자극이 있으면 어떤 쪽에 더 반응할까?

7. 빨간색 계통의 옷을 입으면 모기에 진짜 안 물릴까?

8. 모기는 계절에 따라 색깔 선호도가 달라질까?

9. 녹색 식물이 많은 곳에 모기가 더 많을까?

10. 색깔 셀로판지의 두께에 따라 모기의 반응이 달라질까?

4. 귓바퀴는 동물의 소리 감지에 얼마나 영향을 줄까?

출처: AI 생성

■ 동물의 세계를 다루는 다큐멘터리를 보고 있었습니다. 화면에는 똬리를 튼 뱀이 날름거리는 혀를 내밀고 있었고, 해설자는 뱀이 혀와 몸으로 주변의 진동을 감지한다고 설명했죠.

그때, 뱀의 머리에는 우리가 흔히 아는 귓바퀴가 없다는 사실이 눈에 들어왔습니다. 곰곰이 생각해 보니 주변의 많은 동물이 귓바퀴를 가지고 있습니다. 우리 집 강아지나 고양이처럼 말이죠.

그런데 뱀뿐만 아니라 물고기, 개구리, 새처럼 우리가 익숙하게 보는 동물들에게서는 귓바퀴를 찾아볼 수 없습니다. 그렇다면 귓바퀴는 소리를 듣는 데 꼭 필요한 기관일까요?

●일상에서 마주치는 궁금증

■ 여기서 질문!

이 의문은 곧 다른 궁금증으로 이어졌습니다. 물고기는 물속에, 뱀은 땅 위와 땅속에, 새는 공중에서 주로 생활합니다. 혹시 귓바퀴가 없는 이유가 각 동물이 살아가는 공간과 관련이 있는 것은 아닐까요?

이런 궁금증을 해결하기 위해 간단한 실험을 설계해 보았습니다. 동물이 아닌 사물을 이용해 각 환경에서 귓바퀴가 소리 감지에 어떤 영향을 미치는지 직접 알아보려고 합니다.

●과학 개념 설명

■ 기본 개념: 소리의 정의

소리는 물체의 진동으로 발생하는 파동이라는 것을 설명합니다. '파동'이라는 용어를 처음 접하는 독자도 이해할 수 있도록 쉬운 비유(예: 물결, 용수철)를 사용합니다.

■ 기본 개념: 소리의 전달

소리 파동이 매질(공기, 물, 땅 등)을 통해 퍼져 나간다는 원리를 설명합니다. 이때, 매질이 없으면 소리가 전달될 수 없다는 점도 언급해 주면 좋습니다.

■ 기본 개념: 귓바퀴의 역할

귓바퀴는 공기 중의 소리 파동을 모아 귓구멍으로 보내는 안테나 역할을 합니다.

■ 심화 해설: 매질과 소리의 전달 속도 관계

소리의 전달 속도는 매질의 밀도에 비례합니다. 고체(땅) 〉 액체 (물) 〉 기체(공기) 순으로 밀도가 높고 소리의 전달 속도가 빠릅니다. 공기에서는 밀도가 낮아 소리 전달 효율이 떨어지므로, 귓바퀴의 역할이 매우 중요합니다. 물에서는 밀도가 높아 소리 전달이 빠르므로, 귓바퀴 없이도 소리를 잘 감지할 수 있습니다. 땅은 밀도가 가장 높아 소리 전달이 매우 효율적이며, 진동의 형태로 직접 몸에 전달됩니다.

$$v = \sqrt{\frac{B}{\rho}}$$

v: 소리의 속도 (m/s)

B: 매질의 체적 탄성률(또는 Bulk modulus, 압축 저항)

ρ : 매질의 밀도

-매질: 파동(소리, 빛, 물결 등)이 전달되는 물질이나 공간

-체적 탄성률: 어떤 물질이 압축될 때, 압력 변화에 대해 얼마나 '버티는가'를 나타내는 값

●탐구 설계

■ 탐구의 필요성 및 목적

우리는 소리를 들을 때 당연하게 귓바퀴를 사용한다고 생각합니다. 하지만 도마뱀, 새, 심지어 돌고래도 귓바퀴 없이 소리를 듣습니다. 뭔가 이상하지 않나요? 우리가 당연하다고 여긴 '귓바퀴'가 사실은 꼭 필요한 게 아닐 수도 있다는 생각, 슬슬 인지 갈등이 생깁니다.

이 탐구는 바로 여기서 출발합니다.

귓바퀴는 정말 '소리를 듣는 데' 필수일까요? 아니면 '공기 중에서' 듣기 좋게 설계된 보조 장치일까요? 물에서 헤엄치는 돌고래, 땅속을 파고 다니는 뱀, 하늘을 나는 새. 이 친구들에겐 왜 귓바퀴가 없을까요? 혹시, 소리가 전해지는 환경이 다르기 때문에 귀의 구조도 달라진 건 아닐까요?

이 탐구는 귓바퀴의 역할이 동물이 살아가는 환경, 즉 매질과 어떤 관련이 있는지 직접 알아보는 데 목적이 있습니다. 휴대폰과 간단한 모형을 이용해 공기, 물, 땅에서 소리가 어떻게 전달되는지, 그리고 귓바퀴 모형이 소리 감지에 어떤 영향을 미치는지 실험을 통해 밝혀낼 것입니다.

이건 단지 '소리가 들리냐 안 들리냐'의 문제가 아닙니다. 생물이 어떻게 자기 환경에 맞춰 몸을 설계해 왔는지, 진화의 설계도를 살짝 들여다보는 일이죠. 단순한 과학적 호기심을 해결하는 것을 넘어, 동물이 각자의 환경에 완벽하게 적응하며 진화해 온 놀라운 과정을 이해하는 계기가 될 것입니다.

■ **가설 설정**

귓바퀴는 매질의 밀도가 낮을수록 소리 감지에 더 큰 도움을 줄 것이다.

■ **변인 설정**

변인 종류	내용
조작 변인 (바꿔 주어야 하는 것)	귓바퀴의 유무, 매질의 종류 - 방수팩에 귓바퀴 모형을 붙이는 경우와 붙이지 않는 경우 - 공기, 물, 땅(바닥)
종속 변인 (결과로 나오는 것)	녹음된 소리의 크기 - 휴대폰에 녹음된 소리 파일의 크기(데시벨)
통제 변인 (같게 해 주어야 하는 것)	스피커의 소리 크기, 실험 장치와 스피커의 거리 - 실험 내내 동일한 소리(음원)를 사용 - 모든 실험에서 50cm로 동일하게 유지
대조군 (아무 변화도 주지 않고 기준이 되는 것)	명확히 구분된 3개의 조건에서만 실험하므로 대조군을 설정할 수 없음

■ **실험 준비물**

- 휴대폰 (데시벨 측정 앱 사용)

- 투명한 방수팩

- 노트북(일정한 소리 재생 장치로 사용. 온라인 피아노 연주 사이트에서 건반 눌러 일정 음량의 단순한 음 재생)

- 가위

- 투명 테이프

- 얇은 판형 플라스틱(예: 클리어 파일)

- 큰 물통

■ 실험 과정

1. 귓바퀴 모형 만들기 : 얇은 판형 플라스틱(예: 클리어파일)을 귓바퀴 모양처럼 잘라 방수팩의 마이크 부분에 테이프로 붙인다. 귓바퀴가 없는 방수팩도 하나 준비한다.

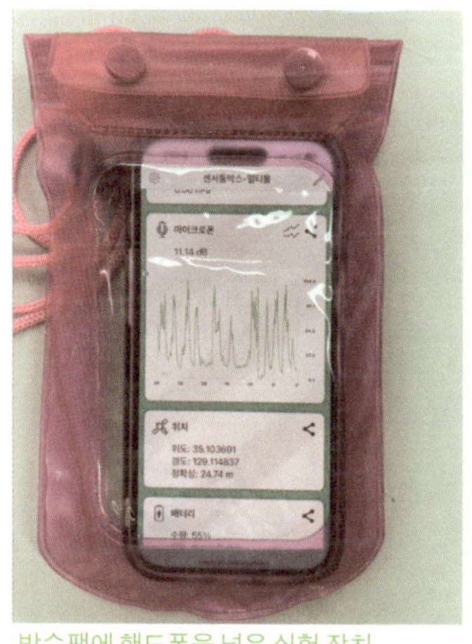

방수팩에 핸드폰을 넣은 실험 장치

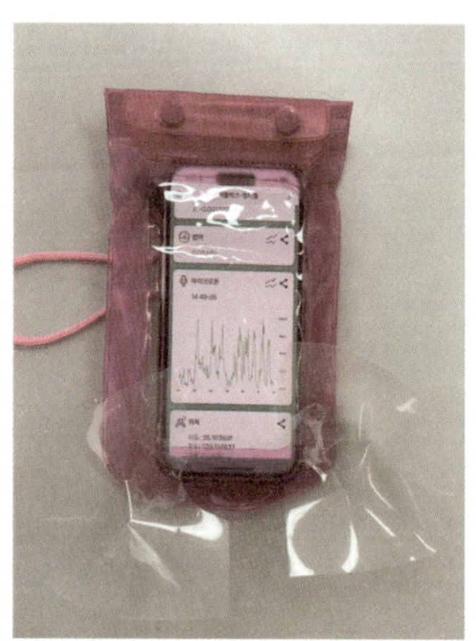

방수팩에 핸드폰을 넣고, 클리어파일 귓바퀴 모형을 마이크 부근에 부착한 실험 장치

2. 실험 환경 만들기: 실험할 장소에 노트북을 두고, 노트북으로부터 50cm 떨어진 곳에 실험 장치를 설치한다.

실험 환경 만들기

핸드폰의 마이크 위치를 정확히 확인하고, 마이크 주변으로 귀 모

형(깔대기)을 부착한다.

　주변에서 다른 소리가 발생하지 않도록 주의한다.

　3. 공기 중 소리 감지 실험 : 휴대폰 귓바퀴 모형이 없는 방수팩에 휴대폰을 넣고 데시벨 측정 앱을 연 후, 화면 녹화를 시작한다. (실험 중 측정된 데시벨을 실험 후 확인하기 위해서이다.) 노트북을 통해 온라인 피아노 연주 사이트 화면의 일정한 건반을 10회 누른다. 이번에는 귓바퀴 모형이 있는 방수팩을 사용하여 같은 방법으로 녹음한다.

　4. 땅 위 소리 감지 실험 : 휴대폰이 든 방수팩을 노트북과 50cm 떨어진 곳의 바닥에 두고 위의 동일 과정을 반복한다. (귓바퀴 모형이 있는 방수팩 경우, 귓바퀴 모형이 없는 방수팩 경우 각각 진행)

　5. 물속 소리 감지 실험 : 휴대폰이 든 방수팩을 노트북과 50cm 떨어진 곳에 있는 수조에 넣고 위의 동일 과정을 반복한다. (귓바퀴 모형이 있는 방수팩 경우, 귓바퀴 모형이 없는 방수팩 경우 각각 진행)

핸드폰이 든 방수팩을 수조 속 물에 넣고 데시벨 측정

귓바퀴 모형이 있는 핸드폰이 든 방수팩을 수조 속 물에 넣고 데시벨 측정

안전 수칙

① 전자 기기인 휴대폰이 물에 닿지 않도록 방수팩을 완전히 밀봉했는지 꼭 확인해요.
② 젖은 손으로 스피커나 전자기기를 만지지 않도록 주의해요.

● 예상 결과

■ 결과 기록

각 경우의 소리 크기(dB)는 건반을 10회 눌렀을 때 기록된 파형의 중간값을 기준으로 하였습니다.

매질	귓바퀴 유무	소리 크기(dB)
공기	없음	60
	있음	80
땅	없음	75
	있음	76
물	없음	85
	있음	85

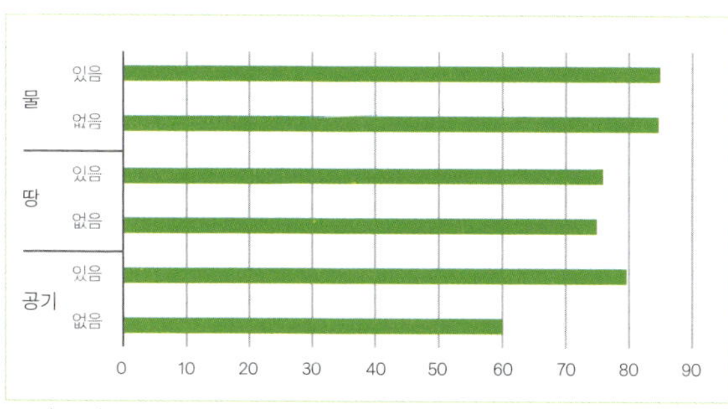

소리 크기(dB)

■ 결과 해석

공기에서는 귓바퀴 모형이 있을 때 소리 크기(80dB)가 귓바퀴가 없을 때보다(60dB) 훨씬 높게 측정되었습니다.

땅에서는 귓바퀴 모형의 유무와 상관없이 소리 크기에 큰 변화가 없었습니다. 귓바퀴가 없을 때 75dB, 있을 때 76dB로 비슷했습니다.

물속에서는 귓바퀴 모형이 있을 때와 없을 때 소리 크기가 동일하게 85dB로 측정되었습니다.

● 일반화

■ 탐구의 결론

귓바퀴가 소리 감지에 미치는 영향은 매질에 따라 다르다는 것을 알 수 있습니다.

공기에서 귓바퀴는 소리가 느리게 퍼지는 공기 중에서는 소리 파동을 모아 주는 중요한 역할을 합니다. 이 때문에 땅 위에서 생활하는 대부분의 포유류는 귓바퀴를 가지고 있습니다.

반대로 소리가 매우 효율적으로 전달되는 물이나 땅에서는 귓바퀴의 역할이 거의 필요하지 않습니다. 물고기가 귓바퀴 없이도 소리를 잘 듣거나, 뱀이 몸으로 땅의 진동을 감지하는 것도 바로 이러한 원리 때문입니다. 결론은 다음과 같습니다.

귓바퀴의 유무와 역할은 동물이 사는 환경의 특성, 즉 주요 매질과 깊은 관련이 있다.

■ 예상 오차

스피커와 휴대폰 사이의 거리를 정확히 50cm로 맞추는 것은 간단해 보이지만 막상 해 보면 쉽지 않습니다. 조금만 달라져도 녹음된 소리의 크기에 차이가 나죠.

그리고 방수팩의 방향이나 휴대폰 마이크의 위치가 조금만 달라져도 녹음되는 소리의 크기에 차이가 생길 수 있습니다. 마이크는 방향에 따라 받아들이는 소리의 세기가 달라질 수 있기 때문입니다.

또한 실험을 진행하는 동안 외부 소음이 끼어들 수 있습니다. 사람들의 대화, 자동차 지나가는 소리 같은 것들이 결과에 영향을 주었을 겁니다.

매질의 특성도 무시할 수 없습니다. 땅에서 실험을 하면 흙, 잔디, 콘크리트처럼 재질에 따라 진동이 달리 전달됩니다. 물 실험도 마찬가지입니다. 물속에 기포가 있거나 불순물이 섞이면 소리 전달이 달라질 수 있습니다.

따라서 이런 오차를 줄이려면 좀 더 정교한 설계가 필요합니다. 방음이 되는 공간에서 실험을 반복하고, 여러 환경에서 데이터를 수집해 평균을 내면 신뢰도가 높아집니다. 같은 실험을 하더라도 작은 차이를 어떻게 관리하느냐가 결과의 정확도를 결정짓습니다.

■ 탐구의 가치

이번 탐구는 단순히 과학적 지식을 확인하는 데서 그치지 않습니다. 자연을 바라보는 우리의 시각을 한층 넓혀 주는 계기가 될 수 있습니다. 탐구 과정을 거치며, 동물이 자신이 살아가는 환경에 맞게 어떻게 진화해 왔는지 짐작해 볼 수 있었을 것입니다.

우리가 당연하게 여기는 귓바퀴 하나에도 자연의 치밀한 설계가 담겨 있다는 사실을 새삼 느끼게 됩니다. 더 나아가 동물과 식물의 구조를 바라보며 "어떤 차이가 있을까?", "그 차이가 왜 이런 모양과 행동으로 이어졌을까?"라는 질문을 던지는 습관을 들인다면, 단순한 호기심이 과학적 사고로 확장될 수 있습니다. 이런 질문과 탐구의 습관이 쌓일수록, 우리는 세상을 이해하는 눈을 더욱 넓고 깊게 키워갈 수 있습니다.

●아이디어 뱅크

■ 톡톡 튀는 상상

귀가 단순히 고정된 모양이 아니라, 필요할 때마다 방향을 바꿀 수 있다면 어떨까요? 마치 레이더처럼 360°로 회전하면서 원하는 방향의 소리만 쏙 골라 듣는 '회전 귀'. 불필요한 소음은 줄이고, 집중하고 싶은 소리만 크게 들을 수 있다면 도서관에서도, 시끄러운 거리 한복판에서도 아주 유용하겠죠.

또 이런 생각도 해 볼 수 있습니다. 사람을 위한 보청기는 이미 흔하지만, 만약 고양이나 뱀 같은 동물을 위한 보청기를 설계한다면 어떨까요? 고양이는 높은 음역대에 예민하고, 뱀은 진동으로 소리를 감지합니다. 그렇다면 사람용 보청기처럼 단순히 '소리를 키워 주는' 장치가 아니라, 각각의 감각 방식에 맞게 진동을 증폭하거나 특정 음역대를 강화하는 장치가 필요하겠지요.

귀 하나만 가지고도 이렇게 다양한 발상을 펼칠 수 있습니다. 상상은 늘, 현실을 바꾸는 첫걸음입니다.

■ 확장된 탐구 질문

1. 물속에서는 왜 귓바퀴 없이도 소리가 잘 들릴까?

2. 귓바퀴의 크기가 클수록 소리를 더 잘 들을까?

3. 귓바퀴의 모양이 소리를 듣는 데 어떤 영향을 줄까?

4. 매질의 온도나 습도에 따라 귓바퀴의 감지력은 달라질까?

5. 귀 주변에 다른 구조물(털, 깃털 등)이 있으면 소리 감지에 방해가 될까?

6. 귓바퀴의 방향(전방/후방/측면)에 따라 들어오는 소리의 종류는 달라질까?

7. 고지대나 수중 환경에서 사는 동물의 귀 구조는 어떤 특징을 가질까?

5. 무지개의 빨간색은 보라색보다
　　아래일까 위일까?

출처: AI 생성

■ 비가 오다 그친 어제 오후, 해가 쨍하게 비추자 하늘에 커다란 무지개가 걸렸습니다.

다음 날 아침, 학교에서 친구들에게 물었습니다.

"어제 무지개 봤어?"

"봤지! 위에서부터 빨주노초파남보가 쭉 있는데, 진짜 예쁘더라."

옆에 있던 또 다른 친구는 이렇게 말했습니다.

"나는 빨간색이 아래에 있는 무지개를 봤어!"

순간 의아했습니다. 제가 본 무지개는 분명 빨간색이 위였거든요.

'어제 사진을 찍어둘 걸……' 하는 아쉬움이 스쳤습니다.

호기심에 하늘을 올려다봤지만, 오늘은 이미 날씨가 개어 무지개는 보이지 않았습니다.

■ 여기서 질문!

'무지개는 빨간색이 위에 있지.'

아마 많은 사람이 이렇게 알고 있을 겁니다. 그림책이나 교과서에서 본 그림이 늘 그랬으니까요.

그래서 저는 어제 본 무지개를 떠올리며 당연히 그랬을 거라 생각했습니다. 그런데 이상한 일이 있었습니다. 어제 친구는 빨간색이 아래에 있는 무지개를 봤다는 겁니다. 분명 저는 빨간색이 위에 있는 무지개만 봤는데 말이죠.

"어? 무지개의 색 위치는 바뀌지 않는 거 아니었나?"

머릿속이 살짝 혼란스러워졌습니다.

그제야 생각했습니다. 무지개의 색 순서가 항상 같을 거라는 건 제 '당연한 믿음'이었을지도 모른다고요. 그렇다면 빨간색이 위에 있기도 하고, 아래에 있기도 하는 건 어떤 경우일까?

그래서 궁금해졌습니다.

"무지개의 빨간색은 위일까, 아래일까?"

● 과학 개념 설명

■ 기본 개념: 굴절이란?

굴절(Refraction)은 쉽게 말하면 빛이 '길을 꺾는 것'입니다. 빛은 공기에서 물 같은 다른 매질로 들어갈 때 속력이 달라집니다. 이때 직진하지 못하고 방향이 꺾이는데, 이를 굴절이라고 합니다. 무지개에서는 햇빛이 빗방울에 들어갈 때 한 번, 나올 때 또 한 번 굴절합니다.

이 과정에서 빛의 각도가 바뀌면서, 관찰자가 특정 각도(약 $40°{\sim}42°$)
에서 빛을 보게 됩니다.

■ 기본 개념: 분산이란?

분산(Dispersion)은 쉽게 말하면 흰빛이 '색깔별로 흩어지는 것'입
니다. 흰빛은 사실 빨강·주황·노랑·초록·파랑·남색·보라가
섞여 있는 상태입니다. 그런데 파장이 긴 빨강은 덜 꺾이고, 파장이
짧은 보라는 더 꺾입니다. 무지개에서 빛이 굴절할 때 각 파장(색깔)
이 꺾이는 정도가 달라, 물방울을 빠져나올 때 다양한 색으로 갈라져
나오는 것이죠.

■ 기본 개념: 반사란?

반사(Reflection)란 쉽게 말하면: 빛이 '튕겨 나오는 것'입니다. 물방
울 속으로 들어간 빛은 그냥 직진해 나오는 것이 아니라, 안쪽에서
튕겨 나가기도 합니다. 무지개에서 1차 무지개는 물방울 속에서 한
번 반사 후 나와서 빨강이 위, 보라가 아래가 되며 2차 무지개는 두
번 반사 후 나오면서 색 순서가 반대로, 빨강이 아래, 보라가 위쪽이
됩니다.

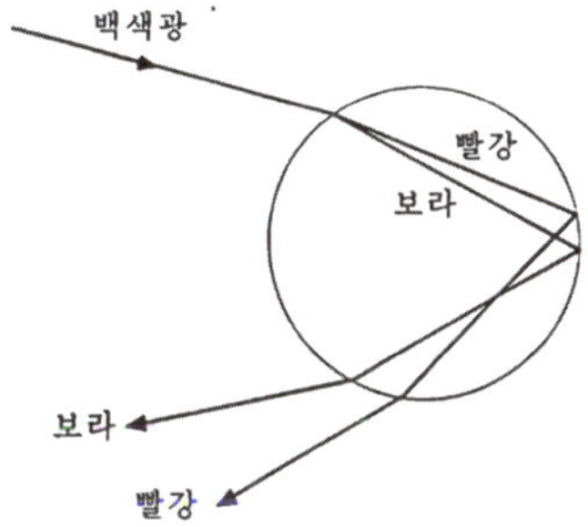

물방울 1개에서 발생하는 무지개(출처: 오염된 대기에서는 왜 무지개가 생기지 않을까? (전국과학전람회))

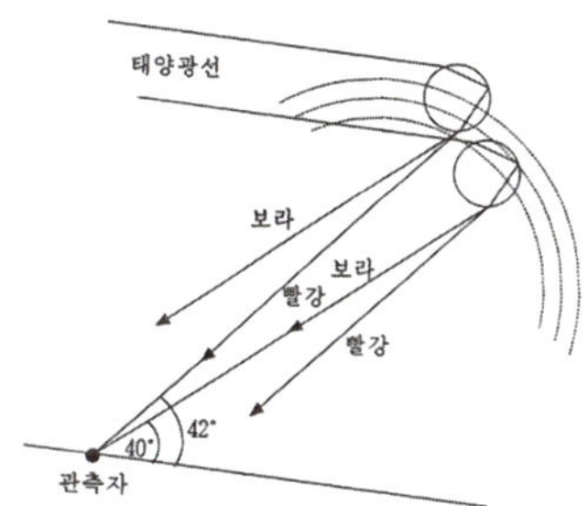

우리가 관측하는 무지개(출처: 오염된 대기에서는 왜 무지개가 생기지 않을까? (전국과학전람회))

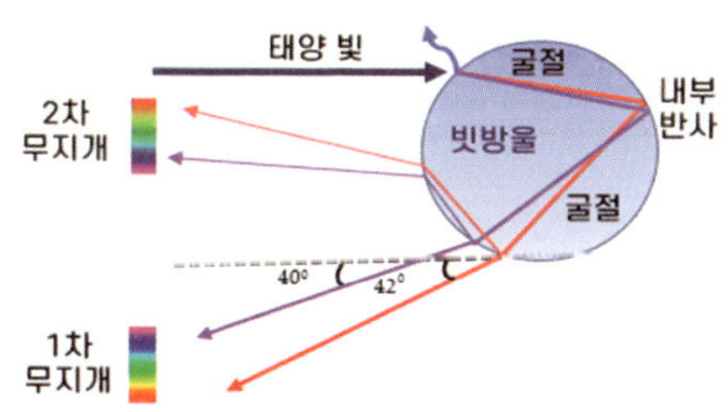

1차 무지개와 2차 무지개의 차이(출처: 인도 기상청(RAINBOW: AN OPTICAL PHENOMENA))

■ 심화 해설: 스넬의 법칙이란?

스넬의 법칙(Snell's law)은 빛이 서로 다른 매질(예: 공기 → 물, 물 → 유리)을 지날 때 굴절각이 어떻게 정해지는지를 나타내는 법칙입니다.

$$n_1 \sin\theta_1 = n_2 \sin\theta_2$$

n_1: 첫 번째 매질의 굴절률 (예: 공기 ≈ 1.00)

n_2: 두 번째 매질의 굴절률 (예: 물 ≈ 1.33)

θ_1: 입사각 (빛이 경계면에 들어가는 각도)

θ_2: 굴절각 (빛이 꺾여서 진행하는 각도)

빛은 굴절률이 큰 매질로 들어갈수록 속력이 느려집니다. 햇빛이 공기에서 물방울 속으로 들어갈 때, 스넬의 법칙에 의해 굴절각이 결정됩니다. 이때 파장에 따라 굴절률이 조금씩 달라서 빨간빛(긴 파장)은 굴절이 적게 일어나고, 보랏빛(짧은 파장)은 더 크게 굴절됩니다. 이렇게 생긴 작은 차이가 쌓여 결과적으로 빨강과 보라가 분리되고, 우리가 보는 무지개의 색깔 배열이 만들어지는 것입니다.

● 탐구 설계

■ 탐구의 필요성 및 목적

무지개를 볼 때 색 순서가 어떻게 정해지는지는 과학적으로 설명할 수 있습니다. 심화 해설을 통해 1차 무지개와 2차 무지개의 구조와 색 순서가 왜 다른지도 알게 되었죠. 하지만, 책이나 설명만으로는 충분하지 않습니다. 아인슈타인의 일반 상대성 이론을 검증하기 위해 개기 일식 때 시공간이 휘는 것을 관측했던 실험처럼 우리는 눈으로 직접 보고, 실험을 통해 확인하는 과정이 필요합니다.

무지개의 색 배열이 실제로 어떻게 나타나는지 직접 실험으로 재현해 보면, 이론과 실제가 맞아떨어지는지 검증할 수 있습니다. 이를 통해 1차 무지개와 2차 무지개의 차이를 관찰하고, 빛의 굴절 · 반사 원리가 어떻게 색 순서를 바꾸는지 구체적으로 이해하는 것이 이번 탐구의 목적입니다.

■ 가설 설정

1차 무지개에서는 빨간색이 위에, 2차 무지개에서는 빨간색이 아래에 위치할 것이다.

■ 변인 설정

변인 종류	내용
조작 변인 (바꿔 주어야 하는 것)	다양한 분무기로 물방울 크기를 조절하거나, 물이 아닌 다른 물질(기름 등)로 무지개가 잘 관찰되는 조건에 대해 실험할 수도 있다.
종속 변인 (결과로 나오는 것)	무지개 색 순서, 빨간색의 위치, 밝기, 각도
통제 변인 (같게 해 주어야 하는 것)	관찰 위치, 배경, 빛의 세기, 시간 배경을 암막을 사용해 어둡게 하고, 햇빛이 강한 아침 또는 오후에 실험을 해야 무지개를 관측하기 쉽다.
대조군 (아무 변화도 주지 않고 기준이 되는 것)	분무기로 물을 뿌리지 않을 때 관찰

■ 실험 준비물

- 태양광(실외 관찰용), 손전등 또는 LED 조명(실내 재현용)
- 분무기(미세 · 중간 · 굵은 노즐)

- 촬영을 위한 카메라 또는 스마트폰

- 삼각대(촬영 고정)

- 각도기 또는 각도 측정 앱(무지개 각도 추정)

- 암막천 또는 어두운 배경판(색 대비 확보)

- 날씨 확인 앱(실외 관찰 시 무지개 가능성 예측)

■ 실험 과정

1. 비가 갠 뒤, 태양이 떠 있는 방향과 반대편 하늘을 관찰할 준비를 한다.

2. 태양을 등지고 약 $40°{\sim}53°$ 높이의 하늘을 주시하며 무지개를 찾는다. 또는 분무기로 미세한 물방울을 공중에 분사한다.

3. 공중에서 나타나는 무지개를 관찰하고, 1차·2차 무지개의 색 순서를 기록한다.

4. 스마트폰이나 카메라로 두 무지개를 모두 촬영하고, 위치·밝기·색 순서를 사진에 표시한다.

5. 각도기나 각도 측정 앱을 사용해 1차 무지개의 빨간색과 2차 무지개의 빨간색 고리의 각도를 측정한다.

안전 수칙

■ 실험 1

1. 둥근 바닥 플라스크에 물을 가득 채운다.

2. 커다란 종이에 손전등 빛이 통과할 만큼 작은 구멍을 뚫는다.

3. 구멍 뒤쪽에서 손전등을 비추고, 플라스크를 통해 종이에 맺히는 무지개 빛을 관찰한다.

■ 실험 2

1. 양면 접착테이프(A4크기)를 검은색 종이에 붙인다. 또는 얇은 양면테이프를 여러 번 붙인다.

2. 테이프 위에 지름 $250\,\mu m$, $500\,\mu m$의 유리구슬을 골고루 뿌려 붙인다.

3. 스마트폰 플래시나 손전등으로 비추고, 유리구슬에서 반사·굴절되어 생기는 무지개를 관찰한다.

●실험 결과

■ 결과 기록

무지개 종류	빨간색 위치	색 순서
1차 무지개	위쪽	(위쪽부터) 빨-주-노-초-파-남-보
2차 무지개	아래쪽	(위쪽부터) 보-남-파-초-노-주-빨

■ 결과 해석

1차 무지개(위쪽)와 2차 무지개(아래쪽)

●일반화

■ 탐구의 결론

이번 탐구는 "1차 무지개에서는 빨간색이 위에, 2차 무지개에서는 빨간색이 아래에 위치할 것이다."라는 가설을 검증하기 위해, 무지개 관찰을 하여 색 순서와 위치를 비교한 실험입니다.

실험 결과, 1차 무지개는 빨간색이 바깥쪽(위쪽)에, 보라색이 안쪽(아래쪽)에 나타났으며, 2차 무지개는 색 순서가 반대가 되어 빨간색이 안쪽(아래쪽)에, 보라색이 바깥쪽(위쪽)에 위치하는 것이 확인되었습니다. 2차 무지개가 1차보다 훨씬 옅으며 두 무지개 사이에 '알렉산더의 어둠'이라 불리는 어두운 띠가 존재하는 것도 관찰되었습니다.

이 결과를 통해 아래와 같은 사실을 확인할 수 있습니다.

1. 무지개의 색 순서는 빛의 굴절각과 내부 반사 횟수에 의해 결정되며, 반사 횟수가 늘어나면 색 순서가 반전되는 경우도 있다.

2. 1차 무지개와 2차 무지개는 굴절·반사 과정의 차이로 인해 밝기가 차이가 난다.

3. 무지개 관찰 시 태양을 등지고 관찰 각도를 맞추는 것이 색 순서를 정확히 인식하는 데 중요하다.

■ 예상 오차

무지개 관찰은 쉬워 보이지만, 막상 해 보면 매우 힘든 과정입니다. 그 이유는 먼저 태양 고도와 관찰 각도 때문이죠. 무지개는 태양을 등지고 대략 $40°{\sim}53°$ 범위에서 보입니다. 하지만 해의 높이는 분 단위로 변하고, 관찰자가 서 있는 위치와 시선 고도도 계속 달라집니다. 시작할 때 각도를 제대로 맞추지 못하면 1차·2차 무지개 구분 전에 현상 자체가 희미해져 버립니다.

다음으로, 구름과 배경 밝기도 큰 변수입니다. 구름 한 장만 지나가도 전체 밝기가 내려가고, 밝은 하늘이나 건물 벽을 배경으로 삼으면 색이 잘 보이지 않습니다. 그 순간 2차 무지개는 사실상 사라진 듯 보일 수 있습니다. 눈으론 보이는데 사진엔 안 잡힐 수도 있습니다.

마지막으로, 물방울 크기도 중요합니다. 물방울의 크기가 1mm 정도일 때 가장 잘 보이는데, 분무기로 재현할 때 노즐, 분사 거리, 바람에 따라 방울의 분포가 바뀌면 무지개 색띠의 폭과 선명도가 매우 달라집니다. 같은 조건이라고 생각해도 실제로는 매번 조금씩 다른 결과가 만들어지는 셈입니다. 결국 무지개는 '순간의 기하학'입니다. 순간이 달라지면 결과가 달라집니다.

■ 탐구의 가치

이 탐구는 우리가 늘 당연하게 여겨 왔던 '무지개는 빨간색이 위에 있다'는 믿음을 다시 바라보게 합니다.

"어? 그런데 왜 어떤 때는 아래쪽에 보이지?"

이런 의문은 단순히 착각이나 눈의 피로 때문이 아니라, 실제로 빛의 굴절과 반사 횟수에 따른 물리적 결과일 수 있습니다.

1차 무지개와 2차 무지개는 같은 원리에서 출발하지만, 내부 반사의 차이로 색 순서와 밝기가 달라집니다. 즉, 우리가 보는 무지개는 '고정된 하나의 그림'이 아니라, 자연 속에서 조건에 따라 달라지는 빛의 산물인 것이죠.

이번 탐구는 단순히 "무지개는 아름답다."라는 감상에 머무르지 않고, 그 색 배열이 어떤 조건에서 달라지는지 직접 확인해 보는 과정입니다. 인터넷이나 책에서는 이미 답이 정리되어 있지만, 우리가 실제로 눈으로 보고 실험으로 검증하기 전까지는 그저 '지식'일 뿐입니다.

좋은 탐구란, 당연하게 여겼던 사실을 실제 조건 속에서 다시 시험해 보고, 그 차이를 관찰하며 질문을 이어가는 과정에서 시작됩니다. 무지개를 바라보는 우리의 시선도 마찬가지입니다. 자연이 주는 신비를 아름다움으로만 소비하지 않고, 과학적 태도로 질문하고 검증하는 자세—그것이 바로 이번 무지개 탐구가 가진 가장 큰 가치입니다.

● 아이디어 뱅크

■ 톡톡 튀는 상상

상상해 봅시다. 비가 갠 하늘에 무지개가 하나 걸립니다. 그런데 그 옆에 또 다른 무지개가 피어나더니, 세 겹, 네 겹으로 겹쳐진 고리들이 끝없이 이어집니다. 색 순서는 한 겹마다 거꾸로 뒤집히며, 마치 거대한 천을 짜듯 하늘 전체가 무늬로 덮이는 풍경이 펼쳐집니다. 무지개가 단순한 아치가 아니라, 끝없이 반복되는 색의 직물이 된다면 어떨까요?

또 이런 장면도 그려 볼 수 있습니다. 도심의 도로 위, 양옆에서 미세한 물방울을 뿌리는 분무 장치가 켜집니다. 햇빛이 그 위로 비추는 순간, 차량이 지나가는 길 전체가 커다란 무지개 터널로 변합니다. 매일 아침 출근길이 그저 회색 콘크리트가 아니라, 빛의 아치를 통과하는 작은 축제가 된다면 어떨까요?

이런 상상은 다소 엉뚱해 보이지만, 무지개를 보는 우리의 시선을 훨씬 자유롭게 넓혀 줍니다.

1. 무지개의 색은 몇 가지일까?

2. 무지개에 다가가면 어떻게 될까?

3. 우리가 보는 무지개는 모두 같은 무지개일까?

4. 2차 무지개보다 더 많은 반사가 일어나는 3차 무지개도 재현할 수 있을까?

5. 달빛이나 얼음으로 무지개를 만들 수 있을까?

6. 분무기의 물방울 크기를 바꾸면 무지개는 어떻게 달라질까?

7. 관찰자 위치(높이, 거리)를 달리하면 무지개의 크기와 밝기는 어떻게 달라질까?

8. 원형 무지개를 보려면 어떻게 해야 할까?

9. 편광 필터를 사용하면 무지개는 어떻게 보일까?

10. 인공 무지개를 실내에서 만들 때 필요한 빛의 세기는 얼마일까?

6. 태양은 겨울보다 여름에 더 지구와 가까울까?

출처: AI 생성

■ 과학 시간, 한 학생이 손을 들었습니다. 망설이다가 조심스럽게 입을 열었습니다.

"선생님, 지구에서 우리가 쓰는 에너지는…… 어디서 오는 건가요?"

선생님은 기다렸다는 듯 고개를 끄덕이며 말했습니다.

"아주 중요한 질문이구나. 지구에서 사용하는 거의 모든 에너지는 '태양 복사 에너지'에서 비롯된단다."

학생의 눈이 동그래졌습니다.

"그럼, 바람이 부는 것도 태양 때문이에요?"

"맞아. 태양이 지표면을 따뜻하게 데우면, 지역마다 기온이 달라져. 그 차이로 기압이 달라지고, 결국 공기가 이동하면서 바람이 생기는 거지."

듣고 있던 옆자리 친구도 궁금해졌는지 슬쩍 끼어들었습니다.

"비가 오는 것도요? 눈도요?"

선생님은 잠시 창밖을 보며 미소 지었습니다.

"응, 그것도 태양의 역할이지. 태양열로 물이 증발해 수증기가 되고, 그게 모여 구름이 되고, 다시 비나 눈으로 내리는 거란다."

아이들은 잠시 말이 없었습니다. 생각이 많아진 눈치였습니다. 그러다 처음 질문했던 학생이 다시 물었습니다.

"결국 우리가 쓰는 에너지는 거의 다 태양에서 시작되네요?"

"그렇다고 해도 과언이 아니지."

선생님은 칠판에 태양과 지구의 모형을 그리기 시작했습니다.

"그런데 말이야, 여름엔 태양 복사 에너지가 더 많이 들어오고, 겨울엔 적게 들어오잖니. 이건 왜 그런 걸까?"

한 학생이 자신 있게 대답했습니다.

"태양하고 지구 사이 거리가 가까우면 여름이고, 멀어지면 겨울 아닌가요?"

● 일상에서 마주치는 궁금증

■ 여기서 질문!

추운 겨울, 난로 가까이에 있으면 따뜻하고, 멀어지면 점점 추워집니다. 그래서 우리는 자연스럽게 이렇게 생각하게 됩니다.

"에너지원과 가까우면 더 따뜻하고, 멀면 더 춥다."

이 생각을 그대로 지구와 태양 사이의 관계에 적용하면, 이렇게 말하고 싶어지죠.

"지구가 태양에 가까워질 때 여름이고, 멀어질 때 겨울이지 않을까?"

게다가 실제로 지구는 태양을 원처럼 도는 게 아니라 약간 찌그러진 타원 궤도를 따라 공전합니다.

즉, 1년 내내 태양과 지구 사이의 거리는 일정하지 않다는 이야기지요. 그렇다면 정말, 태양과 가까워질수록 여름이고, 멀어질수록 겨울일까요?

● 과학 개념 설명

■ 기본 개념 : 태양 복사 에너지

태양은 내부에서 일어나는 수소 핵융합 반응을 통해 막대한 양의 에너지를 생성합니다. 태양 중심에서는 수소 원자가 헬륨으로 바뀌면서 질량이 줄어드는데, 이 질량 차이가 곧 에너지로 만들어집니다. 이 과정에서 나온 에너지는 광자의 형태로 태양 내부를 통과해 표면까지 전달되고, 이후 전자기파(빛) 형태로 우주 공간에 방출됩니다.

■ 기본 개념: 공전

지구의 공전은 지구가 태양을 중심으로 타원 궤도를 따라 한 바퀴 도는 운동을 말합니다. 공전 궤도는 완벽한 원이 아니라 이심률(약 0.017)이 약간 있는 타원으로, 태양은 그 타원의 한 초점에 위치합니다. 태양과 지구 사이의 평균 거리는 약 1억 5,000만km이고, 이를 1AU(천문 단위)라고 합니다. 태양과 지구가 가장 가까운 근일점은 약 1억 4,700만km이고 1월 초입니다. 원일점은 약 1억 5,200만km 거리에 있을 때이고, 7월 초입니다. 지구의 공전 주기는 약 365.24일이고, 공전 속도는 평균 약 29.8km/s입니다.

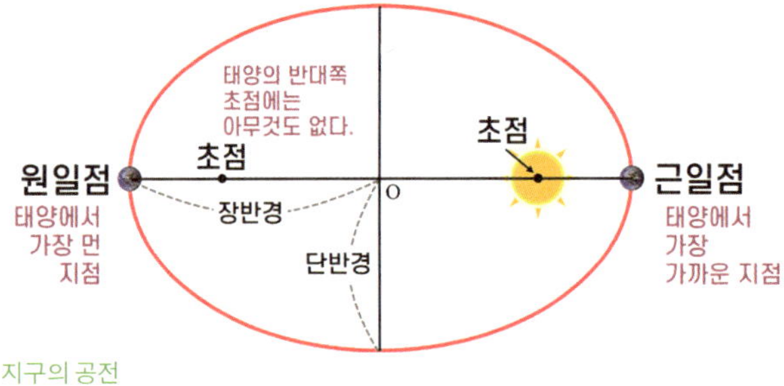

지구의 공전

■ 심화 해설: 태양 복사 에너지 계산

태양은 지름 약 139만km의 거대한 별로, 표면 온도는 약 5,778K입니다. 태양 표면에서 단위 면적당 방출되는 복사 에너지는 슈테판 – 볼츠만 법칙으로 계산할 수 있습니다.

$$E = \sigma T^4$$

$\sigma = 5.67 \times 10^{-8} \mathrm{W \cdot m^{-2} \cdot K^{-4}}$ (슈테판-볼츠만 상수), $\mathrm{T} = 5{,}778\mathrm{K}$

$$E \approx 6.3 \times 10^7 \mathrm{W/m^2}$$

즉, 태양 표면 $1\,m^2$에서 약 6,000만W의 에너지가 초당 방출됩니다. 태양 전체 표면적은 $A = 4\pi R^2$ ($R = 6.96 \times 10^8 m$). 이를 적용하면 태양의 총 복사 출력은 $\mathrm{L\odot} = 3.83 \times 10^{26}\mathrm{W}$. 즉, 태양은 매초 3.8×10^{26} J의 에너지를 방출합니다.

인류 전체가 1년 동안 쓰는 에너지 총량은 약 6×10^{20} J 입니다. 태양은 단 1초 만에 그보다 약 60만 배나 많은 에너지를 우주로 내보내고 있습니다.

■ 심화 해설: 태양의 고도와 태양 복사 에너지

어느 위도(ϕ)에서, 특정 날짜(태양의 적위 δ)에 태양이 남중했을 때의 태양 고도 h는 다음 식으로 계산됩니다.

$$h = 90° - \phi + \delta$$

태양 적위 δ는 1년 동안 $-23.5°$(동지)에서 $+23.5°$(하지)까지 변하며, 이 값이 바로 태양 고도를 결정합니다.

서울(위도 37.5°)에서 하짓날 태양의 남중 고도(h)는 다음과 같이 구할 수 있습니다.

$$h = 90° - 37.5° + 23.5° = 76°$$

태양이 매우 높이 떠서 낮이 길죠.

동짓날 태양의 남중 고도는 다음과 같이 구할 수 있습니다.

$$h = 90° - 37.5° - 23.5° = 29°$$

태양이 낮게 떠서 낮이 짧죠.

태양의 고도는 단위 면적당 도달하는 태양 복사 에너지량을 결정합니다. 태양 고도가 일 때, 지표에서 단위 면적당 도달하는 태양 복사 에너지는 다음과 같습니다.

$$I = S_0 \cdot \sin h$$

(I: 실제 단위 면적당 도달하는 태양 복사 에너지량, $S_0 = 1,361W/m^2$, : 태양의 고도각)

태양빛은 항상 같은 평행 광선으로 도달하지만, 고도가 낮을수록 같은 빛이 더 넓은 면적에 퍼지게 되므로 비율로 줄어듭니다.

하짓날 정오에 서울에 들어오는 태양 복사 에너지는

$$I \approx 1361 \cdot \sin 76° \approx 1,320W/m^2$$

동짓날 정오에 들어오는 태양 복사 에너지는

$$I \approx 1,361 \cdot \sin 29° \approx 660W/m^2$$

같은 태양이라도 태양 고도 차이 때문에 단위 면적당 복사 에너지가 거의 2배 차이 납니다.

●탐구 설계

■ 탐구의 필요성 및 목적

우리가 일상에서 경험하는 것처럼, 난로 옆에 가까이 있을 때는 강한 열기를 느끼지만 멀리 떨어질수록 열기가 줄어듭니다. 그렇다면 지구의 계절 변화도 태양과의 거리에 따라 달라지는 것일까요? 지구는 태양 주위를 타원 궤도로 공전하기 때문에, 지구와 태양 사이의 거리는 계절에 따라 가까워지기도 하고 멀어지기도 합니다.

많은 사람이 여름은 지구가 태양에 가까울 때, 겨울은 멀어졌을 때라고 생각합니다. 하지만 실제로 그런지 직접 확인해 볼 필요가 있습니다. 이를 위해 우리는 계절별 태양의 겉보기 크기 변화를 탐구할 수 있습니다. 태양과 지구 사이 거리가 가까우면 태양은 하늘에서 더 크게 보이고, 멀면 더 작게 보이기 때문입니다. 스마트폰이나 카메라로 여름과 겨울에 태양 사진을 찍어 비교하거나, 태양 관측 위성(SOHO 등)이 제공하는 자료를 이용해 태양의 크기를 측정하면 됩니다. SOHO 위성은 태양을 관측하는 위성입니다. 지구와 태양 사이의 중력이 0인 라그랑주점에서 지구와 똑같이 타원 궤도로 공전하고 있습니다. 이 위성 사이트에서 계절별 태양 사진을 출력하여 태양의 겉보기 지름을 측정하면 됩니다.

이 탐구를 통해 계절의 원인을 과학적으로 탐구하고, 관측과 측정을 통해 지구-태양계의 운동을 이해하는 것입니다.

■ 가설 설정

여름에는 지구가 태양에 더 가까워져서 태양이 더 크게 보이고, 겨울에는 지구가 태양에서 멀어져서 태양이 더 작게 보일 것이다.

■ 변인 설정

변인 종류	내용
조작 변인 (바꿔 주어야 하는 것)	1월과 7월 태양 사진
종속 변인 (결과로 나오는 것)	태양의 크기
통제 변인 (같게 해 주어야 하는 것)	태양 사진 출력 비율
대조군 (아무 변화도 주지 않고 기준이 되는 것)	2개의 대척점에 있는 상황만을 비교하는 경우이므로 대조군을 설정할 수 없음

■ 실험 준비물

- 춘분, 하지, 추분, 동지 각각의 태양 사진
- 50cm 자, 카메라, 삼각대, 태양 필터

■ 실험 과정

1. SOHO 홈페이지의 자료실에서 하지와 동짓날의 태양 사진을 다운로드 받는다.

2. 태양 사진의 비율을 동일하게 하고, B4 사이즈 용지에 출력한다. (용지는 크면 클수록 좋다.)

3. 태양의 지름을 구한다.

3-1. 지름은 태양의 중심을 지나는 직선이다. 직각 삼각형을 원에 그리면 빗변의 길이가 원의 지름이 된다.

3-2. 태양에 임의의 직선 AB를 긋는다.

3-3. 그 직선 AB와 수직으로 직선을 그어 태양의 외곽선이 만나는 점에 C를 찍는다.

3-4. A와 C를 이어 직선을 긋는다.

3-5. 직선 AC는 태양의 지름이 된다.

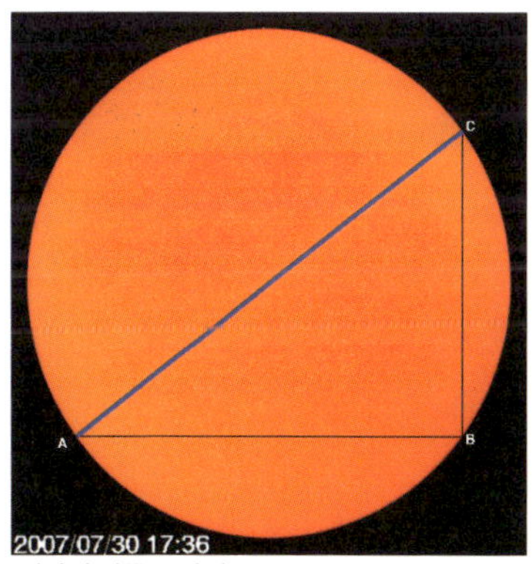

태양의 지름 구하기

4. 태양의 지름을 3회 측정하여 평균을 구한다.

5. 태양의 크기를 비교한다.

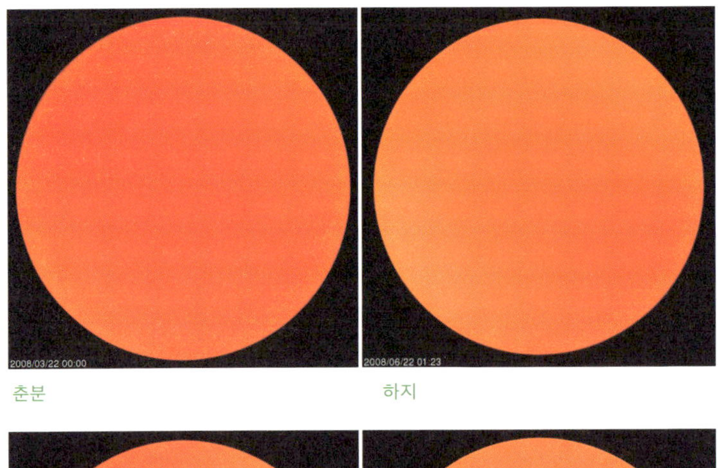

춘분　　　　　　　　　　하지

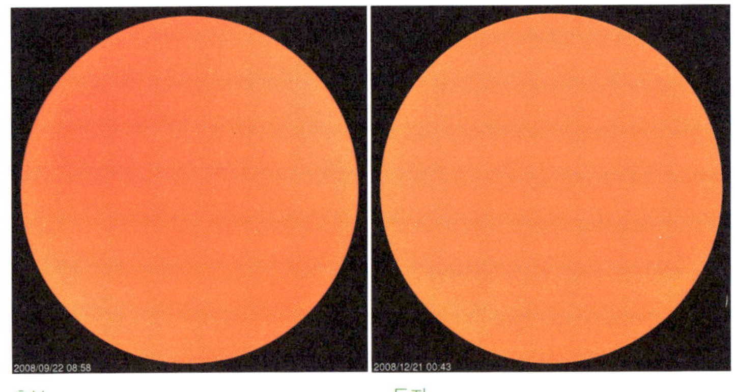

추분　　　　　　　　　　동지

■ 번외 실험

직접 태양 사진을 촬영하여 태양의 크기를 측정하면 더욱 좋다.

1. 스마트폰을 삼각대에 올려놓고, 렌즈에 태양안경 필터를 붙인다.

2. 배율을 100줌으로 사진을 촬영한다.

3. 사진을 큰 종이에 출력한다.

4. 같은 위치에서 춘분, 하지, 추분, 동지에 태양을 촬영한다.

번외 실험

안전 수칙

① 카메라가 손상될 수 있으니 태양을 촬영할 때는 반드시 태양 필터를 사용해요.
② 태양을 맨눈으로 직접 쳐다보지 않아요.

●실험 결과

■ 결과 기록

1. 시기별 태양의 겉보기 크기(지름)

	1회	2회	3회	평균
춘분 (3월 22일)	175mm	176mm	174mm	175mm
하지 (6월 22일)	172mm	173mm	171mm	172mm

추분 (9월 22일)	175mm	175mm	174mm	174.67mm
동지 (12월 21일)	178mm	179mm	177mm	178mm

2. 여름(하지)와 겨울(동지)의 태양 겉보기 지름 비교

하지 때 태양의 지름은 172mm이고, 동지 때 태양의 지름은 178mm였습니다.

하지 때 태양 지름 : 동지 때 태양 지름 = 100 : X

172mm : 178mm = 100 : X

X = 103.48

동지 때 태양이 하지 때보다 태양 지름이 약 3.48% 더 크다는 것을 알 수 있습니다.

■ 결과 해석

지구에서 보이는 계절별 태양의 지름을 측정해 보니, 겨울인 동지 때 가장 크고, 여름인 하지 때 태양의 크기가 가장 작았습니다. 춘분과 추분 때는 크기가 거의 비슷했습니다.

태양의 지름은 동지 때 태양이 하지 때보다 약 3.48% 더 컸습니다.

이렇게 겨울에 지구와 태양 사이의 거리가 가장 가깝고, 여름에 지구와 태양 사이의 거리가 멀다는 것을 알 수 있었습니다.

●일반화

■ 탐구의 결론

이 활동을 통해 다음과 같은 결론을 얻을 수 있습니다.

12월이 6월보다 태양과 지구 사이의 거리가 더 가깝다.

따라서 태양과 지구 사이의 거리에 따라 계절이 발생하는 것은 아니라는 사실에 도달하였습니다.

"여름이 더운 이유가 태양이 더 가까워서인가?"라는 오개념을 바로 잡는데 매우 유익한 탐구였습니다. 확장해서 살펴보자면, 12월은 북반구에서 겨울이지만, 남반구는 여름입니다. 지구 전체가 겨울은 아닙니다. 6월도 마찬가지입니다. 그러면 계절의 변화를 일으키는 요인은 무엇일까요?

지구 자전축은 공전 궤도면에 대해 약 $23.5°$ 기울어져 있습니다. 북반구의 여름인 6월에는 북반구가 태양쪽으로 기울어져 있고, 반대로 12월에는 남반구가 태양쪽으로 기울어져 있습니다. 여름에는 태양 고도가 높아 같은 면적에 너 많은 에너지가 늘어옵니다. 겨울에는 태양 고도가 낮아 햇빛이 비스듬히 들어와 온도가 낮습니다. 또한 자전축이 기울어져 있기 때문에 여름에는 태양이 더 오래 떠 있고 겨울에는 태양이 짧게 떠 있습니다. 즉, 여름에는 겨울보다 태양 복사 에너지를 받는 시간이 길고, 태양의 고도가 높기 때문에 더 온도가 높습니다.

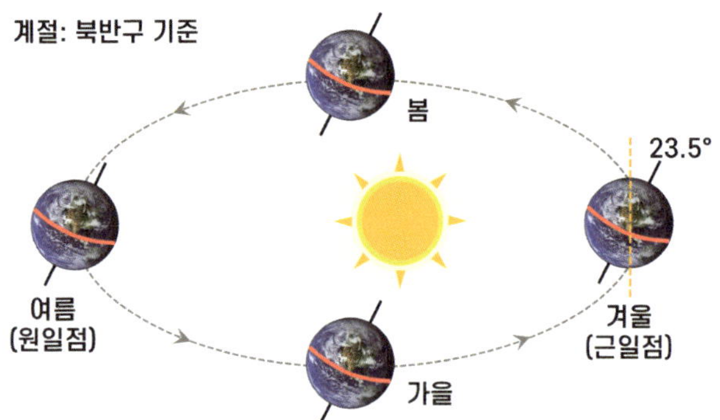

12월이 6월보다 태양-지구 거리가 가깝다

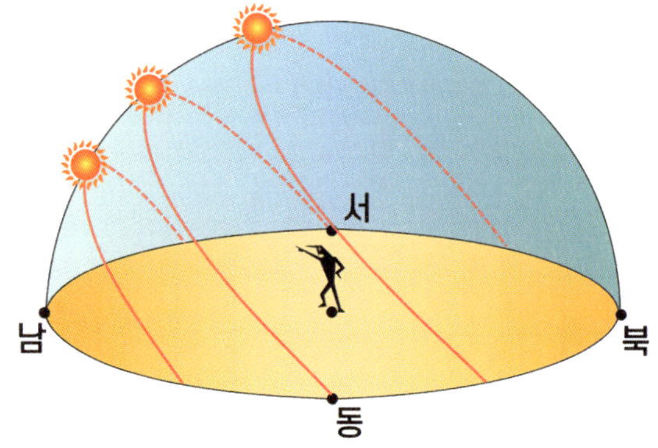

12월의 지구를 세로로 갈랐을 때 태양의 높이 (태양-지구 거리)

계절의 변화는 지구와 태양 사이의 거리 차이 때문이 아니라, 지구 자전축이 23.5° 기울어져 있기 때문입니다. 계절은 태양 복사 에너지가 들어오는 각도와 시간의 차이에서 비롯됩니다.

■ 예상 오차

태양 사진을 작게 출력하면 태양 경계면까지 점(A, B, C)을 찍기가 어렵습니다. 이로 인해 태양 지름의 오차가 발생할 수 있습니다.

선분AB에 수직으로 BC 선을 그어야 하는데, 수직이 되지 않으면 측정하는 지름에 오차가 발생할 수 있습니다.

■ 탐구의 가치

이 탐구를 통해 많은 학생이 "여름은 태양이 지구와 가까워서 덥다."는 흔한 오개념을 스스로 깨달을 수 있습니다. 태양의 겉보기 크기를 직접 측정하고 비교하면서, 계절의 변화가 태양과 지구 사이 거리와는 큰 관련이 없다는 사실을 확인하게 됩니다. 고정 관념이 실제 관찰 앞에서 무너지는 순간, 과학은 비로소 자기 일이 됩니다.

또한, 과학적 태도와 탐구 방법을 익힐 수 있습니다. 가설을 세우고, 자료를 모으고, 측정하고, 비교하고, 결론을 내리는 과학적 탐구 과정을 처음부터 끝까지 직접 경험합니다. 스마트폰과 위성 이미지, 자 같은 일상 도구만으로도 충분합니다. 이 과정을 통해 '과학은 외우는 게 아니라 검증하는 것이다'라는 태도를 자연스럽게 배우게 됩니다.

마지막으로, 천문학적 거리와 운동을 체감할 수 있습니다. 태양의 겉보기 크기는 계절에 따라 약 3% 정도 변하지만, 육안으로는 거의 구분이 어렵습니다. 그러나 실제 데이터를 분석해 보면 분명한 차이가 드러납니다. 아주 미세한 차이조차 지구의 공전 궤도가 완벽한 원이 아니라는 증거가 됩니다. 이 작은 수치 속에서 우리는 천문학적 스케일의 크기와 의미를 조금씩 실감하게 되죠.

● 아이디어 뱅크

■ 톡톡 튀는 상상

우리가 살아가는 지구에는 사계절이 있습니다. 이 아름다운 사계절의 무대 뒤에는 하나의 비밀이 숨어 있어요. 바로 지구의 자전축이 23.5° 기울어져 있다는 사실입니다. 그렇다면, 만약 지구의 자전축이 달랐다면 우리의 세계는 어떻게 바뀌었을까요?

만약 지구의 자전축이 수직이라면, 태양은 매일 같은 높이에서 떠오르고 지는 단조로운 하늘을 보여 줄 것입니다. 낮은 언제나 12시간, 밤도 언제나 12시간. 서울에서 정오의 태양 고도는 매일 똑같이 52.5°에 머물고, 계절이라는 단어는 없었을 것입니다. 단지 적도는 늘 덥고, 극지방은 늘 추운 세상에서 살아가야 합니다. 이 세상은 마치 한 곡조만 반복하는 노래처럼, 단조로운 풍경으로 가득했을 것입니다.

반대로, 만약 지구의 자전축이 천왕성과 같이 공전 궤도면과 나란히 90°로 기울어진다면 이야기는 정반대가 됩니다. 지구의 북반구 전체가 태양을 정면으로 바라보며 반년 동안 햇빛을 쬐는 동안, 남반구는 반년 내내 밤이 됩니다. 그리고 6개월 후 반대가 되지요. 북극과 남극은 여름에 얼음이 다 녹아버렸다가 겨울에 다시 얼어붙는 극단적 변화를 해마다 반복할 것입니다. 생물들은 이런 격렬한 환경 변화 속에서 살아남기 힘들 겁니다.

1. 계절에 따라 태양의 고도는 어떻게 변할까?

2. 지구를 공전하는 달의 겉보기 크기는 매일 변할까?

3. 봄과 가을의 태양의 겉보기 크기는 같을까?

4. 위도에 따라 태양의 고도와 낮 길이는 같을까?

5. 태양 고도 변화가 위에 따른 태양 복사 에너지량에 어떤 변화를 주는가?

6. 지구 자전축이 공전 궤도면과 나란하다면 계절은 어떻게 변할까?

7. 화성에서 태양을 보면 겉보기 크기가 어떻게 변할까?

8. 태양 복사 에너지가 변화하면 지구의 기온은 어떻게 변할까?

참고문헌

Duraccio, K. M., Zaugg, K. K., Blackburn, R. C., & Jensen, C. D. (2021). Does iPhone night shift mitigate negative effects of smartphone use on sleep outcomes in emerging adults?. Sleep Health, 7(4), 478-484.

Ikram, A., Ambreen, S., Tahseen, A., Azhar, A., Tariq, K., Liaqat, T.,…Khalid, W. (2021). Meat Tenderization through Plant Proteases - A Mini Review. International Journal of Biosciences, 18(1), 102–112. ResearchGate.

KATRI 시험연구원. 의류의 황변 발생 원인 및 대책.

Kara M. Duraccio 외(2021). 아이폰 나이트 시프트 기능이 성인의 수면 결과에 미치는 부정적 영향 완화 여부. Sleep Health, 7(4), 473-479.

Kiss, J. Z. (2000). Mechanisms of the Early Phases of Plant Gravitropism. Critical Reviews in Plant Sciences, 19(6), 551-573.

SOHO 태양 사진. https://soho.nascom.nasa.gov/

van Loon, J. J. W. A. (2016). Centrifuges for microgravity simulation: The reduced gravity paradigm. Frontiers in Astronomy and Space Sciences, 3, 21.

김상협. 김상협의 무지개 연구 (2023). 사이언스북스.

김정식 허명성의 과학사랑 "물병, 얼린 병과 다양한 병 경사면 굴리기 실험"(2022. 2. 10.). (https://sciencelove.com/2595.)

김정식 허명성의 과학사랑 "탄산수 내부에 녹아있는 이산화탄소양(기체용해도)"(2023. 1. 2.). (https://sciencelove.com/2661)

김정식 허명성의 과학사랑 "탄산음료 오래 보관하는 방법 (기체의 용해도, 기압)". (2022. 12. 11.). (https://sciencelove.com/2655)

김정식 허명성의 과학사랑 "탐구활동-물의 양에 따른 경사면 굴리기 실험(에너지 보존)". (2022. 2. 11.). (https://sciencelove.com/2596)

김주희, 이상연, 하은정. (2022). 알쏭달쏭 칭찬으로 보리 키우기. 운암별별아카데미.

노가야, 박상미. 오염된 대기에서는 왜 무지개가 생기지 않을까? (2002). 제48회 전국과학전람회.

스테파노 만쿠소, 알레산드라 비올라. 양병찬 역. 매혹하는 식물의 뇌 (2016). 행성비.

예보관 훈련용 기술서(대기물리). (n.d.). 기상청.

이순덕, 강동식, 강정우. 무지개 현상에 대한 정성적 고찰 (1992).

이재수. 수문학 (2006). 구미서관.

인도 기상청. (https://imdweather1875.wordpress.com)

정현재, 정서영. 모기는 왜 나만 물까 (2002). 제48회 전국과학전람회.

천재 학습 백과 – 식물도 음악을 들려주면 더 잘 자랄까? (https://koc.chunjae.co.kr/Dic/dicDetail.do?idx=47125)

최미정, 선일식, 김창성, 최만식, 성낙도, 박성우. 땀의 성분 분석과 잠재지문 현출에 관한 연구 (2007). 분석과학, 20(2), 147-154.

최서영. 모기는 암컷만 문다 (2019. 7. 18.). 매경헬스. (https://www.mkhealth.co.kr/news/articleView.html?idxno=43993)

질문하는 십대를 위한
과학 탐구

초판 1쇄 발행 2026년 4월 1일

지은이   김요섭, 강인숙, 권홍진, 김민성, 김병선, 김신연, 김신혜,김영학,
               김정식, 김지향, 안종옥, 이승윤, 이영재
펴낸이   박영미
펴낸곳   포르체

책임편집   김찬미
마케팅   정은주 민재영
디자인   엄진욱

출판신고   2020년 7월 20일 제2020-000103호
전화   02-6083-0128
팩스   02-6008-0126
이메일   porchetogo@gmail.com
인스타그램   porche_book

ⓒ 김요섭, 강인숙, 권홍진, 김민성, 김병선, 김신연, 김신혜,김영학,김정식, 김지향, 안종옥,
   이승윤, 이영재(저작권자와 맺은 특약에 따라 검인을 생략합니다.)
ISBN 979-11-94634-86-7(03400)

여러분의 소중한 원고를 보내주세요.
porchetogo@gmail.com